<蛱蝶科

暮眼蝶属 / *Melanitis* Fabricius, 1807

　　中至大型眼蝶。前翅外缘近顶角有角状突出，后翅外缘带小尾突。翅背面呈褐色或深褐色，前翅顶角附近多带明显眼斑，腹面亦以褐色为主，斑纹多变。部分成员有明显的季节型变异。

　　成虫飞行快速，多在晨昏时段活动，日间并不活跃，受扰时只会作短距离低飞，喜吸食树液和腐果。大多为森林性物种，部分物种亦能适应农地或公园等受干扰生境，夜间常被灯光吸引至室内。幼虫群栖，以禾本科植物为寄主。

　　主要分布于东洋区、非洲区、澳洲区，其中1种分布至日本南部。国内目前已知3种，本图鉴收录3种。

暮眼蝶 / *Melanitis leda* (Linnaeus, 1758)　　　　　　　　　01-08 / P1546

　　中型眼蝶。身体呈褐色，腹面颜色较淡。前翅近乎直角三角形，外缘近顶角有角状突出，旱季个体尤其发达，后翅外缘带小尾突。翅背呈褐色，前翅近顶区有1个内带2个白斑的椭圆形黑色眼纹，其内缘有橙色纹，后翅外缘区近臀角有2-3个圆形眼纹；旱季型的前翅斑纹较发达。腹面呈明显季节变异，湿季型呈黄褐色带密集褐色细波纹，前后翅外缘区各带1列明显眼纹；旱季型底色呈土黄色至褐色，带有斑驳的深色斑块或只有相对均一的细纹，前翅中央有2道斜纹，后翅则有1道，眼纹仅余白点或完全消退。

　　1年多代，成虫在南方全年可见。幼虫取食禾本科芒属、莠竹属植物。

　　分布于长江以南地区。此外见于东洋区、非洲区和澳洲区北部。

睇暮眼蝶 / *Melanitis phedima* (Cramer, [1780])　　　　　　　09-19 / P1547

　　中大型眼蝶。外形与暮眼蝶十分相似，主要区别在于本种翅形相较略为宽阔；雄蝶背面呈深褐色，湿季型前翅眼纹不明显；旱季型个体前翅的橙色纹常扩散至眼纹四周；本种翅腹面底色较暮眼蝶色深，湿季型个体尤其明显。

　　1年多代，成虫在南方全年可见。幼虫取食禾本科芒属、莠竹属植物。

　　分布于黄河以南地区。此外见于东洋区和日本南部。

黄带暮眼蝶 / *Melanitis zitenius* (Herbst, 1796)　　　　　　　20-22

　　中大型眼蝶。外形与前两种十分相似，主要区别在于本种前翅黑眼纹不发达，中间白点或消失；前翅顶区橙纹多形成1条宽斜带；后翅腹面沿前缘有一较底色为淡的窄长的区域。

　　1年多代，成虫全年可见。幼虫广泛取食各种禾本科植物。

　　分布于云南、海南。此外见于印度、缅甸、泰国、柬埔寨、老挝、越南、马来西亚、印度尼西亚。

污斑眼蝶属 / *Cyllogenes* Butler, 1868

中大型眼蝶。雌雄斑纹相似，外观与暮眼蝶属种类较相似，部分种类雄蝶有巨大的性标，非常独特。翅背面黑褐色，腹面灰褐色或泥褐色，类似枯叶，有不明显的细小眼斑。

主要栖息于亚热带和热带森林，成虫喜阴，常在林下阴暗处活动，生性机敏，喜吸食腐烂水果及动物粪便。

分布于东洋区。国内目前已知2种，本图鉴收录2种。

污斑眼蝶 / *Cyllogenes maculata* Chou & Qi, 1999   23-24

中大型眼蝶。雄蝶翅背面黑褐色，无任何斑纹，前翅中部有1条巨大的黑色性标，易辨认，前翅顶角略突出且外缘平直，翅腹面为灰褐色，中部区域有模糊的灰白色斑带贯穿前后翅，后翅外缘呈波纹状，具明显尾突，腹面有数个不明显的小眼斑。雌蝶前翅背面无性标，后翅腹面的斑带为黑褐色。

1年1代，成虫多见于6-7月。

分布于福建、广东。

黄带污斑眼蝶 / *Cyllogenes janetae* de Nicéville, 1887   25-26

中大型眼蝶。雄蝶翅背面为黑褐色，前翅顶角附近有1条黄色斜带，后翅外缘有模糊隐约可见的黄斑，翅腹面为灰褐色，中部区域有模糊的灰白色斑带贯穿前后翅，后翅有数个不明显的小眼斑。雌蝶翅形较阔，翅背面的黄带比雄蝶发达，后翅腹面的斑带为黑褐色

成虫多见于7-8月。

分布于西藏。此外见于印度、不丹、缅甸、越南等地。

01 ♀
暮眼蝶
云南普洱

01 ♀
暮眼蝶
云南普洱

02 ♂
暮眼蝶
台湾台南

02 ♂
暮眼蝶
台湾台南

03 ♀
暮眼蝶
台湾台南

03 ♀
暮眼蝶
台湾台南

04 ♀
暮眼蝶
云南腾冲

04 ♀
暮眼蝶
云南腾冲

⑤ ♂
暮眼蝶
贵州沿河

⑥ ♂
暮眼蝶
海南乐东

⑦ ♂
暮眼蝶
广西崇左

⑧ ♀
暮眼蝶
香港

⑨ ♀
睇暮眼蝶
台湾台南

⑨ ♀
睇暮眼蝶
台湾台南

⑩ ♂
睇暮眼蝶
台湾台南

⑩ ♂
睇暮眼蝶
台湾台南

⑪ ♀
睇暮眼蝶
福建福州

⑪ ♀
睇暮眼蝶
福建福州

⑫ ♂
睇暮眼蝶
香港

⑫ ♂
睇暮眼蝶
香港

⑬ ♀
睇暮眼蝶
香港

⑬ ♀
睇暮眼蝶
香港

⑭ ♂
睇暮眼蝶
香港

⑭ ♂
睇暮眼蝶
香港

⑮ ♀
睇暮眼蝶
福建福州

⑮ ♀
睇暮眼蝶
福建福州

⑯ ♂
睇暮眼蝶
福建福州

⑯ ♂
睇暮眼蝶
福建福州

⑰ ♀
睇暮眼蝶
福建武夷山

⑰ ♀
睇暮眼蝶
福建武夷山

⑱ ♀
睇暮眼蝶
贵州沿河

⑱ ♀
睇暮眼蝶
贵州沿河

⑲ ♀
睇暮眼蝶
贵州沿河

⑲ ♀
睇暮眼蝶
贵州沿河

⑳ ♂
黄带暮眼蝶
海南东方

⑳ ♂
黄带暮眼蝶
海南东方

㉑ ♂
黄带暮眼蝶
海南乐东

㉑ ♂
黄带暮眼蝶
海南乐东

㉒ ♀
黄带暮眼蝶
海南乐东

㉒ ♀
黄带暮眼蝶
海南乐东

㉓ ♂
污斑眼蝶
福建南平

㉓ ♂
污斑眼蝶
福建南平

24 ♀
污斑眼蝶
福建南平

24 ♀
污斑眼蝶
福建南平

25 ♂
黄带污斑眼蝶
西藏墨脱

25 ♂
黄带污斑眼蝶
西藏墨脱

26 ♀
黄带污斑眼蝶
西藏墨脱

26 ♀
黄带污斑眼蝶
西藏墨脱

黛眼蝶属 / *Lethe* Hübner, [1819]

　　中大型至中小型眼蝶。雌雄斑纹相似或相异，部分雄蝶有性标。前翅顶角多少向外突出，很多种类后翅具尾突。翅背面以黑褐色和灰褐色为主，缺少斑纹，腹面斑纹则变化多端，后翅亚外缘有明显的眼斑。

　　主要栖息于温带、亚热带及热带森林，常在竹林中活动，喜欢阴暗潮湿的环境。成虫生性机敏，飞行较迅速，喜欢吸食腐烂的水果及动物粪便，常可见其在潮湿的泥地或崖壁上吸水。幼虫寄主为禾本科多种竹属及莎草科植物。

　　分布于东洋区、古北区及新北区。本属种类异常繁多，是国内眼蝶科中种类最多的属，国内目前已知约100种，本图鉴收录86种。

黛眼蝶 / *Lethe dura* (Marshall, 1882)　　　　　　　　　　01-09 / P1548

　　中型眼蝶。雄蝶前翅近三角形，后翅外缘呈波状，具尾突。翅背面黑褐色，前翅无斑纹，后翅外侧有1片淡灰褐色带，其内有数个黑色斑点呈弧状排列；翅腹面褐色，前后翅沿外缘有橙色细带，其内有白边，前翅中室有1条淡色短条，前翅前缘中部至后角有1条淡色斜带，亚顶角有2个不明显的小圆斑，后翅有1条深色中带贯穿，其内有紫白色镂空纹及云状纹，其外有1列弧形的眼斑，瞳心为白，并有紫白色外圈。雌蝶斑纹与雄蝶类似，但翅形更阔，翅面淡色区较大。

　　成虫多见于4-6月。幼虫以禾本科多种竹属植物为寄主。

　　分布于陕西、四川、云南、湖北、浙江、福建、广东、台湾等地。此外见于印度、不丹、泰国、老挝、越南等地。

　　备注：也有部分文献将黛眼蝶木坪亚种（其特点为后翅背面外缘的淡色区不明显）提升为独立种，但本图鉴仍做亚种处理。

素拉黛眼蝶 / *Lethe sura* (Doubleday, [1849])　　　　　　　　　　10-12

　　中型眼蝶。与黛眼蝶较相似，但后翅尾突明显较长，且略向上翘，整体翅形更加修长，前翅背面隐约可见亚外缘区的深黑色鳞附着在翅脉上呈锯纹状，而黛眼蝶则为均匀的深黑色，后翅背面淡色区窄，其内的黑斑大而圆。

　　成虫多见于4-5月。

　　分布于西藏、云南。此外见于印度、尼泊尔、缅甸、泰国、越南等地。

白条黛眼蝶 / *Lethe albolineata* Poujade, 1884　　　　　　　　　　13-16

　　中型眼蝶。雌雄斑纹相似，雄蝶前翅三角形，后翅外缘呈波状，具尾突。翅背面泥褐色，后翅亚外缘有1列黑色圆斑，翅腹面淡棕褐色，前翅中室内有1条白色短带，中部及亚外缘还各有1条倾斜的白色横带，亚外缘白带外侧有数个小眼斑，后翅中部有1条白带，亚外缘有1列眼斑，眼斑边伴有1条白带，其中最上1个眼斑外侧的白带，与下方眼斑内侧的白带不连成1条直线。

　　成虫多见于5-7月。

　　分布于四川、甘肃、江西、福建等地。

安徒生黛眼蝶 / *Lethe andersoni* (Atkinson, 1871)　　　　　　　　　　17-18 / P1549

　　中型眼蝶。与白条黛眼蝶较相似，但前翅背面隐约可见2条从腹面透出的白带，后翅尾突尖锐，近臀角处向下突出，翅腹面底色更棕黄，前翅亚外缘白带外无眼斑，后翅中部的白带更长，几乎抵达亚外缘的最下方眼斑。

　　成虫多见于5-6月。

　　分布于四川、云南。此外见于印度、缅甸。

01 ♂
黛眼蝶
福建福州

02 ♂
黛眼蝶
台湾南投

03 ♂
黛眼蝶
福建武夷山

01 ♂
黛眼蝶
福建福州

02 ♂
黛眼蝶
台湾南投

03 ♂
黛眼蝶
福建武夷山

04 ♀
黛眼蝶
福建福州

05 ♂
黛眼蝶
浙江泰顺

06 ♂
黛眼蝶
广东乳源

04 ♀
黛眼蝶
福建福州

05 ♂
黛眼蝶
浙江泰顺

06 ♂
黛眼蝶
广东乳源

07 ♂
黛眼蝶
四川芦山

08 ♀
黛眼蝶
陕西宝鸡

09 ♂
黛眼蝶
湖南宜章

07 ♂
黛眼蝶
四川芦山

08 ♀
黛眼蝶
陕西宝鸡

09 ♂
黛眼蝶
湖南宜章

10 ♂
素拉黛眼蝶
云南屏边

11 ♂
素拉黛眼蝶
云南腾冲

12 ♂
素拉黛眼蝶
西藏墨脱

10 ♂
素拉黛眼蝶
云南屏边

11 ♂
素拉黛眼蝶
云南腾冲

12 ♂
素拉黛眼蝶
西藏墨脱

⑬ ♂
白条黛眼蝶
甘肃天水

⑭ ♀
白条黛眼蝶
四川芦山

⑮ ♂
白条黛眼蝶
甘肃康县

⑬ ♂
白条黛眼蝶
甘肃天水

⑭ ♀
白条黛眼蝶
四川芦山

⑮ ♂
白条黛眼蝶
甘肃康县

⑯ ♂
白条黛眼蝶
四川芦山

⑰ ♀
安徒生黛眼蝶
云南贡山

⑱ ♂
安徒生黛眼蝶
云南贡山

⑯ ♂
白条黛眼蝶
四川芦山

⑰ ♀
安徒生黛眼蝶
云南贡山

⑱ ♂
安徒生黛眼蝶
云南贡山

银线黛眼蝶 / *Lethe argentata* (Leech, 1891)　　01-02

中小型眼蝶。与安徒生黛眼蝶较相似，但体形明显更小，前翅背面隐约的白带外可见黑色小斑点，后翅尾突短，且没有那么尖锐，翅腹面底色更深，棕褐色偏红，后翅中部的白带在中室端处分离，上半部粗，其内还有1道细纹，后翅下半部有白色的脉纹。

成虫多见于5-6月。

分布于四川、云南。

银纹黛眼蝶 / *Lethe ramadeva* (de Nicéville, 1887)　　03-05 / P1550

中小型眼蝶。与白带黛眼蝶较相似，但体形明显更小，后翅尾突更尖锐，前后翅背面隐约可见从腹面透出的白带，翅腹面色泽更深暗，前翅中室及中部的带淡黄色，外缘的圆斑大，清晰而明显，后翅中部的斑带上部为白色，下部为淡黄色，亚外缘眼斑边的白带连续，而白带黛眼蝶最上方眼斑外的白带内移，与下方白带不连续。

成虫多见于6-7月。

分布于云南、西藏。此外见于印度、不丹、尼泊尔、缅甸等地。

云南黛眼蝶 / *Lethe yunnana* D'Abrera, 1990　　06-07

中小型眼蝶。与银线黛眼蝶较相似，但后翅尾突较长，没有那么尖锐，翅腹面颜色为深棕褐色，前后翅白带为乳白色，后翅白色斑纹非常发达，中部的白带不分离，白色脉纹粗大发达，后翅外缘的眼斑被白色带包裹。

成虫多见于5-6月。

分布于四川、陕西、云南、甘肃。

西藏黛眼蝶 / *Lethe baladeva* (Moore, [1866])　　08

中小型眼蝶。与银线黛眼蝶较相似，但后翅尾突较长，没有那么尖锐，翅腹面颜色为棕灰色，色泽更暗淡，后翅靠基部有一细白条，中部的中带不分离，上半部清晰，下半部模糊，翅腹面除白色斑带外，还散布灰白色鳞，整体感觉不如银线黛眼蝶底色纯净。

成虫多见于6-7月。

分布于西藏。此外见于印度、尼泊尔等地。

01 ♂
银线黛眼蝶
四川九龙

02 ♂
银线黛眼蝶
四川康定

03 ♂
银纹黛眼蝶
云南贡山

04 ♂
银纹黛眼蝶
西藏墨脱

01 ♂
银线黛眼蝶
四川九龙

02 ♂
银线黛眼蝶
四川康定

03 ♂
银纹黛眼蝶
云南贡山

04 ♂
银纹黛眼蝶
西藏墨脱

05 ♂
银纹黛眼蝶
云南维西

06 ♂
云南黛眼蝶
陕西凤县

07 ♂
云南黛眼蝶
云南丽江

08 ♂
西藏黛眼蝶
西藏聂拉木

05 ♂
银纹黛眼蝶
云南维西

06 ♂
云南黛眼蝶
陕西凤县

07 ♂
云南黛眼蝶
云南丽江

08 ♂
西藏黛眼蝶
西藏聂拉木

黄带黛眼蝶 / *Lethe luteofascia* Poujade, 1884   01

中型眼蝶。与白条黛眼蝶较相似，但后翅呈波纹状，无尾突，后翅腹面中带细，脉纹呈白色，外缘的眼斑被白纹包裹，臀角处有2个橙斑，靠外的橙斑呈三角形。

　　成虫多见于6—7月。

　　分布于四川。

明带黛眼蝶 / *Lethe helle* (Leech, 1891)   02-03

中型眼蝶。雄蝶翅背面黄褐色或棕褐色，前翅亚顶角有淡黄斑，前缘中部至后角有1条深色弧状斜带，斜带下部呈齿状，中室内有1条淡色斑，后翅外缘有黑色圆斑，前后翅外缘为黑褐色；翅腹面灰褐色，前翅中室内有白色斑条，中部斜带为白色，后翅亚外缘为1列眼斑，瞳心为白，中部有1条深色中带，中带至基部区域有紫白色环斑和云纹，臀角处有1个三角形紫白斑。雌蝶与雄蝶斑纹相似，但色泽淡，斑纹更发达。

　　成虫多见于6—7月。

　　分布于四川。

中华黛眼蝶 / *Lethe armandina* (Oberthür, 1881)   04

中型眼蝶。与明带黛眼蝶非常相似，但翅背面为泥褐色，而明带黛眼蝶色泽偏黄，前翅中部的深色带靠前缘端呈明显的折线，而明带黛眼蝶的深色带为弧形，后翅腹面中部的深色中带，近臀角处第2个眼斑对应的中带部位虽然也呈箭状，但明带黛眼蝶的箭纹显得更深更尖锐，同时后翅外缘的紫白色边纹比明带黛眼蝶更粗。

　　成虫多见于5—6月。

　　分布于四川。

彩斑黛眼蝶 / *Lethe procne* (Leech, 1891)   05-07

中型眼蝶。与明带黛眼蝶较相似，但翅背面中部斑纹不连续，为斑点状且呈弧状排列，后翅腹面外侧中带与内侧中带间有明显的黄色斑块。

　　成虫多见于6—7月。

　　分布于四川、云南。

拟彩斑黛眼蝶 / *Lethe paraprocne* Lang & Liu, 2014   08

中型眼蝶。与彩斑黛眼蝶非常相似，但前翅腹面中部的淡黄色带中，下方的3个箭纹状淡黄斑分离得比较明显，且而彩斑黛眼蝶的3个淡黄斑则在边缘彼此相连。

　　成虫多见于6—7月。

　　分布于云南。

戈黛眼蝶 / *Lethe gregoryi* Watkins, 1927   09-10 / P1550

中型眼蝶。与明带黛眼蝶较相似，但翅背面为泥褐色，前翅中部的深色带较直，不如明带黛眼蝶弯曲，后翅中部的深色带下部锯齿状明显，后翅腹面中部的深色带明显更细，尤其是上半部分更加显著，下部的锯齿状也更明显，外中区深色带与内中区的深色短带区间为均匀的淡黄白色斑。

　　成虫多见于6—7月。

　　分布于云南。

厄黛眼蝶 / *Lethe uemurai* (Sugiyama, 1994) 11-12

中小型眼蝶。与明带黛眼蝶较相似，但体形更小，翅形更圆，前翅腹面的深色带更加弯曲，下部的齿状纹不如明带黛眼蝶明显，后翅腹面呈泥褐色，色泽更暗。雌蝶斑纹与雄蝶相似，但翅腹面色泽更淡，斑纹更发达。

成虫多见于6-7月。

分布于陕西、四川、重庆等地。

白水隆黛眼蝶 / *Lethe shirozui* (Sugiyama, 1997) 13-14

中小型眼蝶。与明带黛眼蝶较相似，但前翅腹面中室内无明显白色斑纹，亚顶角无眼斑，后翅外中区的中带更加曲折，并向外凸出明显，中带内外两侧形成明显不同的色区，外侧为灰黑褐色，内侧为黄褐色，同时内侧没有紫白色的斑纹，该特征可与近似种区别。

成虫多见于6-7月。

分布于云南。

米勒黛眼蝶 / *Lethe moelleri* (Elwes, 1887) 15

中型眼蝶。与戈黛眼蝶较相似，但前翅更狭长，后翅外缘波纹状不如戈黛眼蝶明显，翅腹面斑纹更深暗，后翅中部深色带的上半部分更直，下部锯齿状更不尖锐，近基部的深色短带及白色条纹较直，不弯曲，中部深色带与靠内的深色短带区间的白色更纯净。

成虫多见于6-7月。

分布于广西、云南。此外见于印度、尼泊尔、缅甸等地。

云纹黛眼蝶 / *Lethe elwesi* (Moore, 1892) 16-17

中型眼蝶。雄蝶前翅呈三角形，后翅具尾突，翅背面为黄灰褐色，前翅亚顶角有白色短斑，中部有1条扭曲强烈的深色带，后翅亚外缘有5个眼斑；腹面色泽偏黄，前翅斑纹与背面相似，近顶角处有数个小眼斑，瞳心为白，后翅中部有1条深色带，中部圆钝，向内凸，下部呈锯齿状，基部有淡黄色环纹，其外有1条深色短带，短带与中带区间为乳黄色，亚外缘有1列眼斑，瞳心为紫白色斑点。雌蝶斑纹与雄蝶类似，但前翅更圆阔。

成虫多见于6-7月。

分布于云南。此外见于缅甸。

小云斑黛眼蝶 / *Lethe jalaurida* (de Nicéville, 1881) 18-20

中型眼蝶。雄蝶前翅呈三角形，后翅尾突明显。翅背面黑褐色，前翅中室有淡黄色纹，中部有1条白色或淡黄色斑带，后翅外缘有1列圆形黑斑，翅腹面色泽更深暗，前翅斑纹为象牙白色，后翅中部深色带与基部之间有复杂的紫白色环纹或脉纹，较易与近似种区别。

成虫多见于6-7月。

分布于四川、云南。此外见于印度、尼泊尔、缅甸。

01 ♂
黄带黛眼蝶
四川峨边

02 ♂
明带黛眼蝶
四川石棉

03 ♀
明带黛眼蝶
四川峨边

01 ♂
黄带黛眼蝶
四川峨边

02 ♂
明带黛眼蝶
四川石棉

03 ♀
明带黛眼蝶
四川峨边

04 ♂
中华黛眼蝶
四川石棉

05 ♂
彩斑黛眼蝶
四川天全

06 ♀
彩斑黛眼蝶
四川天全

04 ♂
中华黛眼蝶
四川石棉

05 ♂
彩斑黛眼蝶
四川天全

06 ♀
彩斑黛眼蝶
四川天全

07 ♂
彩斑黛眼蝶
四川泸定

08 ♂
拟彩斑黛眼蝶
云南维西

09 ♂
戈黛眼蝶
云南贡山

07 ♂
彩斑黛眼蝶
四川泸定

08 ♂
拟彩斑黛眼蝶
云南维西

09 ♂
戈黛眼蝶
云南贡山

10 ♂
戈黛眼蝶
云南维西

11 ♀
厄黛眼蝶
陕西长安

12 ♂
厄黛眼蝶
陕西户县

13 ♂
白水隆黛眼蝶
云南香格里拉

10 ♂
戈黛眼蝶
云南维西

11 ♀
厄黛眼蝶
陕西长安

12 ♂
厄黛眼蝶
陕西户县

13 ♂
白水隆黛眼蝶
云南香格里拉

⑭ ♂
白水隆黛眼蝶
云南维西

⑮ ♀
米勒黛眼蝶
云南贡山

⑯ ♂
云纹黛眼蝶
云南贡山

⑭ ♂
白水隆黛眼蝶
云南维西

⑮ ♀
米勒黛眼蝶
云南贡山

⑯ ♂
云纹黛眼蝶
云南贡山

⑰ ♀
云纹黛眼蝶
云南贡山

⑱ ♂
小云斑黛眼蝶
云南维西

⑲ ♂
小云斑黛眼蝶
四川泸定

⑳ ♂
小云斑黛眼蝶
云南丽江

⑰ ♀
云纹黛眼蝶
云南贡山

⑱ ♂
小云斑黛眼蝶
云南维西

⑲ ♂
小云斑黛眼蝶
四川泸定

⑳ ♂
小云斑黛眼蝶
云南丽江

贝利黛眼蝶 / *Lethe baileyi* South, 1913　　01-02

中型眼蝶。雄蝶前翅呈三角形，后翅具短尾突，翅背面黑褐色，前翅中室端外至后缘中部有1条宽阔的黑色性标，性标外缘呈齿状，前翅前缘中部沿中室端部还有1条黑色横纹与性标相连，后翅亚外缘有黑色圆斑；翅腹面色泽淡，前翅中室内有1个淡色斑，后翅外中区有1条深色横带，内中区有1条深色短带，两带区间色偏白，后翅臀角有1个白色三角斑，亚外缘眼斑中最下方近臀角的眼斑内有2个相连小黑斑。雌雄斑纹与雄蝶类似，但前翅背面无黑色性标。

成虫多见于5-6月。

分布于西藏、云南。此外见于印度、缅甸。

新带黛眼蝶 / *Lethe neofasciata* Lee, 1985　　03-04

中小型眼蝶。与傈僳黛眼蝶非常相似，但后翅腹面外中区深色带中上部的边缘不如傈僳黛眼蝶平直，基部及附近区域有紫白色环纹。雌雄斑纹与雄蝶类似，但前翅背面无黑色性标。

成虫多见于6-7月。

分布于云南。

傈僳黛眼蝶 / *Lethe lisuae* Huang, 2002　　05 / P1550

中小型眼蝶。与贝利黛眼蝶较相似，但体形更小，翅形更圆阔，后翅尾突更不明显，只微微突出，前翅性标更粗，与性标相连的黑色横纹较细，后翅腹面外中区深色带靠前缘部分明显比贝利黛眼蝶更粗，并且向下逐渐收窄，靠臀角眼斑内只有1个小黑斑。雌蝶斑纹与雄蝶类似，但前翅背面无黑色性标。

成虫多见于5-6月。

分布于云南。

黑带黛眼蝶 / *Lethe nigrifascia* Leech, 1890　　06

中型眼蝶。与贝利黛眼蝶较相似，但后翅尾突更微弱，前翅中部的黑色性标相比显得稍细，性标的内缘略呈齿状，而贝利黛眼蝶性标的内缘平直。前翅腹面隐约可见背面的性标，后翅外中区的深色带更弯曲，内中区的深色短带向内倾斜，基部附近的紫白色环纹更显著。雌斑纹与雄蝶类似，但前翅背面无黑色性标。

成虫多见于6-8月。

分布于河南、陕西、甘肃、湖北、宁夏、湖南等地。

细黑黛眼蝶 / *Lethe liyufeii* Huang, 2014　　07-08

中型眼蝶。与黑带黛眼蝶较相似，但前翅狭长，前翅背面中部的黑色性标狭窄，前翅腹面只能隐约可见背面的性标，中部的深色带在近前缘部分向内凹。雌斑纹与雄蝶类似，但前翅背面无黑色性标。

成虫多见于6-7月。

分布于陕西。

罗氏黛眼蝶 / *Lethe luojiani* Lang & Wang, 2016　　09

中型眼蝶。与细黑黛眼蝶非常相似，但前翅不狭长，前翅背面中部的黑色性标中部离中室距离更远，前翅腹面中部的深色带在近前缘部分不内凹，后翅中外区的横带更直，不如细黑黛眼蝶弯曲。雌蝶斑纹与雄蝶类似，但前翅背面无黑色性标。

成虫多见于6-7月。

分布于陕西。

李氏黛眼蝶 / *Lethe leei* (Zhao & Wang, 2000)　　　　10-11

中型眼蝶。与细黑黛眼蝶较相似，但前翅背面的性标不成带状，只有数条各自独立，附着在翅脉上的纤细性标。

成虫多见于6-7月。

分布于陕西。

小圈黛眼蝶 / *Lethe ocellata* Pouade, 1885　　　　12-14

中型眼蝶。与细黑黛眼蝶较为相似，但前翅翅形明显不同，雄蝶前翅背面的性标更加模糊，翅腹面底色更纯净，而细黑黛眼蝶斑纹间有明显的白纹，前翅外缘有明显细小的银白色边纹，后翅外中区的中带更细。

成虫多见于5-7月。

分布于四川、湖北、湖南等地。此外见于越南。

蟠纹黛眼蝶 / *Lethe labyrinthea* Leech, 1890　　　　15-16

中型眼蝶。雄蝶翅背面灰褐色，前翅中部沿各翅脉附着数条暗褐色的性标，性标呈尖齿状向外侧延伸，后翅外缘有淡黄色细线，亚外缘有数个黑色圆斑，黑斑外围被黄纹包裹；翅腹面淡黄褐色，前翅中室内有2道暗色纹，中室端外有1条深色横带，外缘呈锯齿状，外侧伴有黄白纹，后翅有2条深色横带，横带间区域偏黄，基部有数道黄白色环纹，亚外缘有6个眼斑，外缘有银白色细线。雌蝶无性标，斑纹与雄蝶类似。

成虫多见于7-8月。

分布于四川、陕西、河南等地。

腰黛眼蝶 / *Lethe yoshikoae* (Koiwaya, 2011)　　　　17

中型眼蝶。与蟠纹黛眼蝶非常相似，但前翅的性标明显更细，齿状也更短，蟠纹黛眼蝶后翅外缘有非常微弱的尾突，而腰黛眼蝶则更不明显，几乎没有，腹面内中区的深色短带更直，而蟠纹黛眼蝶的更弯曲。雌蝶无性标，斑纹与雄蝶相似。

成虫多见于6-9月。

分布于浙江、广西。

妍黛眼蝶 / *Lethe yantra* Fruhstorfer, 1914　　　　18

中型眼蝶。与蟠纹黛眼蝶较相似，但翅形更圆阔，雄蝶前翅的性标呈深黑色，齿尖短，翅面泛黄，散布黄黑相间的斑纹，对比强烈；翅腹面色泽为黄灰褐色，色泽统一，而蟠纹黛眼蝶后翅腹面色泽有明显的深浅区。雌蝶无性标，斑纹类似雄蝶。

成虫多见于7-8月。

分布于四川、湖北、福建等地。

高帕黛眼蝶 / *Lethe goalpara* (Moore, [1866])　　　　19-20 / P1550

中大型眼蝶。雄蝶翅背面黑褐色，前翅外缘有1道暗色纹，后翅尾突明显，亚外缘有5个大型黑斑，外围有黄纹，外缘有金黄色细带；翅腹面黄褐色，前翅中室及中室端有3道暗色斑，外侧有深色横带，顶角处有白纹，亚外缘有3个小眼斑，后翅基部有1条深褐色带，外中区和内中区分别有1条中带，外中区中带弯曲，贯穿全翅，中带内外区色泽不同，其中外侧暗褐色，内侧黄褐色，外缘有金黄色细带，臀角处有1个三角形银白斑，亚外缘有6个眼斑。

成虫多见于7-8月。

分布于西藏、云南。此外见于印度、尼泊尔、缅甸、越南等地。

01 ♂
贝利黛眼蝶
云南贡山

02 ♂
贝利黛眼蝶
云南维西

03 ♂
新带黛眼蝶
云南维西

04 ♂
新带黛眼蝶
云南大理

01 ♂
贝利黛眼蝶
云南贡山

02 ♂
贝利黛眼蝶
云南维西

03 ♂
新带黛眼蝶
云南维西

04 ♂
新带黛眼蝶
云南大理

05 ♂
傈僳黛眼蝶
云南贡山

06 ♂
黑带黛眼蝶
湖南古丈

07 ♀
细黑黛眼蝶
陕西凤县

05 ♂
傈僳黛眼蝶
云南贡山

06 ♂
黑带黛眼蝶
湖南古丈

07 ♀
细黑黛眼蝶
陕西凤县

08 ♂
细黑黛眼蝶
陕西凤县

09 ♂
罗氏黛眼蝶
陕西户县

10 ♀
李氏黛眼蝶
陕西宁陕

08 ♂
细黑黛眼蝶
陕西凤县

09 ♂
罗氏黛眼蝶
陕西户县

10 ♀
李氏黛眼蝶
陕西宁陕

11 ♂
李氏黛眼蝶
陕西宁陕

12 ♀
小圈黛眼蝶
四川泸定

13 ♂
小圈黛眼蝶
湖南古丈

14 ♂
小圈黛眼蝶
四川泸定

11 ♂
李氏黛眼蝶
陕西宁陕

12 ♀
小圈黛眼蝶
四川泸定

13 ♂
小圈黛眼蝶
湖南古丈

14 ♂
小圈黛眼蝶
四川泸定

⑮♂
蟠纹黛眼蝶
四川峨眉山

⑯♂
蟠纹黛眼蝶
陕西宁陕

⑰♂
腰黛眼蝶
浙江临安

15♂
蟠纹黛眼蝶
四川峨眉山

16♂
蟠纹黛眼蝶
陕西宁陕

17♂
腰黛眼蝶
浙江临安

⑱♂
妍黛眼蝶
福建武夷山

⑲♂
高帕黛眼蝶
西藏墨脱

⑳♂
高帕黛眼蝶
云南腾冲

18♂
妍黛眼蝶
福建武夷山

19♂
高帕黛眼蝶
西藏墨脱

20♂
高帕黛眼蝶
云南腾冲

门左黛眼蝶 / *Lethe manzora* (Poujade, 1884)　　01-02

中型眼蝶。雌雄斑纹相似，翅背面灰褐色，前翅中室及中室端有3道横纹，中室外有1条深色带，亚顶角处有1个橙黄色圆斑，后翅亚外缘有6个眼斑，外缘线金黄色，内边缘伴有银白色细纹，翅腹面黄灰色，斑纹为深棕红色，后翅外中区的深色带较直，贯穿全翅，内中区的深色带止于翅中部，外缘上下各有1个大眼斑，其下方各自伴有1个小眼斑。

成虫多见于6—7月。

分布于四川、云南。

斯斯黛眼蝶 / *Lethe sisii* Lang & Monastyrskii, 2016　　03-06

中型眼蝶。与门左黛眼蝶非常相似，但后翅腹面外中区的中带明显更细，亚外缘上方的眼斑距离中带较远，而门左黛眼蝶的眼斑则贴近中带。

成虫多见于6—7月。

分布于四川、湖北、陕西、江西、福建等地。

珠连黛眼蝶 / *Lethe moolifera* Oberthür, 1923　　07-08

中型眼蝶。与门左黛眼蝶相似，但后翅背面眼斑外围包裹着较厚的橙边，后翅腹面外中区的中带较弯曲，不如门左黛眼蝶平直，前后翅腹面外缘的银色线清晰宽阔，而门左黛眼蝶前翅外缘银线往往缺失，后翅银线极细。

成虫多见于6—7月。

分布于四川。

孪斑黛眼蝶 / *Lethe gemina* Leech, 1891　　09-13 / P1551

中型眼蝶。翅背面棕褐色，前翅亚顶角有1个黑色圆斑，后翅亚外缘有5个眼斑，外缘有细小的银边，翅腹面红棕色，前后翅外缘线为橙黄色，并伴有细小银边，后翅外中区有1条深色带，中部扭曲，向外凸出，中室端有1条深色纹，外缘有3个眼斑。

成虫多见于6—7月。

分布于四川、浙江、福建、台湾、广西等地，此外见于印度、越南。

奇纹黛眼蝶 / *Lethe cyrene* Leech, 1890　　14-15

中型眼蝶。翅背面灰褐色，前翅亚外缘隐约可见数个小眼斑，后翅亚外缘有6个黑色眼斑，外围包裹黄边；翅腹面浅棕褐色，前翅亚外缘有5个清晰的小眼斑，内侧有2条"V"形浅色带，中室及中室端有3条深色短纹，后翅亚外缘有6个眼斑，内侧伴有1条宽阔的白带，外中区及内中区的深色带在近臀角处汇合，两带内颜色发白。雌蝶斑纹类似雄蝶，但翅形较阔。

成虫多见于6—8月。

分布于湖北、河南、陕西、重庆等地。

连纹黛眼蝶 / *Lethe syrcis* Hewitson, 1863　　16-17 / P1551

中型眼蝶。翅背面灰褐色，后翅外缘有4个硕大的黑色眼斑，外围包裹黄边；翅腹面淡黄灰色，前后翅外缘为黄色，边缘为黑色细线，内侧还伴有白纹，前翅有2条深色线，后翅亚外缘有5个眼斑，眼斑外围伴有白纹，外中区及内中区的深色带在靠臀角处汇合，外中区的深色带在中部尖突。

1年多代，多见于5—11月。幼虫以禾本科多种竹属植物为寄主。

分布于黑龙江、陕西、江西、河南、福建、四川、广西、广东、江西、重庆等地。此外见于越南、老挝。

① ♂
门左黛眼蝶
四川石棉

② ♂
门左黛眼蝶
四川峨边

③ ♂
斯斯黛眼蝶
福建南平

① ♂
门左黛眼蝶
四川石棉

② ♂
门左黛眼蝶
四川峨边

③ ♂
斯斯黛眼蝶
福建南平

④ ♂
斯斯黛眼蝶
四川宝兴

⑤ ♂
斯斯黛眼蝶
四川峨边

⑥ ♀
斯斯黛眼蝶
四川峨边

④ ♂
斯斯黛眼蝶
四川宝兴

⑤ ♂
斯斯黛眼蝶
四川峨边

⑥ ♀
斯斯黛眼蝶
四川峨边

⑦ ♂
珠连黛眼蝶
四川峨眉山

⑧ ♀
珠连黛眼蝶
四川芦山

⑨ ♀
李斑黛眼蝶
广西金秀

⑦ ♂
珠连黛眼蝶
四川峨眉山

⑧ ♀
珠连黛眼蝶
四川芦山

⑨ ♀
李斑黛眼蝶
广西金秀

⑩ ♀
李斑黛眼蝶
四川宝兴

⑪ ♂
李斑黛眼蝶
台湾南投

⑩ ♀
李斑黛眼蝶
四川宝兴

⑪ ♂
李斑黛眼蝶
台湾南投

⑫♀
李斑黛眼蝶
台湾台南

⑬♂
李斑黛眼蝶
福建南平

⑭♀
奇纹黛眼蝶
陕西凤县

⑫♀
李斑黛眼蝶
台湾台南

⑬♂
李斑黛眼蝶
福建南平

⑭♀
奇纹黛眼蝶
陕西凤县

⑮♂
奇纹黛眼蝶
陕西凤县

⑯♂
连纹黛眼蝶
福建福州

⑰♀
连纹黛眼蝶
福建福州

⑮♂
奇纹黛眼蝶
陕西凤县

⑯♂
连纹黛眼蝶
福建福州

⑰♀
连纹黛眼蝶
福建福州

直带黛眼蝶 / *Lethe lanaris* Butler, 1877　　　　　　　　　　01-04 / P1552

中大型眼蝶。雄蝶前翅较尖，翅背面黑褐色，后翅亚外缘有数个眼斑，翅腹面色泽淡，前翅内外区底色不同，内侧深外侧浅，亚外缘有竖直排列、大小相等的5个眼斑，后翅亚外缘有6个清晰的眼斑。雌蝶翅形更阔，色泽较雄蝶淡，前翅背面有1道外斜的白线。

1年多代，多见于6-10月。幼虫以禾本科多种竹属植物为寄主。

分布于四川、甘肃、陕西、河南、重庆、湖北、江西、福建、浙江、海南等地。此外见于缅甸、泰国、越南、老挝。

宽带黛眼蝶 / *Lethe helena* Leech, 1891　　　　　　　　　　05-06 / P1553

中型眼蝶。雄蝶与直带黛眼蝶非常相似，但体形明显更小，前翅顶角不似直带黛眼蝶那么尖锐，前翅腹面外侧中线明显更加倾斜，中线靠近中室脉端，亚外缘的清晰眼斑只有4个，最后1个眼斑模糊。雌蝶前翅具有宽阔的白带。

成虫多见于4-5月。幼虫以禾本科多种竹属植物为寄主。

分布于四川、浙江、福建等地。

华山黛眼蝶 / *Lethe serbonis* (Hewtison, 1876)　　　　　　　　07-12

中型眼蝶。雄蝶翅背面灰褐色，缺少斑纹，后翅亚外缘有数个较小的眼斑，翅腹面青褐色或棕褐色，前翅中室内有1条深色纹，中室外侧有1条深色中线，近前缘处外侧有淡色斑，亚顶角处有2个小眼斑，后翅外中区和内中区各有1道深棕色的中带，2条中带几乎平行，亚外缘有6个眼斑，瞳心为白。

成虫多见于7-8月。

分布于四川、陕西、甘肃、云南、西藏等地。此外见于印度、不丹、缅甸。

康定黛眼蝶 / *Lethe sicelides* Grose-Smith, 1893　　　　　　　13-14

中型眼蝶。与华山黛眼蝶较相似，但翅形明显不同，前翅更狭长，后翅外缘波状明显，翅腹面为淡灰褐色或淡黄褐色，后翅2条中带为黄褐色，不平行，在近臀角处收窄。

成虫多见于7-8月。

分布于四川。

广西黛眼蝶 / *Lethe guansia* Sugiyama, 1999　　　　　　　　　15

中型眼蝶。与侧带黛眼蝶非常相似，但翅腹面为红棕褐色，前翅外缘的眼斑极其模糊，而侧带黛眼蝶的眼斑非常清晰，后翅外侧的中带向外凸出更明显，外侧区域颜色更深更红，而侧带黛眼蝶后翅色泽非常统一，同时外缘线内侧还伴有紫白色纹。

成虫多见于4-5月。

分布于福建、广东、广西。

侧带黛眼蝶 / *Lethe latiaris* (Hewitson, 1862)　　　　　　　　16-18

中型眼蝶。雄蝶翅背面黑褐色，后翅有叶状暗黑色性标，亚外缘隐约可见数个眼斑，翅腹面为淡黄褐色，色泽均匀，前翅外侧横带外有4个眼斑，后翅有2条中带，亚外缘有6个眼斑。雌蝶斑纹与雄蝶类似，但前翅背面有隐约向外倾斜的白色细线，后翅尾突更明显。

成虫多见于4-6月。

分布于西藏、云南。此外见于缅甸、泰国、老挝、越南等地。

01 ♂
直带黛眼蝶
江西九江

02 ♀
直带黛眼蝶
浙江宁波

03 ♂
直带黛眼蝶
陕西宝鸡

01 ♂
直带黛眼蝶
江西九江

02 ♀
直带黛眼蝶
浙江宁波

03 ♂
直带黛眼蝶
陕西宝鸡

04 ♂
直带黛眼蝶
四川芦山

05 ♀
宽带黛眼蝶
福建福州

06 ♂
宽带黛眼蝶
福建福州

04 ♂
直带黛眼蝶
四川芦山

05 ♀
宽带黛眼蝶
福建福州

06 ♂
宽带黛眼蝶
福建福州

07 ♂
华山黛眼蝶
西藏错那

08 ♂
华山黛眼蝶
云南丽江

09 ♂
华山黛眼蝶
陕西凤县

07 ♂
华山黛眼蝶
西藏错那

08 ♂
华山黛眼蝶
云南丽江

09 ♂
华山黛眼蝶
陕西凤县

10 ♂
华山黛眼蝶
西藏墨脱

11 ♂
华山黛眼蝶
云南德钦

12 ♂
华山黛眼蝶
广西兴安

10 ♂
华山黛眼蝶
西藏墨脱

11 ♂
华山黛眼蝶
云南德钦

12 ♂
华山黛眼蝶
广西兴安

⑬ ♂
康定黛眼蝶
四川峨边

⑭ ♂
康定黛眼蝶
四川石棉

⑮ ♂
广西黛眼蝶
福建武夷山

⑬ ♂
康定黛眼蝶
四川峨边

⑭ ♂
康定黛眼蝶
四川石棉

⑮ ♂
广西黛眼蝶
福建武夷山

⑯ ♂
侧带黛眼蝶
西藏墨脱

⑰ ♀
侧带黛眼蝶
云南贡山

⑱ ♂
侧带黛眼蝶
云南贡山

⑯ ♂
侧带黛眼蝶
西藏墨脱

⑰ ♀
侧带黛眼蝶
云南贡山

⑱ ♂
侧带黛眼蝶
云南贡山

棕褐黛眼蝶 / *Lethe christophi* Leech, 1891　　　　　　　　　　01-05 / P1554

中大型眼蝶。雄蝶翅背面灰褐色，后翅有大块的黑色性标，亚外缘隐约可见黑色眼斑，翅腹面为棕褐色带紫色光泽，前后翅的外中区和内中区各有1道深棕色的中带，前翅中室内有1条深色线，后翅亚外缘有6个眼斑，眼斑较小，外侧为红棕褐色。雌蝶斑纹与雄蝶相似，但后翅背面无性标。

成虫多见于5-8月。幼虫以禾本科多种竹属植物为寄主。

分布于湖北、浙江、福建、江西、广东、台湾等地。

拜迪黛眼蝶 / *Lethe berdievi* Alexander, 2005　　　　　　　　　　　　06

中大型眼蝶。与棕褐黛眼蝶较相似，但雄蝶后翅背面的性标明显较小，前翅腹面中室内近基部的深色线穿出中室向下延伸，而棕褐黛眼蝶则是靠外侧的深色线穿出中室向下延伸，后翅外侧横线向外凸出明显，亚外缘的眼斑为5个。

成虫多见于4-5月。

分布于广西。此外见于越南。

帕拉黛眼蝶 / *Lethe bhairava* (Moore, 1857)　　　　　　　　　　07 / P1554

中型眼蝶。雄蝶翅背面黑褐色，前翅靠顶角处有1个淡黄色小斑，后翅中室下方有1条椭圆形暗黑色性标，亚外缘有数个黑色圆斑，翅腹面为深棕褐色，较易与其他黛眼蝶区别，前翅中部横线直，亚外缘有4个眼斑，后翅外中区及内中区各有1条中带，外缘有6个眼斑，其中最上方眼斑靠近外中带。

成虫多见于5-7月。

分布于西藏。此外见于印度、不丹、尼泊尔、缅甸、泰国、越南。

罗丹黛眼蝶 / *Lethe laodamia* Leech, 1891　　　　　　　　　　　　08

中型眼蝶。雌雄相似，翅背面灰褐色，后翅有5个较清晰的眼斑，臀角处带红褐色斑，翅腹面色泽淡，前翅外侧有1条外倾的红棕色横带，靠前缘内折，外侧带白斑，中室内有2道深色线，亚外缘有4个眼斑，后翅有2道红棕色中带，外中区中带粗壮，靠中室端处呈角状向外突出，亚外缘有6个眼斑，其中最上方眼斑靠近外横带。

成虫多见于6-8月。

分布于四川、陕西、重庆、湖北、江西等地。

泰坦黛眼蝶 / *Lethe titania* Leech, 1891　　　　　　　　　　　09-10

中型眼蝶。与罗丹黛眼蝶较相似，但后翅背面的眼斑更大更圆，排列更紧密，前翅腹面外侧横带边界模糊，不呈线状，不如罗丹黛眼蝶倾斜，亚外缘眼斑为3个，后翅外缘眼斑中，自上而下的第4个眼斑内几乎全为白色，而罗丹黛眼蝶瞳心只有1个白点，泰坦黛眼蝶后翅的2条中带几乎平行，而罗丹黛眼蝶的中带往下距离逐渐缩短。

成虫多见于5-6月。

分布于四川、重庆、湖北、江西、广东等地。

01 ♂
棕褐黛眼蝶
福建三明

01 ♂
棕褐黛眼蝶
福建三明

02 ♀
棕褐黛眼蝶
福建三明

02 ♀
棕褐黛眼蝶
福建三明

03 ♂
棕褐黛眼蝶
台湾花莲

03 ♂
棕褐黛眼蝶
台湾花莲

04 ♀
棕褐黛眼蝶
台湾宜兰

04 ♀
棕褐黛眼蝶
台湾宜兰

05 ♂
棕褐黛眼蝶
浙江临安

06 ♂
拜迪黛眼蝶
广西兴安

07 ♂
帕拉黛眼蝶
西藏墨脱

05 ♂
棕褐黛眼蝶
浙江临安

06 ♂
拜迪黛眼蝶
广西兴安

07 ♂
帕拉黛眼蝶
西藏墨脱

08 ♂
罗丹黛眼蝶
贵州江口

09 ♂
泰坦黛眼蝶
广东乳源

10 ♂
泰坦黛眼蝶
四川峨边

08 ♂
罗丹黛眼蝶
贵州江口

09 ♂
泰坦黛眼蝶
广东乳源

10 ♂
泰坦黛眼蝶
四川峨边

苔娜黛眼蝶 / *Lethe diana* (Butler, 1866)   01-04

中型眼蝶。与罗丹黛眼蝶较相似，但后翅更圆，外缘呈波纹状，不具明显尾突，雄蝶后翅背面前缘的中部有1大块浅色斑，亚外缘的眼斑极不明显，前翅腹面后缘中部有黑色长毛，外中区的中带将前翅分成深浅2个色区，前后翅亚外缘眼斑被清晰的紫白色环包围，后翅外缘线内侧有1道清晰的紫白色边纹。

1年多代，多见于4-9月。

分布于河南、陕西、陕西、浙江、江西、辽宁、吉林等地。此外见于日本及朝鲜半岛等地。

边纹黛眼蝶 / *Lethe marginalis* Moschulsky, 1860   05-10 / P1555

中型眼蝶。与苔娜黛眼蝶较相似，但前后翅背面眼斑更明显，翅腹面色泽偏黄褐，不如苔娜黛眼蝶深暗，雄蝶前翅无黑色毛束，后翅无浅色斑，中室内深色线只有1条，而苔娜黛眼蝶为2条，前后翅眼斑外围为黄白色环纹，而苔娜黛眼蝶则为紫白色。

1年多代，多见于6-9月。

分布于陕西、甘肃、河南、浙江、江西、湖北、黑龙江、吉林等地。此外见于日本、俄罗斯及朝鲜半岛。

深山黛眼蝶 / *Lethe hyrania* (Kollar, 1844)   11-17 / P1555

中小型眼蝶。雄蝶翅背面棕褐色，前翅中央有模糊的浅色斜线，后翅亚外缘有黑色眼斑，翅腹面褐色并有部分泛红褐色，前后翅外缘有浅色细带纹，前翅中室中央有2条红褐色细线，中部有浅色斜线，亚顶角处有3个眼斑，后翅中央有2道红褐色线纹贯穿翅面，内侧线直，外侧线曲折，外缘有弧状排列的眼斑，眼斑外镶黄白色环纹，近臀角及后缘的眼斑外常有红褐色纹。雌蝶前翅背面近顶角处有清晰的小斑，中央有宽阔倾斜的白带。

1年多代，多见于4-8月。幼虫以禾本科多种竹属植物为寄主。

分布于浙江、福建、广东、台湾、广西、海南、云南、四川等地。此外见于印度、缅甸、泰国、老挝、越南等地。

备注：本种原来一直采用*Lethe insana*的学名，目前已修订为*Lethe hyrania*。

华西黛眼蝶 / *Lethe baucis* Leech, 1891   18-21

中型眼蝶。与深山黛眼蝶非常相似，但翅腹面底色较纯，不似深山黛眼蝶泛红褐色，前翅腹面亚顶角处的眼斑为4个，且非常清晰，后翅臀角及后角眼斑外的底色和眼斑内底色统一，而深山黛眼蝶的外侧底色更红。

成虫多见于5-6月。

分布于四川、云南、湖北、江西、福建等地。

直线黛眼蝶 / *Lethe brisanda* de Niceville, 1886   22

中小型眼蝶。与深山黛眼蝶及华西黛眼蝶非常相似，但翅腹面色泽更深暗，发黑，前翅腹面亚顶角处的眼斑为4个，中部的斜线非常平直，该特征可与近似种区别，前后翅眼斑外围包裹着厚重的紫白色纹。

成虫多见于5-6月。

分布于西藏。此外见于印度、尼泊尔等地。

01 ♂
苔娜黛眼蝶
湖南宜章

02 ♂
苔娜黛眼蝶
陕西凤县

03 ♀
苔娜黛眼蝶
陕西凤县

04 ♂
苔娜黛眼蝶
浙江临安

01 ♂
苔娜黛眼蝶
湖南宜章

02 ♂
苔娜黛眼蝶
陕西凤县

03 ♀
苔娜黛眼蝶
陕西凤县

04 ♂
苔娜黛眼蝶
浙江临安

05 ♂
边纹黛眼蝶
吉林靖宇

06 ♀
边纹黛眼蝶
四川芦山

07 ♂
边纹黛眼蝶
云南贡山

05 ♂
边纹黛眼蝶
吉林靖宇

06 ♀
边纹黛眼蝶
四川芦山

07 ♂
边纹黛眼蝶
云南贡山

08 ♂
边纹黛眼蝶
云南维西

09 ♂
边纹黛眼蝶
甘肃康县

10 ♂
边纹黛眼蝶
陕西凤县

11 ♂
深山黛眼蝶
云南贡山

08 ♂
边纹黛眼蝶
云南维西

09 ♂
边纹黛眼蝶
甘肃康县

10 ♂
边纹黛眼蝶
陕西凤县

11 ♂
深山黛眼蝶
云南贡山

12 ♂
深山黛眼蝶
台湾新竹

13 ♀
深山黛眼蝶
台湾花莲

14 ♀
深山黛眼蝶
海南乐东

15 ♂
深山黛眼蝶
四川泸定

12 ♂
深山黛眼蝶
台湾新竹

13 ♀
深山黛眼蝶
台湾花莲

14 ♀
深山黛眼蝶
海南乐东

15 ♂
深山黛眼蝶
四川泸定

16 ♀
深山黛眼蝶
广东乳源

17 ♂
深山黛眼蝶
广西金秀

18 ♀
华西黛眼蝶
四川芦山

16 ♀
深山黛眼蝶
广东乳源

17 ♂
深山黛眼蝶
广西金秀

18 ♀
华西黛眼蝶
四川芦山

19 ♀
华西黛眼蝶
四川芦山

20 ♂
华西黛眼蝶
四川峨眉山

21 ♂
华西黛眼蝶
四川石棉

22 ♂
直线黛眼蝶
西藏墨脱

19 ♀
华西黛眼蝶
四川芦山

20 ♂
华西黛眼蝶
四川峨眉山

21 ♂
华西黛眼蝶
四川石棉

22 ♂
直线黛眼蝶
西藏墨脱

白带黛眼蝶 / *Lethe confusa* Aurivillius, 1897

01-05 / P1556

中小型眼蝶。雌雄斑纹相似，翅背面黑褐色，前翅顶角处有2个小白斑，中央有1条宽阔的白色斜带，由前缘中部倾斜至后角，翅腹面棕褐色，前翅顶角处有3个眼斑，后翅外中区及内中区各有1条紫白色中带，外侧中带曲折，亚外缘有6个眼斑，瞳心为白，外围包裹黄纹，其中最上方眼斑硕大，最下方眼斑小，双瞳。

1年多代，成虫几乎全年可见。幼虫以禾本科莠竹属及芒属植物为寄主。

分布于浙江、福建、广西、广东、香港、云南、四川、贵州等地。此外见于南亚至东南亚的广泛地区。

玉带黛眼蝶 / *Lethe verma* (Kollar, [1844])

06-13 / P1557

中型眼蝶。雌、雄前翅前缘中部至后角均有1条呈弧形的宽阔白带，极易与其他黛眼蝶区分。

成虫多见于5-8月。幼虫以禾本科莠竹属植物为寄主。

分布于浙江、福建、江西、广东、台湾、海南、广西、云南、四川等地。此外见于印度、尼泊尔、缅甸、泰国、老挝、越南、马来西亚等地。

甘萨黛眼蝶 / *Lethe kansa* (Moore, 1857)

14-15

中型眼蝶。雄蝶翅背面灰褐色，后翅具明显尾突，亚外缘有5个较大的黑色圆斑，黑斑被黄纹包裹，翅腹面棕褐色，前后翅各有2道红棕色的中带，前翅亚外缘有4个眼斑，后翅亚外缘有6个眼斑。雌蝶斑纹与雄蝶类似，但前翅背面亚外缘有数个小黄点。

1年多代，成虫几乎全年可见。

分布于海南。此外见于印度、缅甸、泰国、老挝、越南等地。

尖尾黛眼蝶 / *Lethe sinorix* (Hewitson, [1863])

16-19 / P1558

中型眼蝶。与甘萨黛眼蝶非常相似，但后翅的尾突明显更长更尖，雌雄前翅背面亚外缘均有3个小黄点，后翅有黑色眼斑，其中产于华东地区的亚种眼斑外围有较微弱的黄纹，而产于藏东南地区的亚种眼斑外围有浓郁的黄色和红褐色斑纹。

成虫多见于6-9月。幼虫以禾本科多种竹属植物为寄主。

分布于浙江、福建、广东、广西、西藏。此外见于印度、缅甸、泰国、老挝、越南、马来西亚等地。

① ♀
白带黛眼蝶
四川芦山

② ♂
白带黛眼蝶
广东广州

③ ♀
白带黛眼蝶
福建南平

① ♀
白带黛眼蝶
四川芦山

② ♂
白带黛眼蝶
广东广州

③ ♀
白带黛眼蝶
福建南平

④ ♂
白带黛眼蝶
福建福州

⑤ ♂
白带黛眼蝶
云南西双版纳

⑥ ♂
玉带黛眼蝶
云南贡山

⑦ ♂
玉带黛眼蝶
台湾宜兰

④ ♂
白带黛眼蝶
福建福州

⑤ ♂
白带黛眼蝶
云南西双版纳

⑥ ♂
玉带黛眼蝶
云南贡山

⑦ ♂
玉带黛眼蝶
台湾宜兰

08 ♀
玉带黛眼蝶
台湾台中

09 ♂
玉带黛眼蝶
浙江临安

10 ♂
玉带黛眼蝶
海南乐东

08 ♀
玉带黛眼蝶
台湾台中

09 ♂
玉带黛眼蝶
浙江临安

10 ♂
玉带黛眼蝶
海南乐东

11 ♂
玉带黛眼蝶
西藏墨脱

12 ♂
玉带黛眼蝶
四川石棉

13 ♂
玉带黛眼蝶
四川峨眉山

11 ♂
玉带黛眼蝶
西藏墨脱

12 ♂
玉带黛眼蝶
四川石棉

13 ♂
玉带黛眼蝶
四川峨眉山

⑭ ♂
甘萨黛眼蝶
海南乐东

⑮ ♀
甘萨黛眼蝶
海南陵水

⑯ ♀
尖尾黛眼蝶
福建永泰

⑭ ♂
甘萨黛眼蝶
海南乐东

⑮ ♀
甘萨黛眼蝶
海南陵水

⑯ ♀
尖尾黛眼蝶
福建永泰

⑰ ♂
尖尾黛眼蝶
广东龙门

⑱ ♂
尖尾黛眼蝶
福建武夷山

⑲ ♂
尖尾黛眼蝶
西藏墨脱

⑰ ♂
尖尾黛眼蝶
广东龙门

⑱ ♂
尖尾黛眼蝶
福建武夷山

⑲ ♂
尖尾黛眼蝶
西藏墨脱

文娣黛眼蝶 / *Lethe vindhya* (C. & R. Felder, 1859)　　　　　　01-03 / P1558

中型眼蝶。雌雄斑纹相似，翅背面灰褐色，后翅具尾突，亚外缘有5个黑色圆斑，前后翅腹面分为明显的2个色区，其中外侧区域为浅棕褐色，内侧区域为深棕褐色，内中区有1道贯穿前后翅的深色中带，中带外侧伴紫白色纹，前后翅亚外缘的眼斑外伴有紫白色环纹。

1年多代，成虫多见于6-9月。幼虫以禾本科多种竹属植物为寄主。

分布于广东、海南。此外见于印度、不丹、缅甸、泰国、老挝、越南等地。

长纹黛眼蝶 / *Lethe europa* (Fabricius, 1775)　　　　　　04-08 / P1559

中型眼蝶。雄蝶翅背面灰褐色，前翅顶角有2、3个小白斑，中部隐约可见淡色横带，前后翅外缘有细小的黄白色边纹，翅腹面黑褐色，前翅中部有黄白色斜带，斜带外有1列弯曲的眼斑，1条白色中带贯穿前后翅中室至后翅内缘，后翅亚外缘有6个大型眼状纹，最上方的眼斑为圆形实心的黑斑，下方的眼斑呈长条或椭圆状，前后翅外缘有橙色细带，内侧伴有白色细边。雌蝶前翅有1条宽阔的白色斜带，其余斑纹类似雄蝶。

1年多代，成虫几乎全年可见。幼虫以禾本科多种竹属植物为寄主。

分布于江西、浙江、福建、广东、广西、云南、台湾、西藏、香港等地。此外见于南亚至东南亚的广泛地区。

波纹黛眼蝶 / *Lethe rohria* Fabricius, 1787　　　　　　09-12 / P1560

中型眼蝶。雄蝶翅背面灰褐色，前翅近顶角处有2、3个模糊小白斑，中部隐约有模糊的淡色细线，翅腹面浅褐色，前翅中央有白色斜带，前后翅外缘有橙色细带，内侧伴有白纹，亚外缘有排列呈弧状的眼斑，靠近翅基部有白色线贯穿翅面。雌蝶前翅中央有宽阔的白带，其他斑纹与雄蝶类似。

1年多代，成虫几乎全年可见。幼虫以禾本科多种竹属植物为寄主。

分布于四川、云南、广西、广东、福建、台湾、海南、香港等地。此外见于南亚至东南亚的广泛地区。

马太黛眼蝶 / *Lethe mataja* Fruhstorfer, 1908　　　　　　13-15 / P1560

中型眼蝶。雌雄斑纹相似，翅背面黑褐色，前后翅沿外缘有1条黑褐色细线，前翅中央有呈弧形的白色斜带，翅腹面褐色，前翅中室中央有2条深色细线，近顶角处有2个眼斑，中央有宽阔的白色斜带，后翅亚外缘有6个眼斑，但第5个眼斑常退化消失，眼斑外镶嵌黄灰色纹，中部有2道深色横带，内横带直，外横带曲折。

1年多代，成虫多见于4-11月。

分布于台湾。

圆翅黛眼蝶 / *Lethe butleri* Leech, 1889　　　　　　16-19 / P1561

中型眼蝶。雌雄斑纹相似，翅背面灰褐色，前后翅外缘有淡黄色细线，前翅顶角有1个眼斑，中部有淡色斜纹，后翅近前缘有1个隐约的大眼斑，其下方有数个清晰小眼斑，翅腹面黄灰褐色，前后翅外缘有波状暗褐色线，前翅外缘有2个眼斑，内侧有1条不规则斜带，后翅中部有2条深色中带，其中外中带中部向外凸出明显，呈鸟喙状，亚外缘有6个清晰眼斑，眼斑外围包裹黄纹。

成虫多见于6-8月。幼虫以禾本科莎草属植物为寄主。

分布于河南、浙江、台湾、福建、江西、陕西、重庆、湖北、甘肃、四川等地。

蛇神黛眼蝶 / *Lethe satyrina* Bulter, 1871　　　　　　20-21 / P1562

中型眼蝶。雌雄斑纹相似，翅形圆阔，翅背面灰褐色，前翅顶角有模糊的眼斑，中部有弧形淡色斜纹，后翅亚外缘有数个眼斑，翅腹面色泽较背面淡，前后翅外缘有黄白色细线，前翅前缘中部有清晰白纹，外缘有2个眼斑，后翅中部有2条深色中带，中带内侧伴有紫白色边线，外中带中部向外凸出，亚外缘有6个清晰眼斑，瞳心为白，外围包裹黄纹。

成虫多见于5-7月。

分布于陕西、河南、浙江、福建、江西、上海、陕西、湖北、贵州、四川等地。

八目黛眼蝶 / *Lethe oculatissima* (Poujade, 1885)　　22-25

中型眼蝶。雌雄斑纹相似，翅背面灰褐色，前翅亚外缘有2个黑色眼斑，后翅外缘有深色细线，亚外缘有2个清晰眼斑和数个模糊可见的眼斑，翅腹面棕灰褐色，前后翅外缘有深色细线，前后翅中部有2条深色中带贯穿全翅，前翅亚外缘有5个眼斑，后翅有6个眼斑，前后翅翅面泛白，尤其是眼斑区域附近白色更加浓郁。

成虫多见于6-8月。

分布于四川、甘肃、浙江等地。

曲纹黛眼蝶 / *Lethe chandica* Moore, [1858]　　26-32 / P1563

中大型眼蝶。雄蝶前翅呈三角形，后翅具尾突，翅背面黑褐色，其中基半部色深，端半部色浅，翅腹面棕褐色，前后翅中部有2条红棕色中带贯穿全翅，其中后翅外横带的中部强烈向外凸出，前后翅外缘分别有5个和6个眼斑，其中后翅眼斑内黑纹形状不规则。雌蝶背面呈红褐色，前翅中央有鲜明的倾斜白带，后翅亚外缘有明显的黑斑。

1年多代，成虫几乎全年可见。幼虫以禾本科多种竹属植物为寄主。

分布于浙江、福建、广东、广西、云南、台湾、西藏等地。此外见于印度、缅甸、泰国、越南、老挝、菲律宾等地。

三楔黛眼蝶 / *Lethe mekara* Moore, [1858]　　33-35

中型眼蝶。与曲纹黛眼蝶较相似，但雄蝶翅背面暗褐色，后翅外缘有清晰的黑斑，外围包裹红黄色纹，后翅腹面外中区中带中部的凸出没有曲纹黛眼蝶强烈，雌蝶前翅背面的白色斑块分离明显，靠前缘的为白色斜带，下方2个斑块为明显的三角形，后翅的黑斑非常硕大。

1年多代，成虫几乎全年可见。幼虫以禾本科多种竹属植物为寄主。

分布于福建、广东、广西、云南等地。此外于印度、缅甸、泰国、老挝、越南、马来西亚等地。

米纹黛眼蝶 / *Lethe minerva* (Fabricius, 1775)　　36

中型眼蝶。与三楔黛眼蝶较相似，但雄蝶前翅背面下缘有明显的暗色性标，后翅端半部为棕红色，内有数个黑斑，后翅腹面中外区的中带呈不规则波状线，中带中部不似三楔黛眼蝶那样向外尖突。

1年多代，成虫几乎全年可见。

分布于云南。此外于印度、缅甸、泰国、老挝、越南等地。

珍稀黛眼蝶 / *Lethe distans* Butler, 1870　　37

中型眼蝶。雄蝶背面灰褐色，后翅端半部有宽阔的橙红色斑，斑带内有5个黑色圆斑，其中上部2个黑斑硕大，下方3个黑斑小，臀角处隐约可见1个眼斑，翅腹面斑纹与曲纹黛眼蝶相似，但后翅外中带中部向外凸出不如曲纹黛眼蝶强烈，中带外侧为乳黄色。雌蝶翅背面除前翅外侧外均呈橙红色，前翅中部有白色斜带和白色斑块，翅腹面斑纹与雄蝶类似。

成虫多见于3-6月。

分布于西藏。此外见于印度、缅甸、泰国、越南等地。

01 ♂
文娣黛眼蝶
广东龙门

02 ♀
文娣黛眼蝶
海南陵水

03 ♀
文娣黛眼蝶
海南五指山

01 ♂
文娣黛眼蝶
广东龙门

02 ♀
文娣黛眼蝶
海南陵水

03 ♀
文娣黛眼蝶
海南五指山

04 ♀
长纹黛眼蝶
台湾台南

05 ♂
长纹黛眼蝶
台湾台南

06 ♀
长纹黛眼蝶
福建福州

04 ♀
长纹黛眼蝶
台湾台南

05 ♂
长纹黛眼蝶
台湾台南

06 ♀
长纹黛眼蝶
福建福州

⑦ ♂
长纹黛眼蝶
云南西双版纳

⑧ ♂
长纹黛眼蝶
福建福州

⑨ ♂
波纹黛眼蝶
四川芦山

⑦ ♂
长纹黛眼蝶
云南西双版纳

⑧ ♂
长纹黛眼蝶
福建福州

⑨ ♂
波纹黛眼蝶
四川芦山

⑩ ♂
波纹黛眼蝶
台湾台北

⑪ ♀
波纹黛眼蝶
台湾台北

⑫ ♂
波纹黛眼蝶
福建福州

⑩ ♂
波纹黛眼蝶
台湾台北

⑪ ♀
波纹黛眼蝶
台湾台北

⑫ ♂
波纹黛眼蝶
福建福州

⑬ ♂
马太黛眼蝶
台湾南投

⑭ ♀
马太黛眼蝶
台湾南投

⑮ ♂
马太黛眼蝶
台湾南投

⑬ ♂
马太黛眼蝶
台湾南投

⑭ ♀
马太黛眼蝶
台湾南投

⑮ ♂
马太黛眼蝶
台湾南投

⑯ ♀
圆翅黛眼蝶
台湾屏东

⑰ ♂
圆翅黛眼蝶
台湾桃园

⑱ ♀
圆翅黛眼蝶
甘肃康县

⑯ ♀
圆翅黛眼蝶
台湾屏东

⑰ ♂
圆翅黛眼蝶
台湾桃园

⑱ ♀
圆翅黛眼蝶
甘肃康县

⑲ ♀
圆翅黛眼蝶
福建福州

⑳ ♀
蛇神黛眼蝶
福建福州

㉑ ♀
蛇神黛眼蝶
浙江庆元

⑲ ♀
圆翅黛眼蝶
福建福州

⑳ ♀
蛇神黛眼蝶
福建福州

㉑ ♀
蛇神黛眼蝶
浙江庆元

㉒ ♂
八目黛眼蝶
云南维西

㉓ ♂
八目黛眼蝶
陕西凤县

㉔ ♂
八目黛眼蝶
甘肃康县

㉕ ♂
八目黛眼蝶
四川宝兴

㉒ ♂
八目黛眼蝶
云南维西

㉓ ♂
八目黛眼蝶
陕西凤县

㉔ ♂
八目黛眼蝶
甘肃康县

㉕ ♂
八目黛眼蝶
四川宝兴

㉖ ♀
曲纹黛眼蝶
台湾基隆

㉗ ♂
曲纹黛眼蝶
台湾桃园

㉘ ♀
曲纹黛眼蝶
福建福州

㉖ ♀
曲纹黛眼蝶
台湾基隆

㉗ ♂
曲纹黛眼蝶
台湾桃园

㉘ ♀
曲纹黛眼蝶
福建福州

㉙ ♂
曲纹黛眼蝶
福建福州

㉚ ♀
曲纹黛眼蝶
四川峨眉山

㉛ ♂
曲纹黛眼蝶
福建三明

㉙ ♂
曲纹黛眼蝶
福建福州

㉚ ♀
曲纹黛眼蝶
四川峨眉山

㉛ ♂
曲纹黛眼蝶
福建三明

㉜ ♂
曲纹黛眼蝶
西藏墨脱

㉝ ♀
三楔黛眼蝶
福建福州

㉞ ♂
三楔黛眼蝶
福建福州

㉜ ♂
曲纹黛眼蝶
西藏墨脱

㉝ ♀
三楔黛眼蝶
福建福州

㉞ ♂
三楔黛眼蝶
福建福州

㉟ ♂
三楔黛眼蝶
广东佛山

㊱ ♂
米纹黛眼蝶
云南勐腊

㊲ ♂
珍稀黛眼蝶
西藏墨脱

㉟ ♂
三楔黛眼蝶
广东佛山

㊱ ♂
米纹黛眼蝶
云南勐腊

㊲ ♂
珍稀黛眼蝶
西藏墨脱

纤细黛眼蝶 / *Lethe gracilis* (Oberthür, 1886)   01-02

中小型眼蝶。雌雄斑纹相似，前翅呈三角形，后翅外缘波纹状明显。翅背面灰褐色，前翅亚外缘有2、3个黑斑，外围包裹黄白色纹，中部有1条淡黄色斜带，后翅亚外缘有5个眼斑，眼斑外包裹金黄色环纹，臀角处有红褐色斑，翅腹面斑纹深褐色，翅面泛乳白色，前翅中室内有1个棕褐色斑条，中室端有深色线，中部横带向外倾斜，外伴乳白色宽纹，亚外缘有4个眼斑，后翅外缘有宽的银白色边纹，中部有2条深褐色中带，亚外缘有6个眼斑，瞳心为白，外围包裹金黄色环纹，臀角处有较大的红褐色斑块。

成虫多见于6-7月。

分布于四川、云南。

线纹黛眼蝶 / *Lethe hecate* Leech, 1891   03-04

中小型眼蝶。与纤细黛眼蝶较相似，但前翅背面亚外缘眼斑及中部淡色带极不明显，淡色带直，后翅背面眼斑外没有包裹黄色纹，臀角无红褐色斑，翅腹面淡灰褐色，不泛乳白色，后翅的2条中带在近臀角处汇合，亚外缘的眼斑更大，其中最上方的眼斑大，且靠近外侧中带，外缘有白色细纹。

成虫多见于6-7月。

分布于四川、云南。

重瞳黛眼蝶 / *Lethe trimacula* Leech, 1890   05-07

中型眼蝶。雌雄斑纹相似，翅背面灰褐色，前后翅分别有1个和2个眼斑，眼斑外围包裹黄色纹，翅腹面色泽淡，前翅顶角有1个大型眼斑，中部有1条深色斜带，其中靠前缘部分较平直，后半部倾斜向后角，外侧伴有宽的白纹，后翅中部有2条深色中带，其中外侧中带不规则扭曲，上半部明显向内扭曲，与内侧中带距离靠近，下半部呈锯齿状，2条中带间夹杂着脉纹，亚外缘有5个眼斑，其中最上方眼斑大，为一大一小2个眼斑融合而成，2个瞳心间的连线向内倾斜。雌蝶翅形更圆阔，前翅背面中部斜带更清晰明显，翅腹面斑纹与雄蝶类似。

成虫多见于6-7月。幼虫以禾本科莎草属植物为寄主。

分布于浙江、福建、江西、湖北、四川等地。

比目黛眼蝶 / *Lethe proxima* Leech, [1892]   08-10

中型眼蝶。与重瞳黛眼蝶非常相似，但前翅腹面中部的深色斜带靠前缘部分较倾斜，不如重瞳黛眼蝶那么平直，后翅腹面的2条深色中带，外侧中带上半部向内扭曲不明显，下半部的锯齿状更加明显，2条中带间距离更远，亚外缘的眼斑中最上方眼斑大，为2个大小相近的眼斑融合成1个大眼斑，2个瞳心间的连线不向内倾斜。雌蝶翅形更圆阔，前翅背面中部斜带更清晰明显，翅腹面斑纹与雄蝶类似。

成虫多见于6-7月。

分布于陕西、四川。

厄目黛眼蝶 / *Lethe umedai* Koiwaya, 1998   11-12

中型眼蝶。与比目黛眼蝶非常相似，但雄蝶前翅背面前缘中部有1个明显的白纹，后翅腹面亚外缘的眼斑中，最上方的眼斑非常靠近外侧中带，雌蝶前翅有宽阔的黄带，近似种的雌蝶均无此特征。

成虫多见于6-7月。

分布于四川、云南。此外见于越南。

01 ♂	02 ♂	03 ♂	04 ♂
纤细黛眼蝶	纤细黛眼蝶	线纹黛眼蝶	线纹黛眼蝶
云南维西	四川泸定	四川石棉	四川峨眉山

01 ♂	02 ♂	03 ♂	04 ♂
纤细黛眼蝶	纤细黛眼蝶	线纹黛眼蝶	线纹黛眼蝶
云南维西	四川泸定	四川石棉	四川峨眉山

05 ♀	06 ♂	07 ♂
重瞳黛眼蝶	重瞳黛眼蝶	重瞳黛眼蝶
福建三明	福建武夷山	广东韶关

05 ♀	06 ♂	07 ♂
重瞳黛眼蝶	重瞳黛眼蝶	重瞳黛眼蝶
福建三明	福建武夷山	广东韶关

08 ♂
比目黛眼蝶
陕西凤县

09 ♀
比目黛眼蝶
陕西凤县

10 ♂
比目黛眼蝶
四川芦山

08 ♂
比目黛眼蝶
陕西凤县

09 ♀
比目黛眼蝶
陕西凤县

10 ♂
比目黛眼蝶
四川芦山

11 ♂
厄目黛眼蝶
云南贡山

12 ♀
厄目黛眼蝶
云南东川

11 ♂
厄目黛眼蝶
云南贡山

12 ♀
厄目黛眼蝶
云南东川

卡米拉黛眼蝶 / *Lethe camilla* Leech, 1891　　　　　　01-02

中型眼蝶。雄蝶翅背面灰褐色，前翅前缘有2个淡黄色纹，后翅亚外缘有黑斑，近臀角处有2个粘连的黑褐色性标，翅腹面棕褐色，前翅中室及中室端有3条红棕色线，其中靠基部的细线向下延伸，外中区有1条深色横带，横带外侧伴黄白色纹，亚外缘有4个眼斑，后翅中部有2条红棕色中带，外中带向外凸出，亚外缘有6个眼斑，眼斑外侧为深红褐色。雌蝶前翅背面中部有1条倾斜的黄白色横带，从前缘中部贯穿至后角，翅腹面斑纹与雄蝶相似。

　　成虫多见于7-8月。

　　分布于四川、福建。

普里黛眼蝶 / *Lethe privigna* Leech, [1892-1894]　　　　　　03-04

中型眼蝶。与卡米拉黛眼蝶较相似，但雄蝶后翅背面的性标更细小，位置更靠下，前翅腹面为青灰褐色，而卡米拉黛眼蝶色泽偏红，前翅中部的横带更直，外侧伴有宽阔的白带。雌蝶前翅背面的白带呈弧形，连续而不中断，而卡米拉黛眼蝶雌蝶为黄白带，不连续，翅腹面有明显2块色区，内侧淡，外侧为浓郁的红褐色。

　　成虫多见于7-8月。

　　分布于陕西、甘肃、湖北、四川。

腾冲黛眼蝶 / *Lethe tengchongensis* Lang, 2016　　　　　　05-06

中型眼蝶。雄蝶翅背面黑褐色，前翅顶角有1个小黄斑，中部有1条宽阔的黄色横带，横带呈弧形，由前缘中部延伸至后角，后翅近臀角处有黑色的大块性标，外缘有模糊的黑色眼斑，翅腹面为棕褐色，斑纹与卡米拉黛眼蝶相似，但前翅中部有黄色横带，靠外缘的眼斑数为3个。雌蝶斑纹与雄蝶相似，但前翅黄带更宽，后翅无性标。

　　成虫多见于7-8月。

　　分布于云南。

珍珠黛眼蝶 / *Lethe margaritae* Elwes, 1882　　　　　　07

大型眼蝶。为黛眼蝶属中体形最大的种类。雄蝶前翅顶角凸出，后翅呈椭圆形，翅背面灰褐色，前翅中部隐约可见1条淡黄色斜带，外侧有1条直的淡黄色带，其内隐约可见数个眼斑，2条黄带在后角处汇合，形成"V"形，后翅外缘有黄色细纹，亚外缘有6个大型眼斑，其中最上和最下的眼斑隐约可见，中部有1条模糊倾斜的中带，翅腹面斑纹与背面相似，但黄带非常清晰明显，前翅外缘排列有1串5个眼斑，类似珍珠，后翅眼斑外围为黄斑，非常靓丽显眼。

　　成虫多见于7-8月。

　　分布于西藏。此外见于印度、不丹。

玉山黛眼蝶 / *Lethe niitakana* (Mastumura, 1906)　　　　　　08-09

小型眼蝶。雄蝶翅背面暗褐色，前翅中部有呈曲线排列的黄白色纹，黄纹内侧有长条形黑色性标，外侧还有2个同色的小斑点，后翅亚外缘有弧形排列的眼斑，眼斑外围包裹黄纹，翅腹面底色为褐色而大部分泛浅黄褐色，前翅外缘有橙色细纹，内镶白色细边，中部黄白色斑纹连接成带，中室端有1个黄白色斑，后翅有2道波纹状白带贯穿全翅，亚外缘有6个眼斑，翅基附近及中室端有白色镂空纹。雌蝶斑纹与雄蝶类似，但无性标且翅面色泽较淡。

　　1年多代，成虫多见于5-8月。

　　分布于台湾。

优美黛眼蝶 / *Lethe nicetella* de Nicéville, 1887　　　　　　10

中小型眼蝶。与圣母黛眼蝶较相似，但翅背面为灰褐色，前翅中部隐约可见深色斜带，翅腹面青褐色，前翅中部横带更直，横带前缘外侧伴有较厚的黄带，后翅外中区中带外侧没有黄色斑纹。

　　成虫多见于7-8月。

　　分布于西藏。此外见于印度、尼泊尔、缅甸等地。

康藏黛眼蝶 / *Lethe kanjupkula* Tytler, 1914　　　　　　　　　　　　11

中小型眼蝶。翅背面灰褐色，前后翅外缘有模糊的黑色边带。前翅腹面中部的黄色横带边界模糊，后翅腹面外侧中带内的银白色斑纹粗壮，有扩散感，中带外侧伴有明显的黄色斑纹。

成虫多见于5-7月。

分布于西藏、云南。此外见于印度、缅甸。

备注：本种在藏东南与圣母黛眼蝶同域分布，且不易区分，准确可靠的鉴定需要依靠生殖器的解剖。

圣母黛眼蝶 / *Lethe cybele* Leech, 1894　　　　　　　　　　　　12-13

中小型眼蝶。与紫线黛眼蝶较相似，但前翅顶角更圆阔，翅背面颜色为深棕褐色，前后翅外缘有黑色边带，后翅黑色边带内可见数个黑斑，后翅腹面外中区的中带下侧外伴有黄色斑纹，其他斑纹与紫线黛眼蝶相似。

成虫多见于6-8月。

分布于四川、西藏、云南。

紫线黛眼蝶 / *Lethe violaceopicta* (Poujade, 1884)　　　　　　　14-17 / P1564

中小型眼蝶。雄蝶前翅顶角凸出，呈三角形，翅背面黑褐色，无斑纹，翅腹面色深，前后翅外缘有黄色细带，内侧有银白色边纹，前翅中部有黄白色横带，横带在中部位置折弯，亚外缘有3个小眼斑，外围伴有银色斑纹，后翅中部有1条深褐色中带，中带内有许多复杂的紫白色斑纹，亚外缘有6个眼斑，眼斑外伴紫白色纹。雌蝶翅形更圆阔，前翅背面中部横带明显，横带外侧还有数个小黄点。

成虫多见于7-10月。幼虫以禾本科多种竹属植物为寄主。

分布于浙江、福建、江西、广东、广西、四川、陕西等地。此外见于印度、缅甸、越南等地。

西峒黛眼蝶 / *Lethe sidonis* (Hewitson, 1863)　　　　　　　　18-20 / P1564

中型眼蝶。与圣母黛眼蝶较相似，但翅背面为黑褐色，后翅外缘可见数个小黑斑，前翅腹面中部的深色横带不明显，外侧也无黄白色斑纹，亚外缘有3、4个小眼斑，后翅腹面底色较均匀，外中区的深色中带较不明显，但其内侧伴着的紫白色斑纹非常清晰而且连续。

成虫多见于5-7月。

分布于西藏、云南。此外见于印度、尼泊尔、不丹、缅甸、越南等地。

01 ♀
卡米拉黛眼蝶
四川峨眉山

02 ♂
卡米拉黛眼蝶
四川峨边

03 ♀
普里黛眼蝶
陕西凤县

01 ♀
卡米拉黛眼蝶
四川峨眉山

02 ♂
卡米拉黛眼蝶
四川峨边

03 ♀
普里黛眼蝶
陕西凤县

04 ♀
普里黛眼蝶
甘肃康县

05 ♂
腾冲黛眼蝶
云南腾冲

06 ♀
腾冲黛眼蝶
云南腾冲

04 ♀
普里黛眼蝶
甘肃康县

05 ♂
腾冲黛眼蝶
云南腾冲

06 ♀
腾冲黛眼蝶
云南腾冲

07 ♂
珍珠黛眼蝶
西藏墨脱

07 ♂
珍珠黛眼蝶
西藏墨脱

08 ♂
玉山黛眼蝶
台湾宜兰

08 ♂
玉山黛眼蝶
台湾宜兰

09 ♀
玉山黛眼蝶
台湾南投

09 ♀
玉山黛眼蝶
台湾南投

10 ♂
优美黛眼蝶
西藏樟木

10 ♂
优美黛眼蝶
西藏樟木

11 ♂
康藏黛眼蝶
西藏墨脱

11 ♂
康藏黛眼蝶
西藏墨脱

12 ♂
圣母黛眼蝶
陕西宁陕

12 ♂
圣母黛眼蝶
陕西宁陕

⑬ ♂
圣母黛眼蝶
四川泸定

⑭ ♂
紫线黛眼蝶
福建南平

⑮ ♂
紫线黛眼蝶
四川芦山

⑯ ♀
紫线黛眼蝶
福建武夷山

⑬ ♂
圣母黛眼蝶
四川泸定

⑭ ♂
紫线黛眼蝶
福建南平

⑮ ♂
紫线黛眼蝶
四川芦山

⑯ ♀
紫线黛眼蝶
福建武夷山

⑰ ♀
紫线黛眼蝶
福建武夷山

⑱ ♂
西峒黛眼蝶
云南保山

⑲ ♂
西峒黛眼蝶
云南贡山

⑳ ♂
西峒黛眼蝶
西藏墨脱

⑰ ♀
紫线黛眼蝶
福建武夷山

⑱ ♂
西峒黛眼蝶
云南保山

⑲ ♂
西峒黛眼蝶
云南贡山

⑳ ♂
西峒黛眼蝶
西藏墨脱

锯纹黛眼蝶 / *Lethe nicetas* (Hewitson, [1863])

01 / P1565

　　小型眼蝶。是国内体形最小的黛眼蝶种类。雄蝶翅背面灰褐色，前翅中部隐约可见深色横带，后翅亚外缘有数个小黑眼斑，翅腹面黄灰褐色，前翅中部横带明显，外侧伴有黄白色纹，亚顶角有3个小型眼斑，瞳心为白，后翅外缘有橙黄色细带，内侧伴有紫白色边纹，靠基部有紫白色镂空纹，中部有较宽的深色中带，中带中部区域外缘呈明显的锯齿状，外侧伴有黄纹，亚外缘有6个眼斑，眼斑外侧伴有紫白色环纹。

　　成虫多见于6-8月。

　　分布于西藏、云南。此外见于印度、越南。

细黛眼蝶 / *Lethe siderea* Marshall, [1881]

02-06 / P1565

　　中小型眼蝶。雄蝶前翅呈三角形，前缘略成弧形，后翅较圆，翅背面黑褐色，后翅外缘有模糊的细带，翅腹面为浅褐色，前后翅外缘有橙黄色细带，其内侧有紫白色边纹，后翅靠基部有数条紫白色镂空纹，中部有1道贯穿全翅的紫白色中带，亚外缘有6个眼斑，眼斑外伴有紫白色环纹。雌蝶前翅背面靠中室端有明显的暗色纹，其余斑纹与雄蝶类似。

　　成虫多见于6-10月。

　　分布于四川、云南、江西、福建、台湾等地。此外于印度、缅甸、泰国、老挝、越南等地。

迷纹黛眼蝶 / *Lethe maitrya* de Nicéville, 1881

07-08 / P1566

　　中型眼蝶。雌雄斑纹相似，前翅呈三角形，前缘略成弧形，后翅较圆。翅背面黑褐色，前翅亚顶角处有黄白色细纹，中部隐约可见深色斜带，外侧伴有微弱的黄白纹，后翅外缘有模糊的黑斑，翅腹面为青褐色，前翅斑纹较背面清晰明显，后翅靠基部有数条紫白色镂空纹，中部的深色中带与底色接近，较不显著，其内侧有紫白色边纹，亚外缘有6个大小几乎一致、排列非常紧密的眼斑，眼斑外包裹着浓郁的白纹，较易与近似种区别。

　　分布于云南。此外见于印度、尼泊尔、缅甸等地。

① ♂
锯纹黛眼蝶
云南贡山

② ♂
细黛眼蝶
台湾台北

③ ♀
细黛眼蝶
台湾花莲

④ ♂
细黛眼蝶
四川峨边

① ♂
锯纹黛眼蝶
云南贡山

② ♂
细黛眼蝶
台湾台北

③ ♀
细黛眼蝶
台湾花莲

④ ♂
细黛眼蝶
四川峨边

⑤ ♂
细黛眼蝶
福建南平

⑥ ♂
细黛眼蝶
西藏墨脱

⑦ ♂
迷纹黛眼蝶
云南贡山

⑧ ♂
迷纹黛眼蝶
云南腾冲

⑤ ♂
细黛眼蝶
福建南平

⑥ ♂
细黛眼蝶
西藏墨脱

⑦ ♂
迷纹黛眼蝶
云南贡山

⑧ ♂
迷纹黛眼蝶
云南腾冲

荫眼蝶属 / *Neope* Moore, 1866

　　中大型眼蝶。翅底色为褐色至深褐色，翅背面具黄白色斑纹和眼斑，雄蝶前翅中域常具暗色性标；翅腹面具复杂的斑纹，中域外侧通常具1列眼斑。

　　成虫栖息于林下、林缘、溪谷等环境。喜欢吸食动植物残体或在地面吸水。幼虫以禾本科和莎草科植物为寄主。

　　分布于东洋区和古北区东南部。国内目前已知18种，本图鉴收录17种。

帕德拉荫眼蝶 / *Neope bhadra* (Moore, 1857)　　　　　01-02

　　大型眼蝶。前翅背面深褐色，前翅具有白色斑纹，中域下侧具1条黄白色横纹，后翅中域具有发达的黄色斑纹；翅腹面黑褐色，具灰白色和黑褐色的斑纹，前翅腹面近顶角处具1个眼斑，后翅中域外侧具7个眼斑。后翅外缘具1个较小的尾突。

　　1年多代，成虫多见于2-10月。

　　分布于广西、云南等地。此外见于印度、不丹、泰国、老挝、越南等地。

阿芒荫眼蝶 / *Neope armandii* (Oberthür, 1876)　　　　03-12 / P1566

　　中大型眼蝶。翅背面深褐色，雄蝶前翅基部至中域密布褐色细毛，中域外侧具许多大小不等的黄白色斑，后翅中域外侧区域呈淡黄褐色或乳白色，具1列深褐色眼斑；后翅腹面呈淡褐色，具黑褐色的斑块，前翅中域外侧具2个眼斑，后翅中域外侧具7个眼斑。

　　1年多代，成虫多见于3-10月。幼虫寄主植物为禾本科的芒。

　　分布于浙江、福建、江西、广东、广西、四川、云南等地。此外见于印度、缅甸、泰国、越南等地。

布莱荫眼蝶 / *Neope bremeri* (C. & R. Felder, 1862)　　　13-21 / P1567

　　中大型眼蝶。高温型个体较大，翅背面深褐色，基部至中域颜色较淡，前翅中域外侧具许多大小不等的黄斑，雄蝶前翅中域具暗色性标；后翅中域外侧具1列黄色斑，内具黑褐色圆斑；后翅腹面呈灰褐色，具深褐色和褐色斑纹，前翅中域外侧具4个眼斑，后翅中域外侧具7或8个眼斑。低温型个体稍小，翅背面黄褐色，翅中域外侧的黄斑发达，前翅基部翅脉呈黄色；翅腹面黄褐色，眼斑较小，其中前翅通常仅有3个眼斑，后翅具8个眼斑。

　　1年多代，成虫多见于2-11月。幼虫寄主为禾本科的芒属及多种竹属等植物。

　　分布于安徽、浙江、福建、江西、广东、广西、海南、四川、云南、陕西、台湾等地。

01 ♂
帕德拉荫眼蝶
广西金秀

01 ♂
帕德拉荫眼蝶
广西金秀

02 ♀
帕德拉荫眼蝶
云南西双版纳

02 ♀
帕德拉荫眼蝶
云南西双版纳

03 ♂
阿芒荫眼蝶
台湾南投

03 ♂
阿芒荫眼蝶
台湾南投

04 ♀
阿芒荫眼蝶
台湾南投

04 ♀
阿芒荫眼蝶
台湾南投

05 ♂
阿芒荫眼蝶
陕西南郑

05 ♂
阿芒荫眼蝶
陕西南郑

06 ♂
阿芒荫眼蝶
四川芦山

06 ♂
阿芒荫眼蝶
四川芦山

07 ♂
阿芒荫眼蝶
西藏墨脱

07 ♂
阿芒荫眼蝶
西藏墨脱

08 ♂
阿芒荫眼蝶
西藏墨脱

08 ♂
阿芒荫眼蝶
西藏墨脱

09 ♂
阿芒荫眼蝶
云南贡山

09 ♂
阿芒荫眼蝶
云南贡山

10 ♂
阿芒荫眼蝶
湖南宜章

10 ♂
阿芒荫眼蝶
湖南宜章

11 ♂
阿芒荫眼蝶
广西上思

11 ♂
阿芒荫眼蝶
广西上思

12 ♂
阿芒荫眼蝶
云南芒市

12 ♂
阿芒荫眼蝶
云南芒市

⑬ ♂
布莱荫眼蝶
四川九龙

⑭ ♂
布莱荫眼蝶
四川九龙

❸ ♂
布莱荫眼蝶
四川九龙

❹ ♂
布莱荫眼蝶
四川九龙

⑮ ♀
布莱荫眼蝶
浙江临安

⑯ ♂
布莱荫眼蝶
浙江临安

⑰ ♀
布莱荫眼蝶
海南昌江

❺ ♀
布莱荫眼蝶
浙江临安

❻ ♂
布莱荫眼蝶
浙江临安

❼ ♀
布莱荫眼蝶
海南昌江

⑱ ♂
布莱荫眼蝶
台湾苗栗

⑱ ♂
布莱荫眼蝶
台湾苗栗

⑲ ♀
布莱荫眼蝶
台湾苗栗

⑲ ♀
布莱荫眼蝶
台湾苗栗

⑳ ♂
布莱荫眼蝶
四川九龙

⑳ ♂
布莱荫眼蝶
四川九龙

㉑ ♀
布莱荫眼蝶
四川九龙

㉑ ♀
布莱荫眼蝶
四川九龙

黄斑荫眼蝶 ／ *Neope pulaha* (Moore, [1858])　　　01-03 / P1568

中大型眼蝶。翅背面深褐色，前翅中域翅脉呈黄色，中域外侧具许多大小不等的黄斑，雄蝶前翅中域具暗色性标；后翅基部至中域颜色较淡，中域外侧具1列黄色斑，内具黑褐色圆斑；后翅腹面呈棕褐色，具许多深灰白色和淡黄褐色的波纹和环纹，后翅基部具3个小黄斑，后翅中域外侧具7个眼斑。

1年多代，成虫多见于4-9月。

分布于浙江、福建、江西、广东、广西、四川、云南、陕西、台湾等地。此外见于印度、不丹、缅甸、老挝等地。

黑斑荫眼蝶 ／ *Neope pulahoides* (Moore, [1892])　　　04-08

中大型眼蝶。翅背面深褐色，前翅中域翅脉呈黄色，雄蝶前翅中域无暗色性标；后翅腹面呈棕褐色，具许多深褐色和黄褐色斑纹，后翅中域外侧的眼斑较小。

1年多代，成虫多见于3-9月。

分布于四川、云南等地。此外见于印度、尼泊尔等地。

田园荫眼蝶 ／ *Neope agrestis* (Oberthür, 1876)　　　09-11 / P1568

中大型眼蝶。翅背面深褐色，前翅基部翅脉呈黄色，中域外侧具发达的黄色斑纹，内镶嵌有黑色圆斑；前翅腹面黄色，具黑色和褐色斑纹，后翅腹面灰黑色，前缘近基部以及中域外侧具乳白色斑纹，中域外侧具1列眼斑。

成虫多见于5-7月。

分布于四川、云南等地。

网纹荫眼蝶 ／ *Neope christi* (Oberthür, 1886)　　　12

中大型眼蝶。翅背面深褐色，中域外侧具长条状的黄白色斑，内有黑色圆斑；翅腹面淡褐色，具黑色和褐色的斑带，中域外侧具7个眼斑，其中后翅的眼斑内具淡色的瞳点。

成虫多见于5-8月。

分布于四川、云南、西藏等地。

大斑荫眼蝶 ／ *Neope ramosa* Leech, 1890　　　13

中大型眼蝶。雄蝶前翅中域具褐色性标，近似于黄斑荫眼蝶，但本种体形较大，翅腹面底色较淡，斑纹呈黑褐色，斑纹和眼斑相对显得较为清晰。

1年1代，成虫多见于6-8月。

分布于河南、安徽、浙江、福建、湖北、四川等地。

拟网纹荫眼蝶 ／ *Neope simulans* Leech, 1891　　　14-15

中大型眼蝶。近似于网纹荫眼蝶，但本种前翅背面近后角的眼斑发达，后翅腹面顶角下侧第2个眼斑且呈长圆形，内无瞳点。

成虫多见于5-8月。

分布于四川、云南、西藏等地。

奥荫眼蝶 ／ *Neope oberthueri* Leech, 1891　　　16-18

中大型眼蝶。翅背面基部至中域呈褐色，外侧区域呈黑褐色，具1列黑色眼斑；前翅腹面淡黄褐色，具黑色斑纹，后翅腹面棕褐色，密布黑褐色和淡褐色细纹，中域外侧具1列较小的眼斑。

成虫多见于5-7月。

分布于四川、云南、西藏等地。

德祥荫眼蝶 / *Neope dejeani* Oberthür, 1894　　　　19-20

中大型眼蝶。翅背面深褐色，中域外侧具长条状的黄白色斑，内有黑色圆斑，其中最靠近后角的黑色圆斑极小；后翅腹面为黑褐色，具淡褐色和暗紫色斑纹，中域外侧具7个眼斑。

成虫多见于5-8月。

分布于四川、云南、西藏等地。

普拉荫眼蝶 / *Neope pulahina* (Evans, 1923)　　　　21-22

中大型眼蝶。翅背面深褐色，翅基部至中域呈褐色，前翅基部至中域的翅脉呈黄色，雄蝶前翅中域具暗色性标，翅中域外侧的黄斑发达；前翅腹面呈黄色，具黑色和深褐色的斑纹，后翅腹面呈黑褐色，中域外侧具灰褐色斑带，并具8个暗色的眼斑。

成虫多见于5-6月。

分布于云南、西藏等地。此外见于印度、不丹。

白水荫眼蝶 / *Neope shirozui* Koiwaya, 1989　　　　23-24

中大型眼蝶。翅背面深褐色，前翅基部翅脉呈黄色，全翅中域外侧具发达的黄色斑纹，内镶嵌有黑色圆斑，雄蝶前翅中域具深色性标；前翅腹面淡黄色，后翅腹面淡褐色，具深褐色和黄白色的斑纹，中域外侧的1列眼斑较小。

成虫多见于5-8月。

分布于四川、陕西等地。

蒙链荫眼蝶 / *Neope muirheadii* (C. & R. Felder, 1862)　　　　25-30 / P1568

中大型眼蝶。翅背面褐色，中域外侧通常具1列黑斑；后翅腹面具灰褐色和深褐色细纹，中域通常具1条白色或黄白色的纵带，前翅中域外侧具4个黑色眼斑，后翅中域外侧具8个黑色眼斑。

1年多代，成虫多见于4-10月。幼虫以多种禾本科竹亚科植物为寄主。

分布于河南、江苏、上海、浙江、福建、江西、湖北、湖南、广东、广西、四川、云南、陕西、香港等地。此外见于印度、缅甸、老挝、越南等地。

黄荫眼蝶 / *Neope contrasta* Mell, 1923　　　　31-33 / P1569

中大型眼蝶。近似于蒙链荫眼蝶，但本种翅色偏黄，前翅前缘上侧具1个黄色小斑，前翅背面中域外侧通常具4个眼斑，其中第2个眼斑呈黄白色，后翅中域外侧具1列深褐色的眼斑。翅腹面斑纹模糊，眼斑极小。

1年1代，成虫多见于3-6月。幼虫以多种禾本科竹亚科植物为寄主。

分布于安徽、浙江、福建、湖南、四川等地。

丝链荫眼蝶 / *Neope yama* (Moore, [1858])　　　　34-35 / P1569

中大型眼蝶。雄蝶翅背面深褐色，翅外缘为黑色，前翅前缘近顶端具黄白色小斑，前翅近顶角以及后翅中域外侧具黑色的圆斑；翅腹面褐色，基部至中域具具黑褐色、灰褐色的纵纹，前翅具3个眼斑，后翅具7个黑色的眼斑。雌蝶翅背面颜色较浅，中域外侧的黑褐色眼斑较显著。

成虫多见于5-8月。

分布于四川、云南、西藏等地。此外见于印度、不丹、缅甸等地。

黑翅荫眼蝶 / *Neope serica* Leech, 1892　　　　36-37

中大型眼蝶。近似于丝链荫眼蝶，但本种翅背面几乎全为黑褐色，仅前翅背面中域外侧隐约可见数个黑色圆斑；前翅腹面的眼斑更显著。

1年1代，成虫多见于6-8月。

分布于河南、安徽、浙江、福建、江西、广东、广西、四川、云南等地。

01 ♂
黄斑荫眼蝶
广西兴安

02 ♀
黄斑荫眼蝶
台湾南投

03 ♂
黄斑荫眼蝶
台湾桃园

01 ♂
黄斑荫眼蝶
广西兴安

02 ♀
黄斑荫眼蝶
台湾南投

03 ♂
黄斑荫眼蝶
台湾桃园

04 ♂
黑斑荫眼蝶
四川芦山

05 ♂
黑斑荫眼蝶
福建三明

06 ♂
黑斑荫眼蝶
云南贡山

04 ♂
黑斑荫眼蝶
四川芦山

05 ♂
黑斑荫眼蝶
福建三明

06 ♂
黑斑荫眼蝶
云南贡山

⑦ ♂
黑斑荫眼蝶
四川峨眉山

⑧ ♂
黑斑荫眼蝶
福建泰宁

⑦ ♂
黑斑荫眼蝶
四川峨眉山

⑧ ♂
黑斑荫眼蝶
福建泰宁

⑨ ♂
田园荫眼蝶
云南贡山

⑩ ♂
田园荫眼蝶
陕西宁陕

⑪ ♂
田园荫眼蝶
四川九龙

⑨ ♂
田园荫眼蝶
云南贡山

⑩ ♂
田园荫眼蝶
陕西宁陕

⑪ ♂
田园荫眼蝶
四川九龙

⑫ ♂
网纹荫眼蝶
云南昆明

⑬ ♂
大斑荫眼蝶
浙江临安

⑫ ♂
网纹荫眼蝶
云南昆明

⑬ ♂
大斑荫眼蝶
浙江临安

⑭ ♂
拟网纹荫眼蝶
四川九龙

⑮ ♂
拟网纹荫眼蝶
云南东川

⑯ ♂
奥荫眼蝶
云南泸水

⑭ ♂
拟网纹荫眼蝶
四川九龙

⑮ ♂
拟网纹荫眼蝶
云南东川

⑯ ♂
奥荫眼蝶
云南泸水

⑰ ♂
奥荫眼蝶
四川九龙

⑱ ♂
奥荫眼蝶
陕西南郑

⑲ ♂
德祥荫眼蝶
陕西宁陕

⑰ ♂
奥荫眼蝶
四川九龙

⑱ ♂
奥荫眼蝶
陕西南郑

⑲ ♂
德祥荫眼蝶
陕西宁陕

⑳ ♂
德祥荫眼蝶
云南维西

㉑ ♂
普拉荫眼蝶
云南贡山

㉒ ♂
普拉荫眼蝶
云南贡山

⑳ ♂
德祥荫眼蝶
云南维西

㉑ ♂
普拉荫眼蝶
云南贡山

㉒ ♂
普拉荫眼蝶
云南贡山

㉓ ♂
白水荫眼蝶
四川芦山

㉓ ♂
白水荫眼蝶
四川芦山

㉔ ♂
白水荫眼蝶
陕西凤县

㉔ ♂
白水荫眼蝶
陕西凤县

㉕ ♂
蒙链荫眼蝶
福建福州

㉕ ♂
蒙链荫眼蝶
福建福州

㉖ ♂
蒙链荫眼蝶
福建福州

㉖ ♂
蒙链荫眼蝶
福建福州

㉗ ♂
蒙链荫眼蝶
浙江宁波

㉗ ♂
蒙链荫眼蝶
浙江宁波

㉘ ♀
蒙链荫眼蝶
浙江宁波

㉘ ♀
蒙链荫眼蝶
浙江宁波

㉙ ♂
蒙链荫眼蝶
台湾嘉义

㉙ ♂
蒙链荫眼蝶
台湾嘉义

㉚ ♀
蒙链荫眼蝶
台湾新北

㉚ ♀
蒙链荫眼蝶
台湾新北

㉛ ♂
黄荫眼蝶
福建福州

㉛ ♂
黄荫眼蝶
福建福州

㉜ ♀
黄荫眼蝶
福建福州

㉜ ♀
黄荫眼蝶
福建福州

㉝ ♀
黄荫眼蝶
浙江泰顺

㉝ ♀
黄荫眼蝶
浙江泰顺

㉞ ♂
丝链荫眼蝶
云南富民

㉞ ♂
丝链荫眼蝶
云南富民

㉟ ♂
丝链荫眼蝶
西藏墨脱

㉟ ♂
丝链荫眼蝶
西藏墨脱

㊱ ♂
黑翅荫眼蝶
甘肃康县

㊱ ♂
黑翅荫眼蝶
甘肃康县

㊲ ♂
黑翅荫眼蝶
四川九龙

㊲ ♂
黑翅荫眼蝶
四川九龙

宁眼蝶属 / *Ninguta* Moore, 1892

　　大型眼蝶。翅形圆，翅背面黑褐色。前翅顶端部有1-2个小黑点，后翅有5个黑斑，中间1个最小。翅腹面紫褐色，中横线波曲，中室端脉黑色，中室内有1条细纹，中横线和内横线构成"凸"字形；前后翅亚外缘各有2条棕色横线。

　　成虫飞行力弱，飞行缓慢。有在林间灌木及草丛间停落的习性，常在林缘草丛边活动。

　　分布于古北区。国内目前已知1种，本图鉴收录1种。

宁眼蝶 / *Ninguta schrenkii* (Ménétriés, 1859)　　　　　　　　　　　01-03

　　大型眼蝶。翅形圆，翅背面黑褐色。前翅顶端部有1-2个小黑点，后翅有5个黑斑，中间1个最小。翅腹面紫褐色，前翅具眼状斑，中横线波曲，中室端脉黑色，中室内有1条细纹，中横线和内横线构成"凸"字形；前后翅亚外缘各有2条棕色横线。

　　1年1代，成虫多见于7-9月。

　　分布于黑龙江、辽宁、陕西、四川、福建、浙江等地。此外见于日本、俄罗斯及朝鲜半岛等地。

① ♂
宁眼蝶
福建三明

① ♂
宁眼蝶
福建三明

② ♂
宁眼蝶
四川天全

② ♂
宁眼蝶
四川天全

③ ♀
宁眼蝶
福建邵武

③ ♀
宁眼蝶
福建邵武

丽眼蝶属 / *Mandarinia* Leech, [1892]

　　小型眼蝶。翅背面为黑褐色，带蓝色光泽，前翅有蓝色斜带，雄蝶后翅中室有毛束。

　　主要栖息在亚热带、热带森林，喜欢在林间低矮处活动，生性机敏，受惊扰后飞行快速，常停栖于林间小道旁的叶片枝头上，喜欢互相追逐。幼虫以天南星科菖蒲属植物为寄主。

　　分布于东洋区。国内目前已知2种，本图鉴收录2种。

蓝斑丽眼蝶 / *Mandarinia regalis* (Leech, 1889)　　　　01-04 / P1570

　　小型眼蝶。雄蝶翅背面黑褐色，闪金属蓝光泽，前翅略尖，有1条宽阔的蓝色斜带，较直，后翅较圆阔，中室有黑褐色毛束，翅腹面灰褐色，前翅中下部有半椭圆状淡色区，前后翅外缘有2道银白色波状纹，波纹内为1串眼斑。雌蝶翅形明显较圆，前翅背面的蓝色斜斑明显较细且弯曲。

　　成虫多见于5-8月。幼虫以天南星科菖蒲属植物为寄主。

　　分布于河南、陕西、四川、湖北、江西、浙江、福建、安徽、广东、海南等地。此外见于缅甸、泰国、老挝、越南等地。

斜斑丽眼蝶 / *Mandarinia uemurai* Sugiyama, 1993　　　　05

　　小型眼蝶。和蓝斑丽眼蝶非常近似，曾作为蓝斑丽眼蝶的亚种，但二者在分布上有重叠，与蓝斑丽眼蝶的区别在于雄蝶前翅背面的蓝色斜斑明显较弯曲，并进入前翅中室内。

　　成虫多见于6-7月。

　　分布于四川、福建等地。

01 ♂
蓝斑丽眼蝶
四川峨眉山

02 ♀
蓝斑丽眼蝶
四川峨眉山

01 ♂
蓝斑丽眼蝶
四川峨眉山

02 ♀
蓝斑丽眼蝶
四川峨眉山

03 ♂
蓝斑丽眼蝶
福建福州

04 ♂
蓝斑丽眼蝶
江西井冈山

05 ♂
斜斑丽眼蝶
福建武夷山

03 ♂
蓝斑丽眼蝶
福建福州

04 ♂
蓝斑丽眼蝶
江西井冈山

05 ♂
斜斑丽眼蝶
福建武夷山

网眼蝶属 / *Rhaphicera* Butler, 1867

中型眼蝶。翅背面呈黑褐色，黄色或橘红色，前后翅遍布不规则的斑纹，前后翅腹面眼斑明显。
主要栖息在亚热带、热带森林，飞行较迅速，常在林间小路边上可见，有时会见在潮湿的泥地上吸水。
分布于东洋区。国内目前已知3种，本图鉴收录3种。

网眼蝶 / *Rhaphicera dumicola* (Oberthür, 1876)　　　　01-02 / P1571

中型眼蝶。雌雄斑纹相似，翅背面沿翅脉的黑色斑带及纵向的黑色带纹发达，同时伴有许多不规则的黄斑，但总体感觉黑色部分多于黄色，前翅中室下方有1个三角形黄斑，后翅边缘有橙黄色斑纹，内有1列黄纹构成的黑色圆斑。翅腹面斑纹类似背面，但黄斑面积明显大于背面。

成虫多见于6-7月。

分布于河南、陕西、四川、浙江、江西等地。

黄网眼蝶 / *Rhaphicera satrica* (Doubleday, [1849])　　　　03-05

中型眼蝶。雌雄斑纹相似，翅背面呈鲜艳的橘红色，前翅中室内有2条黑色斜带，顶角有1个较小黑斑，下方中室外侧黑斑明显较大，底部有1条粗壮的橙色横条，后翅中部在中室下方侧有1条黑色横带，外缘有1列圆形黑斑；腹面斑纹类似背面，但色彩更淡，色泽更明亮，颜色较均匀统一，仅在后翅中室区域一带更偏白，前后翅外缘的眼斑瞳心为白点。

成虫多见于7-8月。

分布于四川、云南、西藏等地。此外见于印度、不丹、尼泊尔、缅甸等地。

摩氏黄网眼蝶 / *Rhaphicera moorei* (Butler, 1867)　　　　06

中型眼蝶。和黄网眼蝶非常相似，但翅背面的橘红色斑块不如黄网眼蝶发达，黑色部分面积明显更大，前翅底部的橙色横条一般断裂，不连续。后翅腹面遍布黄灰色鳞。

成虫多见于7-8月。

分布于四川、云南、西藏等地。此外见于印度、不丹、尼泊尔、缅甸等地。

01 ♂
网眼蝶
四川石棉

02 ♂
网眼蝶
云南东川

03 ♂
黄网眼蝶
西藏墨脱

01 ♂
网眼蝶
四川石棉

02 ♂
网眼蝶
云南东川

03 ♂
黄网眼蝶
西藏墨脱

04 ♂
黄网眼蝶
四川峨边

05 ♀
黄网眼蝶
云南腾冲

06 ♂
摩氏黄网眼蝶
西藏错那

04 ♂
黄网眼蝶
四川峨边

05 ♀
黄网眼蝶
云南腾冲

06 ♂
摩氏黄网眼蝶
西藏错那

岳眼蝶属 / *Orinoma* Gray, 1846

中型眼蝶。斑纹独特，翅上布满条纹，外观近似于绢斑蝶和旖斑蝶等物种。
本属分布于喜马拉雅地区至中国西南部。国内目前已知2种，本图鉴收录1种。

岳眼蝶 / *Orinoma damaris* Gray, 1846　　　　　　　　　　　　　　　　01

中型眼蝶。躯体背面黑褐色，胸部两侧黑白两间，前胸有橙斑，腹部腹面灰白色。翅主色为深褐色，布满乳白色的斑纹，其形状由接近基部长条状，至靠外缘的斑点状，前翅中室靠基部一半呈橙色。翅腹腹面斑纹相似，但乳白色斑纹较发达。

1年2代，成虫多见于4-5月和9-10月。成虫飞行缓慢，易与斑蝶混淆，喜吸食兽粪，栖息在海拔1500米以上状况良好的天然林。生活史未明。

分布于云南、广西。此外见于喜马拉雅地区、缅甸、泰国及中南半岛北部。

豹眼蝶属 / *Nosea* Koiwaya, 1993

中型眼蝶。非常独特的眼蝶，斑纹类似豹蛱蝶，翅面橙黄色，遍布黑色斑点。
主要栖息于亚热带、热带森林，飞行缓慢，较稀少，常在竹林附近出没，偶尔可见其在潮湿地面吸水。幼虫寄主为禾本科植物。
分布于东洋区。为单型属，国内目前已知1种，本图鉴收录1种。

豹眼蝶 / *Nosea hainanensisi* Koiwaya, 1993　　　　　　　　　02-07 / P1571

中型眼蝶。两性相似，翅形圆，翅背面为鲜明的橙黄色，翅面有许多黑色圆斑，类似豹纹，翅腹面斑纹类似背面，但黑色斑块更粗壮发达，后翅基部的底色偏白。
成虫多见于5-6月。
分布于福建、广东、广西、海南等地。

01 ♂
岳眼蝶
云南腾冲

01 ♂
岳眼蝶
云南腾冲

02 ♂
豹眼蝶
福建三明

02 ♂
豹眼蝶
福建三明

03 ♂
豹眼蝶
广东乳源

03 ♂
豹眼蝶
广东乳源

④ ♂
豹眼蝶
湖南宜章

④ ♂
豹眼蝶
湖南宜章

⑤ ♂
豹眼蝶
海南乐东

⑤ ♂
豹眼蝶
海南乐东

⑥ ♂
豹眼蝶
海南乐东

⑥ ♂
豹眼蝶
海南乐东

⑦ ♂
豹眼蝶
广西桂林

⑦ ♂
豹眼蝶
广西桂林

带眼蝶属 / *Chonala* Moore, 1893

中型眼蝶。翅背面黑褐色，通常前翅由前缘向外角方向延伸1条斜向不规则的条带，是本属的主要特征，后翅亚缘有斑或无斑；前翅腹面带状斑较背面明显，顶角有眼状斑，后翅覆白色鳞片，基部及中部区域有波状线纹，亚缘有眼状斑1列。

成虫飞行力一般，喜活动于林间及沙土路旁的阴湿环境，常停落于树木主干上、沙土地旁。

主要分布于西南部地区。国内目前已知8种，本图鉴收录7种。

带眼蝶 / *Chonala episcopalis* (Oberthür, 1885)　　　　01-02

中型眼蝶。和棕带眼蝶相近，主要区别在本种前翅带状斑近白色，且呈弧形，比较规则。

成虫多见于7-8月。喜栖息于路边土坡及岩壁。

分布于四川、湖南等地。

棕带眼蝶 / *Chonala praeusta* (Leech, 1890)　　　　03-07 / P1572

中型眼蝶。背面翅色黑褐色，前翅从前缘向后角方向延伸1条斜向不规则橙色条带，顶角区有橙色斑，后翅无斑；腹面前翅大部分砖红色，顶区有1个大的黑眼斑，后翅覆有白鳞，基部及中域有波状线纹，亚缘有1列黑眼斑，瞳点白色，具黄褐色眼圈。

成虫多见于7-8月。喜路边潮湿土坡处活动。

分布于四川、云南等地。

迷带眼蝶 / *Chonala miyatai* Koiwaya, 1996　　　　08

中型眼蝶。背面前翅黑褐色，中域外侧斜向带隐见，顶角区域有2个乳白斑，后翅亚缘有1列黑眼斑；腹面前翅灰黄色，中室有2条黑褐色横纹，斜向带明显，顶区有黑斑，后翅灰褐色，基半部及中域有褐色线纹，亚缘有黑眼斑1列，瞳点白色，眼斑具黄圈。

成虫多见于6-7月。

分布于四川、陕西。

云南带眼蝶 / *Chonala yunnana* Li, 1994　　　　09-11

中型眼蝶。和棕带眼蝶相近，主要区别在本种前翅带乳黄色，且较宽阔。

成虫多见于7-8月。喜栖息于林间，常停落于树木主干及树桩上，亦喜栖息于阴湿的沟谷中。

分布于云南。

依带眼蝶 / *Chonala irene* Bozano & Della Bruna, 2006　　　　12

中型眼蝶。和棕带眼蝶相近，主要区别在本种翅背面后翅亚外缘有1列黑眼斑。

成虫多见于6-7月。

分布于四川。

01 ♂
带眼蝶
四川泸定

02 ♀
带眼蝶
四川泸定

03 ♂
棕带眼蝶
云南东川

01 ♂
带眼蝶
四川泸定

02 ♀
带眼蝶
四川泸定

03 ♂
棕带眼蝶
云南东川

04 ♂
棕带眼蝶
云南维西

05 ♂
棕带眼蝶
贵州威宁

06 ♂
棕带眼蝶
云南贡山

04 ♂
棕带眼蝶
云南维西

05 ♂
棕带眼蝶
贵州威宁

06 ♂
棕带眼蝶
云南贡山

07 ♀
棕带眼蝶
四川天全

08 ♂
迷带眼蝶
陕西镇坪

09 ♂
云南带眼蝶
云南香格里拉

07 ♀
棕带眼蝶
四川天全

08 ♂
迷带眼蝶
陕西镇坪

09 ♂
云南带眼蝶
云南香格里拉

10 ♀
云南带眼蝶
云南香格里拉

11 ♂
云南带眼蝶
云南丽江

12 ♂
依带眼蝶
四川宝兴

10 ♀
云南带眼蝶
云南香格里拉

11 ♂
云南带眼蝶
云南丽江

12 ♂
依带眼蝶
四川宝兴

胡塔斯带眼蝶 / *Chonala huertasae* Lang & Bozano, 2016　　01

中型眼蝶。本种主要特征是前翅有1条特宽的橙色弧形带，是带眼蝶属最漂亮的种类。

成虫多见于7月。

分布于云南。

马森带眼蝶 / *Chonala masoni* (Elwes, 1882)　　02

中型眼蝶。和胡塔斯带眼蝶相近，主要区别于本种前翅弧形宽带为白色，且前翅腹面无砖红色。

成虫多见于7-8月。

分布于西藏。此外见于印度、不丹等地。

藏眼蝶属 / *Tatinga* Moore, 1893

中型眼蝶。翅背面暗褐色。前翅端半部有斜列的几个淡黄褐色纹；后翅隐约可见黑色斑纹。腹面灰白色，斑纹黑褐色，但前翅端半部黑色，斑纹黄褐色，具1个小眼斑；后翅亚外缘有6个黑色圆斑，眼斑内有瞳点。分布有不规则的白色斑纹。

成虫飞行较快，有在林间及灌木间飞行以及栖于树干和地被植物之上的习性，常在落叶阔叶林、溪谷环境活动。

主要分布于古北区及东洋区。国内目前已知1种，本图鉴收录1种。

藏眼蝶 / *Tatinga thibetanus* (Oberthür, 1876)　　03-06 / P1572

中型眼蝶。翅背正面暗褐色。前翅端半部有斜列的几个淡黄褐色纹；后翅隐约可见黑色斑纹。腹面灰白色，斑纹黑褐色，但前翅端半部黑色，斑纹黄褐色，m_1室有1个小眼斑；后翅亚外缘有6个黑色圆斑，第1个特别大，圆斑中心为小白点，外缘、中域和基部有不规则的同色斑纹。

1年1代，成虫多见于7-8月。

分布于河北、北京、河南、陕西、宁夏、甘肃、湖北、四川、云南、西藏。

01 ♂
胡塔斯带眼蝶
云南贡山

02 ♂
马森带眼蝶
西藏亚东

03 ♂
藏眼蝶
云南丽江

01 ♂
胡塔斯带眼蝶
云南贡山

02 ♂
马森带眼蝶
西藏亚东

03 ♂
藏眼蝶
云南丽江

04 ♂
藏眼蝶
四川泸定

05 ♀
藏眼蝶
甘肃榆中

06 ♂
藏眼蝶
四川石棉

04 ♂
藏眼蝶
四川泸定

05 ♀
藏眼蝶
甘肃榆中

06 ♂
藏眼蝶
四川石棉

链眼蝶属 / *Lopinga* Moore, 1893

中型眼蝶。翅背面为棕褐色至黑褐色，翅亚外缘有眼状斑带，部分种类眼状斑带不明显，翅外缘毛白色，脉端黑色。

成虫飞行力弱，有访花习性，喜栖息在潮湿的土坡、林地道路两旁、林缘开阔地附近活动。幼虫寄主植物为禾本科、莎草科植物。

主要分布于中国，有1种从西欧经俄罗斯、蒙古分布到朝鲜半岛、日本。国内目前已知7种，本图鉴记录5种。

黄环链眼蝶 / *Lopinga achine* (Scopoli, 1763)　　　　01-02 / P1573

中型眼蝶。翅背面棕褐色，前后翅亚外缘有近椭圆形黑斑列，无瞳点；腹面亚缘斑发达，具黄圈，斑内有白色瞳点，前翅亚顶角区有1个眉状白斑，中室中部有1条横向白线纹，后翅眼斑内侧有白条纹，翅基有1枚不清晰白斑。

1年1代，成虫多见于6-7月。

分布于北京、内蒙古、陕西、甘肃等地。此外见于俄罗斯、朝鲜半岛及日本等地。

卡特链眼蝶 / *Lopinga catena* Leech, 1890　　　　03-04

中型眼蝶。和黄环链眼蝶形态相近，主要区别在腹面：前翅中室中部斑宽，条状；后翅基部多白斑，亚缘眼斑带被白带包裹。

1年1代，成虫多见于6-7月。

分布于陕西、甘肃、四川等地。

多点链眼蝶 / *Lopinga gerdae* Nordström, 1939　　　　05-06

中型眼蝶。和卡特链眼蝶形态相近，主要区别为：本种翅面灰褐色，卡特链眼蝶黑褐色，腹面本种前翅亚缘黑斑基本等大，卡特链眼蝶不等大，后翅臀斑上方白斑有突起，卡特链眼蝶无突起。

1年1代，成虫多见于6-7月。

分布于甘肃、青海。

小链眼蝶 / *Lopinga nemorum* (Oberthür, 1890)　　　　07-09

中小型眼蝶。和丛林链眼蝶形态相近，主要区别为：个体比丛林链眼蝶小，背面前后翅斑不发达；腹面后翅亚缘斑主体颜色以红褐色为主，中间黑斑很小，白色瞳点几乎覆盖住黑斑。

1年1代，成虫多见于7月。

分布于四川、云南、西藏。

丛林链眼蝶 / *Lopinga dumetora* (Oberthür, 1886)　　　　10

中小型眼蝶。翅背面黑褐色，前翅中室中部、中室端外有白斑，亚外缘有不清晰白斑1列，其中有不清晰黑眼斑；后翅亚外缘有黑眼斑1列；腹面棕褐色，前翅中室斑、中室外侧斜斑带及亚外缘斑带白色明显，后翅基部有白斑，亚外缘黑眼斑眼圈黄色。

1年1代，成虫多见于7月。

分布于四川、云南。

毛眼蝶属 / *Lasiommata* Westwood, 1841

中型眼蝶。翅面为棕褐色至黑褐色，前翅中室外有性标，近顶角有眼斑，后翅亚缘有黑眼斑1列。

成虫飞行力不强，有访花的习性，栖息在干燥的环境，枯草丛中，常在岩石上停落。幼虫寄主为禾本科、莎草科植物。

主要分布在亚洲、欧洲、非洲。国内目前已知7种，本图鉴收录6种。

小毛眼蝶 / *Lasiommata minuscula* (Oberthür, 1923)　　　　　11-13

中型眼蝶。翅背面黑褐色，前翅近顶角有1个椭圆形黑斑，内瞳点2个，斑周围色浅，条纹呈楔形，雄蝶中室下方有性标，后翅亚缘有黑斑1列；腹面灰褐色，前翅中室及中室端共有4条黑色横线纹，中室端外斜向黑线纹直而长，后翅基部有2条波状线纹，亚缘眼斑1列清楚。

成虫多见于6-7月。

分布于云南、青海、四川、西藏。

大毛眼蝶 / *Lasiommata majuscula* (Leech, [1892])　　　　　14-16 / P1574

中型眼蝶。和小毛眼蝶相近，主要区别为：背面翅面前翅椭圆形斑周围橙黄色区域大，腹面前翅眼圈周边橙黄色。

成虫多见于5-6月。

分布于四川、云南、贵州、西藏。

斗毛眼蝶 / *Lasiommata deidamia* (Eversmann, 1851)　　　　　17-20 / P1575

中型眼蝶。翅背面黑褐色，前翅近顶角处有1个黑圆斑，瞳点白色，黑斑下方斜向有2条淡色带，中室下方雄蝶有性标，后翅亚缘有小黑斑2枚；腹面前翅中室有暗色横纹，顶角斑及白色斜条纹清晰，后翅亚缘黑眼斑排成1列，内侧有白色条纹。

1年多代，成虫多见于5月及7-9月。

分布于北京、内蒙古、陕西、青海等地。此外见于俄罗斯、日本及朝鲜半岛等地。

黄翅毛眼蝶 / *Lasiommata eversmanni* (Eversmann, 1847)　　　　　21

中型眼蝶。翅背面杏黄色，前翅中室端有黑斑，外缘黑色，内侧有3个黑斑，后翅外缘黑色，亚缘有黑眼斑；腹面前翅中室有横向黑线纹，后翅大部棕褐色，被翅脉分割，亚外缘眼斑两侧有白斑分布。

1年1代，成虫多见于7月。

分布于新疆。此外见于土耳其、巴基斯坦、印度等地。

铠毛眼蝶 / *Lasiommata kasumi* Yoshino, 1995　　　　　　　　　　22-23

中型眼蝶。和斗毛眼蝶相近，主要区别在于：前翅背面没有白色斜条纹，腹面颜色暗淡，眼斑斜下侧无斜条纹，后翅灰色鳞片发达。

1年1代，成虫多见于6-7月。喜林下环境。

分布于陕西。

玛毛眼蝶 / *Lasiommata maera* (Linnaeus, 1758)　　　　　　　　24-25 / P1575

中型眼蝶。翅背面黄褐色，雄蝶中室外侧有斜向性标，近顶角有黑斑1枚，雌蝶眼斑下方有橙色横斑3个，后翅亚缘有黑眼斑，眼圈橙色；腹面前翅中室有3条横线纹，近顶角有黑眼斑，包裹眼斑的线纹呈楔形，后翅基半部暗色线纹波状，亚缘眼斑较小。

1年1代，成虫多见于7月。

分布于新疆。此外见于欧洲、亚洲、北非等地区。

01 ♂
黄环链眼蝶
北京

02 ♀
黄环链眼蝶
北京

03 ♀
卡特链眼蝶
陕西凤县

01 ♂
黄环链眼蝶
北京

02 ♀
黄环链眼蝶
北京

03 ♀
卡特链眼蝶
陕西凤县

04 ♂
卡特链眼蝶
陕西凤县

05 ♀
多点链眼蝶
青海平安

06 ♂
多点链眼蝶
青海平安

04 ♂
卡特链眼蝶
陕西凤县

05 ♀
多点链眼蝶
青海平安

06 ♂
多点链眼蝶
青海平安

07 ♂
小链眼蝶
西藏察隅

08 ♂
小链眼蝶
云南丽江

09 ♂
小链眼蝶
云南香格里拉

10 ♂
丛林链眼蝶
四川理塘

07 ♂
小链眼蝶
西藏察隅

08 ♂
小链眼蝶
云南丽江

09 ♂
小链眼蝶
云南香格里拉

10 ♂
丛林链眼蝶
四川理塘

11 ♂
小毛眼蝶
云南德钦

12 ♂
小毛眼蝶
青海玉树

13 ♀
小毛眼蝶
云南德钦

11 ♂
小毛眼蝶
云南德钦

12 ♂
小毛眼蝶
青海玉树

13 ♀
小毛眼蝶
云南德钦

⑭ ♀
大毛眼蝶
贵州威宁

⑮ ♂
大毛眼蝶
云南昆明

⑯ ♀
大毛眼蝶
西藏察隅

⑭ ♀
大毛眼蝶
贵州威宁

⑮ ♂
大毛眼蝶
云南昆明

⑯ ♀
大毛眼蝶
西藏察隅

⑰ ♂
斗毛眼蝶
北京

⑱ ♀
斗毛眼蝶
北京

⑲ ♀
斗毛眼蝶
甘肃永靖

⑰ ♂
斗毛眼蝶
北京

⑱ ♀
斗毛眼蝶
北京

⑲ ♀
斗毛眼蝶
甘肃永靖

⑳ ♂
斗毛眼蝶
甘肃永靖

㉑ ♂
黄翅毛眼蝶
新疆阜康

㉒ ♀
铠毛眼蝶
陕西凤县

⑳ ♂
斗毛眼蝶
甘肃永靖

㉑ ♂
黄翅毛眼蝶
新疆阜康

㉒ ♀
铠毛眼蝶
陕西凤县

㉓ ♂
铠毛眼蝶
陕西周至

㉔ ♂
玛毛眼蝶
新疆温泉

㉕ ♀
玛毛眼蝶
新疆布尔津

㉓ ♂
铠毛眼蝶
陕西周至

㉔ ♂
玛毛眼蝶
新疆温泉

㉕ ♀
玛毛眼蝶
新疆布尔津

多眼蝶属 / *Kirinia* Moore, 1893

中型眼蝶。该属成虫翅褐色。前翅亚缘有1列黄斑排成弧形，近顶角有2个黄斑及1个小的眼状斑。后翅亚缘具4-6个大的眼斑，眼斑内具瞳点。翅腹面淡黄褐色，前翅有不规则暗褐色线纹。

成虫飞行不快，喜跳跃状飞行，多活动于草灌丛中，喜停落于树干、石块上。

主要分布于古北区、东洋区。国内目前已知2种，本图鉴收录2种。

多眼蝶 / *Kirinia epaminondas* (Staudinger, 1887)　　　　　01-02 / P1576

中型眼蝶。该属成虫翅褐色。前翅亚缘有1列黄斑排成弧形，近顶角有2个黄斑及1个小的眼状斑。后翅亚缘具4-6个大的眼斑，眼斑内具瞳点。翅腹面淡黄褐色，前翅有不规则暗褐色线纹。

1年1代，成虫多见于7-8月。飞行不快，多活动于草灌丛中，喜停落于树干上。

分布于黑龙江、辽宁、河北、北京、山东、山西、河南、甘肃、陕西、湖北、四川、浙江、江西、福建。此外见于俄罗斯、朝鲜半岛。

淡色多眼蝶 / *Kirinia epimenides* (Ménétriés, 1859)　　　　　03

中型眼蝶。形态和多眼蝶相近，区别在于：腹面前翅中室3条黑褐色线纹之间基本等距离，而多眼蝶第1条和第2条靠近；后翅颜色比多眼蝶淡，中域黑褐色线纹在中室端形成的角度没有多眼蝶尖锐。

成虫多见于7-8月。活动于林间，喜落于树木主干上。

分布于吉林、黑龙江等地。此外见于日本、朝鲜半岛等地。

奥眼蝶属 / *Orsotriaena* Wallengren, 1858

中小型眼蝶。外形与眉眼蝶属*Mycalesis*十分相似，仅在翅脉和复眼结构有所不同。栖息在林缘等较开阔生境，成虫飞行缓慢，多在地面附近活动，受扰时只作近距离低飞。幼虫取食多种禾本科植物。

本属分布于东洋区至澳洲区北部。国内目前已知1种，本图鉴收录1种。

奥眼蝶 / *Orsotriaena medus* (Fabricius, 1775)　　　　　04-07 / P1577

中小型眼蝶。躯体深褐色，腹面颜色较淡。翅背面深褐色，基本无斑，但两翅中央隐约有浅色直纹，沿外缘有2道平行的浅色窄纹。翅腹面深褐色，两翅中央有米黄色直纹，前翅亚外缘有2个圆形眼纹，后翅亚外缘则有3个眼纹，后翅眼纹外侧散布银白色鳞片，前后翅沿外缘有2道平行的浅色窄纹。旱季型翅腹眼纹消退至仅余浅褐色斑点。雄蝶前翅背面下缘近基部及后翅基部有黑色毛束。

1年多代，成虫全年可见。幼虫以卡开芦等禾本科植物为寄主。

分布于云南、广西、海南。此外见于东洋区、澳洲区北部。

① ♂
多眼蝶
甘肃榆中

② ♀
多眼蝶
甘肃榆中

③ ♂
淡色多眼蝶
吉林靖宇

① ♂
多眼蝶
甘肃榆中

② ♀
多眼蝶
甘肃榆中

③ ♂
淡色多眼蝶
吉林靖宇

④ ♂
奥眼蝶
海南五指山

⑤ ♂
奥眼蝶
海南五指山

⑥ ♂
奥眼蝶
云南西双版纳

⑦ ♀
奥眼蝶
海南五指山

④ ♂
奥眼蝶
海南五指山

⑤ ♂
奥眼蝶
海南五指山

⑥ ♂
奥眼蝶
云南西双版纳

⑦ ♀
奥眼蝶
海南五指山

眉眼蝶属 / *Mycalesis* Hübner, 1818

　　中小型至中型眼蝶。翅底色多为褐色至深褐色，背面外侧有眼纹或完全无斑，多数成员的前后翅腹面中央各有1道浅色直纹，其外侧有1列眼纹。雄蝶翅上有性标，其位置及形态往往是物种鉴定的重要依据。本属种类繁多，外形相似，加上明显种内和季节性变异，国内过去记录常有误认的情况。

　　成虫飞行缓慢而具跳跃感，多在地面附近活动，受扰时只作近距离低飞。栖息于各类生境，包括市郊荒地、草原、林缘、密林等。幼虫以禾本科及莎草科植物为寄主。

　　分布于东洋区、澳洲区北部和古北区东部。国内目前已知16种，本图鉴收录14种。

小眉眼蝶 / *Mycalesis mineus* (Linnaeus, 1758)   01-09 / P1577

　　中小型眼蝶。躯体背面褐色，腹面颜色较淡。翅背面底色褐色，两翅中央或隐约有浅色直纹，前翅外侧有1个明显眼纹，沿前后翅外缘有2道平行的浅色窄纹。翅腹面底色较淡，两翅中央各有1道米黄色直纹，前翅外侧有2-4个眼纹，后翅外侧有7个眼纹，但第2、3个眼纹或消失，两翅沿外缘有2道平行的米色窄纹。旱季型翅腹面斑纹全面消退，两翅中央的直纹仅余模糊暗线，外侧眼纹几乎消失。雄蝶前翅腹面近后缘基部有灰褐色性标，后翅背面近前缘有米色毛束，其基部有1片带金属光泽的灰褐色鳞片。

　　1年多代，成虫在南方全年可见。幼虫以多种禾本科植物为寄主。

　　分布于长江以南省份。此外见于东洋区。

中介眉眼蝶 / *Mycalesis intermedia* (Moore, [1892])   10

　　中小型眼蝶。外形与小眉眼蝶相似，主要区别为：后翅外侧的7个眼纹完整；雄蝶前翅腹面近后缘基部性标呈红褐色，后翅背面近前缘性标伸延至毛束外，并呈黄色。旱季型变异程度与小眉眼蝶相似。

　　1年多代，成虫全年可见。幼虫以多种禾本科植物为寄主。

　　分布于云南、广西。此外见于缅甸、泰国、中南半岛、印度东北部、马来半岛。

拟裴眉眼蝶 / *Mycalesis perseoides* (Moore, [1892])   11

　　中小型眼蝶。外形与小眉眼蝶相似，主要区别为：翅腹面中央直纹呈黄褐色；前翅腹面外侧有4个大小接近的眼纹，后翅外侧的7个眼纹完整；雄蝶前翅腹面近后缘基部性标呈红褐色，后翅背面近前缘毛束下的性标呈黑色。旱季型变异程度与小眉眼蝶相似。

　　1年多代，成虫全年可见。幼虫以多种禾本科植物为寄主。

　　分布于云南、广东、广西、海南、香港。此外见于缅甸、泰国、印度东北部、中南半岛、马来半岛。

裴斯眉眼蝶 / *Mycalesis perseus* (Fabricius, 1775)   12-15 / P1578

　　中小型眼蝶。外形与拟裴眉眼蝶相似，主要区别为：前翅背面眼纹较模糊或消失；翅腹面中央直纹较窄；后翅腹面外侧的首5个眼纹排列成弧形；雄蝶前翅腹面近后缘基部性标呈红褐色，后翅背面近前缘毛束下的性标呈黑色。旱季型变异程度与小眉眼蝶相似。

　　1年多代，成虫全年可见。幼虫以多种禾本科植物为寄主。

　　分布于云南、海南、台湾等地。此外见于东洋区、澳洲区北部。

平顶眉眼蝶 / *Mycalesis mucianus* Fruhstorfer, 1908　　　　16-24 / P1579

中小型眼蝶。外形与小眉眼蝶相似，主要区别为：前翅顶区内收成一截角；雄蝶后翅背面的米色毛束外侧，另有三角形带金属光泽的米色性标。旱季型变异程度亦与小眉眼蝶相似。

1年多代，成虫全年可见。幼虫以多种禾本科植物为寄主。

分布于江西、福建、广东、广西、云南、海南、台湾、香港等地。此外见于中南半岛。

上海眉眼蝶 / *Mycalesis sangaica* Butler, 1877　　　　25-29 / P1579

中小型眼蝶。外形与小眉眼蝶相似，主要区别为：翅形较圆；翅腹面中央的直纹带淡紫色调，其内侧带细碎波纹；后翅外侧的7个眼纹完整；雄蝶后翅背面近前缘的毛束呈黄色和黑色，后翅靠内缘另有1条黑色毛束性标伸延至毛束外，并呈黄色。旱季型腹面斑纹消退程度不及前述数种明显。

1年多代，成虫除冬季外全年可见。幼虫以多种禾本科植物为寄主。

分布于浙江、上海、江西、福建、广东、广西、云南、台湾等地。此外见于缅甸、泰国、老挝、越南。

注：本种曾长期使用"僧袈眉眼蝶"为中文名。然而，其拉丁学名其实源自模式产地"上海"的上海话读音，故本图鉴建议以"上海眉眼蝶"取代。

稻眉眼蝶 / *Mycalesis gotama* Moore, 1857　　　　30-31 / P1580

中小型眼蝶。与其他眉眼蝶比较，本种底色明显较浅，其他分别为前翅背面有一小一大明显眼纹；翅腹面中央的直纹黄褐色；后翅外侧的眼纹列中，以第5个眼纹最大；雄蝶后翅背面近前缘性标黄色，毛束褐色。旱季型两翅腹面外侧密布灰白色鳞片。

1年多代，成虫在南方全年可见。幼虫以多种禾本科植物为寄主。

分布于东北、华东、华南及西南地区。此外见于缅甸、泰国、印度东北部、中南半岛北部、古北区东部。

拟稻眉眼蝶 / *Mycalesis francisca* (Stoll, [1780])　　　　32-42

中小型眼蝶。斑纹排列与稻眉眼蝶十分相似，但本种底色呈深褐色，翅腹面中央的直纹和外缘区的窄纹呈淡紫色；雄蝶后翅背面近前缘性标毛束淡黄色，前翅背面后缘另有带黑色毛束的性标。旱季型两翅腹面外侧密布灰白色鳞片。

1年多代，成虫在南方全年可见。本种为森林性物种，在分布区南部，多只局限在较高海拔出没。幼虫以多种禾本科植物为寄主。

分布于东北、华东、华南及西南地区。此外见于缅甸、泰国、印度东北部、中南半岛北部、古北区东部。

君主眉眼蝶 / *Mycalesis anaxias* Hewitson, 1862　　　　43-47 / P1581

中小型眼蝶。本种底色呈深褐色，前翅背面并无眼纹，顶区有1条白色斜带。翅腹面中央直纹外偏，较窄并呈淡紫色，前翅顶区斜带较背面明显。雄蝶后翅背面近前缘性标毛束淡黄色，前翅背面后缘另有带黑色毛束的性标。旱季型两翅腹面外侧密布灰白色鳞片。

1年多代，成虫全年可见。本种为森林性物种。幼虫以多种禾本科植物为寄主。

分布于云南、广西、海南。此外见于印度东北部、缅甸、泰国、中南半岛、马来半岛。

大理石眉眼蝶 / *Mycalesis malsara* (Stoll, [1780])　　　　48-50

中小型眼蝶。本种底色较深，背面的眼纹无中央的白点，前翅中央的直纹明显。翅腹面中央直纹相当显眼，呈米色，其内侧有细碎波纹。雄蝶后翅性标带黑色毛束。旱季型底色较淡，腹面眼纹消退。

1年多代，成虫全年可见。

分布于云南、广西等地。此外见于不丹、缅甸、泰国、印度东北部、中南半岛北部。

01 ♂
小眉眼蝶
台湾台东

01 ♂
小眉眼蝶
台湾台东

02 ♀
小眉眼蝶
台湾台东

02 ♀
小眉眼蝶
台湾台东

03 ♂
小眉眼蝶
福建福州

03 ♂
小眉眼蝶
福建福州

04 ♂
小眉眼蝶
福建福州

04 ♂
小眉眼蝶
福建福州

05 ♀
小眉眼蝶
福建福州

05 ♀
小眉眼蝶
福建福州

06 ♀
小眉眼蝶
海南五指山

06 ♀
小眉眼蝶
海南五指山

07 ♂
小眉眼蝶
香港

07 ♂
小眉眼蝶
香港

08 ♂
小眉眼蝶
香港

08 ♂
小眉眼蝶
香港

09 ♀
小眉眼蝶
香港

09 ♀
小眉眼蝶
香港

10 ♂
中介眉眼蝶
广西隆安

10 ♂
中介眉眼蝶
广西隆安

⑪ ♂
拟裴眉眼蝶
广东广州

⑪ ♂
拟裴眉眼蝶
广东广州

⑫ ♀
裴斯眉眼蝶
台湾高雄

⑫ ♀
裴斯眉眼蝶
台湾高雄

⑬ ♂
裴斯眉眼蝶
台湾嘉义

⑬ ♂
裴斯眉眼蝶
台湾嘉义

⑭ ♀
裴斯眉眼蝶
海南乐东

⑭ ♀
裴斯眉眼蝶
海南乐东

⑮ ♀
裴斯眉眼蝶
福建福州

⑮ ♀
裴斯眉眼蝶
福建福州

⑯ ♂
平顶眉眼蝶
台湾台北

⑯ ♂
平顶眉眼蝶
台湾台北

⑰ ♂
平顶眉眼蝶
香港

⑰ ♂
平顶眉眼蝶
香港

⑱ ♀
平顶眉眼蝶
台湾台北

⑱ ♀
平顶眉眼蝶
台湾台北

⑲ ♂
平顶眉眼蝶
香港

⑲ ♂
平顶眉眼蝶
香港

⑳ ♀
平顶眉眼蝶
香港

⑳ ♀
平顶眉眼蝶
香港

㉑♀
平顶眉眼蝶
香港

㉑♀
平顶眉眼蝶
香港

㉒♀
平顶眉眼蝶
福建福州

㉒♀
平顶眉眼蝶
福建福州

㉓♂
平顶眉眼蝶
福建福州

㉓♂
平顶眉眼蝶
福建福州

㉔♂
平顶眉眼蝶
福建福州

㉔♂
平顶眉眼蝶
福建福州

㉕♂
上海眉眼蝶
台湾高雄

㉕♂
上海眉眼蝶
台湾高雄

㉖♀
上海眉眼蝶
台湾屏东

㉖♀
上海眉眼蝶
台湾屏东

㉗♂
上海眉眼蝶
广东乳源

㉗♂
上海眉眼蝶
广东乳源

㉘♀
上海眉眼蝶
广东乳源

㉘♀
上海眉眼蝶
广东乳源

㉙♂
上海眉眼蝶
福建泰宁

㉙♂
上海眉眼蝶
福建泰宁

㉚♂
稻眉眼蝶
台湾台北

㉚♂
稻眉眼蝶
台湾台北

㉛ ♀
稻眉眼蝶
台湾南投

㉛ ♀
稻眉眼蝶
台湾南投

㉜ ♂
拟稻眉眼蝶
云南贡山

㉜ ♂
拟稻眉眼蝶
云南贡山

㉝ ♂
拟稻眉眼蝶
陕西镇安

㉝ ♂
拟稻眉眼蝶
陕西镇安

㉞ ♂
拟稻眉眼蝶
福建福州

㉞ ♂
拟稻眉眼蝶
福建福州

㉟ ♂
拟稻眉眼蝶
福建福州

㉟ ♂
拟稻眉眼蝶
福建福州

㊱ ♂
拟稻眉眼蝶
福建福州

㊱ ♂
拟稻眉眼蝶
福建福州

㊲ ♀
拟稻眉眼蝶
福建福州

㊲ ♀
拟稻眉眼蝶
福建福州

㊳ ♀
拟稻眉眼蝶
福建福州

㊳ ♀
拟稻眉眼蝶
福建福州

㊴ ♂
拟稻眉眼蝶
台湾台中

㊴ ♂
拟稻眉眼蝶
台湾台中

㊵ ♀
拟稻眉眼蝶
台湾嘉义

㊵ ♀
拟稻眉眼蝶
台湾嘉义

㊶♀
拟稻眉眼蝶
海南陵水

㊶♀
拟稻眉眼蝶
海南陵水

㊷♀
拟稻眉眼蝶
广东乳源

㊷♀
拟稻眉眼蝶
广东乳源

㊸♂
君主眉眼蝶
海南五指山

㊸♂
君主眉眼蝶
海南五指山

㊹♂
君主眉眼蝶
海南万宁

㊹♂
君主眉眼蝶
海南万宁

㊺♀
君主眉眼蝶
海南五指山

㊺♀
君主眉眼蝶
海南五指山

㊻♀
君主眉眼蝶
海南乐东

㊻♀
君主眉眼蝶
海南乐东

㊼♀
君主眉眼蝶
云南勐腊

㊼♀
君主眉眼蝶
云南勐腊

㊽♂
大理石眉眼蝶
广西隆安

㊽♂
大理石眉眼蝶
广西隆安

㊾♀
大理石眉眼蝶
广西隆安

㊾♀
大理石眉眼蝶
广西隆安

㊿♂
大理石眉眼蝶
云南马关

㊿♂
大理石眉眼蝶
云南马关

褐眉眼蝶 / *Mycalesis unica* Leech, [1892]　　　　　01

　　中小型眼蝶。本种体形近似于稻眉眼蝶，但前翅背面眼纹位置在顶区附近，前翅腹面也以靠顶区的第1个眼纹最大，后翅外侧第3、4眼纹常扭曲或消退。本种眼纹相对独特，不易与其他眉眼蝶混淆。

　　世代数未明，成虫似乎只在春夏季出现。本种仅出现在状况良好的天然林，为眉眼蝶中较稀有的一种。幼生期未明。

　　分布于湖南、广东、福建、四川、浙江等地。此外见于越南。

密纱眉眼蝶 / *Mycalesis misenus* de Nicéville, 1889　　　　　02-05

　　中型眼蝶。体形较大、翅形较圆的眉眼蝶。翅背面底色褐色，前翅外侧有一小一大眼纹，后翅下半部外侧有1个眼纹；翅腹面底色较淡，中央直纹黄白色，内侧密布细碎波纹，前翅外侧最多有5个眼纹，第5个眼纹明显突出，前4个眼纹细小或消退，后翅外侧有最多7个眼纹，第5个眼纹最大，第2-4个眼纹常有消失倾向。雄蝶前翅腹面近后缘基部性和后翅背面近前缘有银灰色性标，后翅性标带褐色毛束。

　　1年多代，成虫在南方全年可见。本种仅在状况较好的天然林内出现。幼虫以禾本科植物为寄主。

　　分布于云南、浙江、四川、广西、福建等地。此外见于缅甸、泰国、印度东北部、中南半岛北部。

罕眉眼蝶 / *Mycalesis suavolens* Wood-Mason & de Nicéville, 1883　　　　　06-09

　　中型眼蝶。体形较大、翅形较圆的眉眼蝶。外形和密纱眉眼蝶相似，主要区别为：本种翅底色较深；腹面中央直纹显得更分明，内侧无波纹；后翅腹面外侧多有完整眼纹列；雄蝶后翅性标黄褐色毛束。

　　1年多代，成虫除冬季外全年可见。本种仅在状况较好的天然林内出现。幼生期未明。

　　分布于云南、西藏、台湾等地。此外见于印度东北部、不丹、缅甸、泰国、老挝。

白线眉眼蝶 / *Mycalesis mestra* Hewitson, 1862　　　　　10-11

　　中型眼蝶。体形较大、翅形较圆的眉眼蝶。外形和密纱眉眼蝶相似，主要区别为：本种翅底色接近黑色；前翅背面有白色直纹，后翅沿外缘另有2道平行白色纹；腹面中央直纹外偏，粗大，呈白色；细碎波纹仅局限于基部一带；沿前后外缘有2道明显的白色纹；后翅腹面外侧第4眼纹常消失；雄蝶后翅性标带黄褐色毛束。

　　1年多代，成虫除冬季外全年可见。本种仅在状况较好的天然林内出现。幼生期未明。

　　分布于云南、西藏。此外见于不丹、缅甸、印度东北部。

01 ♂
褐眉眼蝶
浙江遂昌

02 ♂
密纱眉眼蝶
西藏墨脱

01 ♂
褐眉眼蝶
浙江遂昌

02 ♂
密纱眉眼蝶
西藏墨脱

03 ♀
密纱眉眼蝶
西藏墨脱

04 ♂
密纱眉眼蝶
福建福州

05 ♀
密纱眉眼蝶
云南腾冲

03 ♀
密纱眉眼蝶
西藏墨脱

04 ♂
密纱眉眼蝶
福建福州

05 ♀
密纱眉眼蝶
云南腾冲

（06）♂
罕眉眼蝶
云南贡山

（07）♀
罕眉眼蝶
西藏墨脱

（08）♂
罕眉眼蝶
台湾台南

（06）♂
罕眉眼蝶
云南贡山

（07）♀
罕眉眼蝶
西藏墨脱

（08）♂
罕眉眼蝶
台湾台南

（09）♀
罕眉眼蝶
台湾台南

（10）♂
白线眉眼蝶
云南盈江

（11）♂
白线眉眼蝶
西藏墨脱

（09）♀
罕眉眼蝶
台湾台南

（10）♂
白线眉眼蝶
云南盈江

（11）♂
白线眉眼蝶
西藏墨脱

斑眼蝶属 / *Penthema* Doubleday, (1848)

大型眼蝶。翅形阔，翅背面底色为暗褐色，有些种类有蓝色光泽，多数种类有黄白色斑条，在外观上拟态斑蝶。

栖息于热带、亚热带森林，生性机敏，飞行强劲有力，喜欢在阳光充足的林下活动，常可在林间路边的枝叶上发现其踪迹，喜欢吸食树液、腐烂水果和动物粪便。

分布于东洋区。国内目前已知4种，本图鉴收录4种。

白斑眼蝶 / *Penthema adelma* (C. & R. Felder, 1862) 01-03 / P1582

大型眼蝶。雌雄斑纹相似，翅背面为黑褐色，前翅背面有倾斜的宽阔白斑，非常容易与属内其他种类区分，外缘与亚外缘各有1列白色斑点，后翅上半部的外缘有白色边纹，部分个体有数量不等的白色斑点。腹面斑纹与背面相似，底色偏棕褐色。

1年多代，成虫多见于5-8月。幼虫以禾本科多种竹属植物为寄主。

分布于浙江、福建、广东、江西、湖北、广西、台湾、四川、陕西等地。

台湾斑眼蝶 / *Penthema formosanum* Rothschild, 1898 04-06 / P1583

大型眼蝶。雌雄斑纹相似，翅形较圆阔，翅背面底色为黑褐色，上面布满黄白色条纹及斑点，前翅中室内有黄白色点，后翅中室则填满黄白色纹，各翅室的条纹末端外侧都对应着斑点。翅腹面底色偏棕褐，前翅斑纹类似背面但更鲜明，后翅斑纹则常常退化。

1年多代，成虫几乎全年可见。

分布于台湾。

海南斑眼蝶 / *Penthema lisarda* (Doubleday, 1845) 07-08

大型眼蝶。与台湾斑眼蝶十分相似，但其前翅背面中室内斑纹发达，呈条状，而台湾斑眼蝶则一般呈点状，另外翅背面各翅室斑条相对纤细，且外侧对应的斑点形状多为圆点状，而台湾斑眼蝶则多呈三角状。

成虫多见于4-6月。

分布于海南、西藏。此外见于印度、缅甸、老挝、越南等地。

彩裳斑眼蝶 / *Penthema darlisa* Moore, 1878 09-10

大型眼蝶。为国内体形最大的眼蝶。雌雄斑纹相似，前翅顶角较属内其他几种突出，翅背面为黑褐色，斑纹类似台湾斑眼蝶，但雄蝶前翅有蓝色光泽，斑点为白色，后翅斑纹及斑点则为黄色，后翅各翅室斑条外的斑点大，外缘为黄色月纹斑。

成虫多见于5-7月。

分布于云南。此外见于印度、缅甸、泰国、老挝、越南等地。

01 ♂
白斑眼蝶
福建福州

01 ♂
白斑眼蝶
福建福州

02 ♀
白斑眼蝶
广东乳源

02 ♀
白斑眼蝶
广东乳源

03 ♂
白斑眼蝶
四川平武

03 ♂
白斑眼蝶
四川平武

④ ♂
台湾斑眼蝶
台湾新北

④ ♂
台湾斑眼蝶
台湾新北

⑤ ♂
台湾斑眼蝶
台湾新北

⑤ ♂
台湾斑眼蝶
台湾新北

⑥ ♀
台湾斑眼蝶
台湾新北

⑥ ♀
台湾斑眼蝶
台湾新北

⑦ ♀
海南斑眼蝶
海南陵水

⑦ ♀
海南斑眼蝶
海南陵水

⑧ ♂
海南斑眼蝶
西藏墨脱

⑧ ♂
海南斑眼蝶
西藏墨脱

⑨ ♂
彩裳斑眼蝶
云南贡山

⑨ ♂
彩裳斑眼蝶
云南贡山

⑩ ♀
彩裳斑眼蝶
云南贡山

⑩ ♀
彩裳斑眼蝶
云南贡山

粉眼蝶属 / *Callarge* Leech, 1892

　　中大型眼蝶。翅面白色或淡黄色，翅脉及翅外侧具有显著的黑色条纹，后翅呈箭状纹，外缘圆滑。前后翅均无眼斑，腹面翅脉黑色，其余部分黄白色。酷似粉蝶科种类，因此得名。

　　成虫飞行迅速，活动于中高海拔阔叶林区。喜在林下活动，喜食人畜粪便，常成群结队吸食粪便。

　　主要分布于古北区、东洋区。国内目前已知1种，本图鉴收录1种。

箭纹粉眼蝶 / *Callarge sagitta* (Leech, 1890)　　　　　　01-02 / P1583

　　中大型眼蝶。翅底色白色或淡黄色，翅脉及翅外侧具有显著的黑色条纹，后翅呈箭状纹，外缘平滑。前后翅均无眼斑，反面翅脉黑色，其余部分黄白色。

　　1年多代，成虫多见于5-7月。

　　分布于陕西、四川、重庆、湖北、湖南、安徽、云南。此外见于越南。

凤眼蝶属 / *Neorina* Westwood, [1850]

　　大型眼蝶。雌雄斑纹相似，翅形阔，翅背面为黑褐色，前翅具有宽阔的白色或黄色斑带，翅腹面具眼斑。

　　栖息在亚热带及热带森林，生性机敏，飞行迅速，常在森林低处飞行，喜阴，喜欢吸食动物粪便。幼虫以禾本科多种竹属植物为寄主。

　　分布于东洋区。国内目前已知3种，本图鉴收录2种。

黄带凤眼蝶 / *Neorina hilda* Westwood, [1850]　　　　　　03 / P1584

　　大型眼蝶。翅背面为黑褐色，前翅有1条宽阔的黄色斜带，近顶角处有1个或数个小白斑，后翅中上部外缘有黄色斑块，无尾突。腹面偏棕褐色，亚外缘有2道波纹状黑色线纹，内伴白色鳞片，后翅顶部和近臀角处各有1个明显的眼斑。

　　成虫多见于7-8月。

　　分布于西藏、云南。此外见于印度、缅甸。

凤眼蝶 / *Neorina patria* Leech, 1891　　　　　　04-06 / P1584

　　大型眼蝶。翅背面为黑褐色，前翅有1条宽阔的白色斜带，中室端有黑纹，近顶角处有1个或数个小白斑，后翅中上部外缘有白色斑块，具尾突。腹面偏棕褐色，亚外缘有曲折的黑色线纹，并伴有白色鳞片，前翅顶角处、后翅顶部和臀角区各有1个明显的眼斑。

　　成虫多见于6-8月。幼虫以禾本科多种竹属植物为寄主。

　　分布于四川、云南、广西、西藏、福建、江西、湖北等地。此外见于印度、缅甸、泰国、老挝、越南等地。

01 ♂
箭纹粉眼蝶
云南腾冲

01 ♂
箭纹粉眼蝶
云南腾冲

02 ♂
箭纹粉眼蝶
四川石棉

02 ♂
箭纹粉眼蝶
四川石棉

03 ♂
黄带凤眼蝶
西藏墨脱

03 ♂
黄带凤眼蝶
西藏墨脱

04 ♂
凤眼蝶
福建三明

04 ♂
凤眼蝶
福建三明

05 ♂
凤眼蝶
四川峨眉山

05 ♂
凤眼蝶
四川峨眉山

06 ♀
凤眼蝶
西藏墨脱

06 ♀
凤眼蝶
西藏墨脱

资眼蝶属 / *Zipaetis* Hewitson, 1863

中小型眼蝶。翅背面黑色，外缘边灰白色，内有黑线纹；腹面亚缘有眼状斑带。

成虫飞行力弱，活动于林间。

分布于东洋区。国内目前已知2种，本图鉴收录1种。

资眼蝶 / *Zipaetis unipupillata* Lee, 1962   01

中型眼蝶。背面翅面黑色，前翅顶区色淡，前后翅外缘边灰白色，内有黑线纹；腹面前后翅亚缘有黑眼斑带，灰色线纹环绕，后翅黑眼斑带中有2个大眼斑。

成虫多见于4-5月。飞行力弱。

分布于云南。此外见于缅甸、泰国及老挝等地。

穹眼蝶属 / *Coelites* Westwood, [1850]

中型眼蝶。翅背面多呈紫色或褐色，腹面深褐色，带银灰色斑。雄蝶后翅背面靠内缘有毛状性标。

成虫飞行灵敏，栖息在热带低海拔天然林，常在密林下的低层植被出没。幼虫以棕榈科植物为寄主。

分布于东洋区热带地区。国内目前已知1种，本图鉴收录1种。

蓝穹眼蝶 / *Coelites nothis* Westwood, [1850]   02 / P1584

中型眼蝶。躯体背面深褐色，腹面呈黄褐色。翅背面深紫色，前翅顶区至外缘区呈灰紫色，后翅内缘呈灰色。翅腹面深褐色带紫色光泽，前翅外侧呈灰紫色，后翅中央有1道灰紫色纹，外侧有1列眼纹。雄蝶后翅背面靠内缘有黑色毛状性标。雌蝶翅形较宽，两面的灰紫色纹范围明显较广。

1年多代，成虫全年可见。幼虫以棕榈科省藤属植物为寄主。

分布于海南、云南等地。此外见于缅甸、泰国、柬埔寨、老挝、越南、印度东部。

黑眼蝶属 / *Ethope* Moore, [1866]

中大型眼蝶。雌雄斑纹相似，翅面黑褐色，后翅呈椭圆形，翅面有白色斑点或眼斑，腹面底色较背面淡。栖息在热带森林，飞行较缓慢，喜欢在林下阴暗处活动。

分布于东洋区。国内目前已知3种，本图鉴收录3种。

黑眼蝶 / *Ethope henrici* (Holland, 1887) 03

中型眼蝶。翅背面黑褐色，前后翅亚外缘各有1列近圆形或椭圆形的白色斑点，前翅白色圆斑小，外侧还有1列小斑纹，后翅白斑大，外侧有2列较大的白色斑纹。腹面斑纹与背面相似。

1年多代，成虫几乎全年可见。

分布于海南。

指名黑眼蝶 / *Ethope himachala* (Moore, 1857) 04

大型眼蝶。翅背面黑褐色，前后翅的亚外缘分别紧密排列着5个和6个圆形眼斑，眼斑外围为黄褐圈，瞳心为白，眼斑外有排列密集的黄褐色条纹。翅腹面斑纹与背面类似。

1年多代，成虫多见于5-8月。

分布于西藏。此外见于印度、缅甸、泰国等地。

白襟黑眼蝶 / *Ethope noirei* Janet, 1896 05

中大型眼蝶。翅背面黑褐色，前翅中室外方有1道宽阔弯曲的白带，亚外缘有1列较大的白色圆斑，后翅亚外缘有小白，外缘伴有2道白纹。腹面斑纹与背面相似。

1年多代，成虫多见于3-10月。

分布于云南、广西。此外见于泰国、老挝、越南等地。

① ♂
资眼蝶
云南盈江

② ♂
蓝穿眼蝶
海南五指山

③ ♂
黑眼蝶
海南五指山

① ♂
资眼蝶
云南盈江

② ♂
蓝穿眼蝶
海南五指山

③ ♂
黑眼蝶
海南五指山

④ ♂
指名黑眼蝶
西藏墨脱

⑤ ♂
白襟黑眼蝶
云南西双版纳

④ ♂
指名黑眼蝶
西藏墨脱

⑤ ♂
白襟黑眼蝶
云南西双版纳

锯眼蝶属 / *Elymnias* Hübner, 1818

中大型眼蝶。雌雄斑纹相似，翅背面多为暗褐色，很多种类带有蓝色斑纹，并有蓝色金属光泽，多拟态其他有毒或味道不好的蝴蝶，拟态对象广泛，包括斑蝶、粉蝶、凤蝶等。雄蝶后翅中室有椭圆形暗色性标。

栖息于亚热带和热带森林，飞行缓慢，喜欢在阴暗潮湿的地方活动，也会见其吸食腐烂的水果。幼虫以棕榈科植物为寄主。

分布于东洋区和澳洲区。国内目前已知5种，本图鉴收录5种。

翠袖锯眼蝶 / *Elymnias hypermnestra* (Linnaeus, 1763)   01-05 / P1585

中型眼蝶。前后翅边缘呈锯齿状，翅背面暗褐色，带紫光，前翅外缘从顶角至后角有1列蓝色或浅蓝色斑纹，外侧有较宽的红褐色边纹。腹面为红褐色，上有细密的深色波纹，前翅顶角有1个淡色三角区。雌蝶与雄蝶斑纹相似，但后翅背面外缘常有白色斑点。

1年多代，成虫多见于5-10月。飞行缓慢。幼虫寄主植物为山棕、蒲葵、槟榔、黄椰子、棕竹、大王椰子等。近年随着部分棕榈科植物成为城市景观植物，其分布被人为扩散，常可在原本并非其原产地的城市道路、校园、居民小区内见其踪影。

分布于福建、广东、海南、广西、台湾、云南、湖北等地。此外见于南亚至东南亚各国的广泛地区。

疏星锯眼蝶 / *EElymnias patna* (Westwood, 1851)   06-08

中型眼蝶。与翠袖锯眼蝶相似，但体形明显更大，前翅翅形更狭长，前翅背面蓝色斑纹更靠翅内，更狭长，雄蝶后翅外缘也有白点分布，后翅外缘没有红褐色边纹。翅腹面外缘有白点和白纹分布。

成虫多见于7-8月。

分布于海南、云南、广西、西藏等地。此外见于南亚至东南亚各国的广泛地区。

闪紫锯眼蝶 / *Elymnias malelas* (Hewitson, 1863)   09-10

中型眼蝶。与疏星锯眼蝶相似，但前翅翅形更狭长，前翅背面除外缘有1列蓝色斑纹外，中室及中室外还各有2个蓝色斑点，后翅边缘没有红褐色边纹，腹面基部有白色斑点。

成虫多见于7-8月。

分布于云南、西藏等地。此外见于印度、缅甸、泰国、老挝、越南等地。

素裙锯眼蝶 / *Elymnias vacudeva* Moore, 1857   11

中型眼蝶。翅形圆阔，翅外缘呈锯齿状。翅背面灰褐色，前翅各脉室有灰蓝色斑块，斑块区外缘成弧形，下翅中域围绕中室有白色斑块，其中靠内缘部分从基部到臀角几乎完全填满黄白色斑块。翅腹面灰褐色，前翅布满白色斑点和斑纹，后翅斑纹与背面相似，但斑块颜色更鲜黄，基部有红色斑块。

成虫多见于7-8月。

分布于云南。此外见于不丹、印度、缅甸、泰国、老挝、越南等地。

龙女锯眼蝶 / *Elymnias nesaea* (Linnaeus, 1764)   12-13

    中型眼蝶。翅形狭长，前后翅外缘呈锯齿状，后翅具明显的尾突，翅背面灰褐色，各脉室内充满了灰蓝色的长条形纹，腹面灰白，除前翅下缘的1小块白色区域外，其他地方布满不规则的黑色污斑，与属内其他种类易区分。

    1年多代，成虫在部分地区几乎全年可见。

    分布于湖北、云南。此外见于印度、泰国、老挝、马来西亚、印度尼西亚等地。

01 ♂
翠袖锯眼蝶
香港

02 ♂
翠袖锯眼蝶
海南白沙

03 ♀
翠袖锯眼蝶
海南白沙

01 ♂
翠袖锯眼蝶
香港

02 ♂
翠袖锯眼蝶
海南白沙

03 ♀
翠袖锯眼蝶
海南白沙

04 ♀
翠袖锯眼蝶
台湾南投

05 ♂
翠袖锯眼蝶
台湾南投

04 ♀
翠袖锯眼蝶
台湾南投

05 ♂
翠袖锯眼蝶
台湾南投

06 ♂
疏星锯眼蝶
海南乐东

07 ♂
疏星锯眼蝶
西藏墨脱

08 ♂
疏星锯眼蝶
云南盈江

09 ♂
闪紫锯眼蝶
西藏墨脱

06 ♂
疏星锯眼蝶
海南乐东

07 ♂
疏星锯眼蝶
西藏墨脱

08 ♂
疏星锯眼蝶
云南盈江

09 ♂
闪紫锯眼蝶
西藏墨脱

⑩ ♂
闪紫锯眼蝶
广西扶绥

⑩ ♂
闪紫锯眼蝶
广西扶绥

⑪ ♂
素裙锯眼蝶
云南西双版纳

⑪ ♂
素裙锯眼蝶
云南西双版纳

⑫ ♂
龙女锯眼蝶
云南西双版纳

⑫ ♂
龙女锯眼蝶
云南西双版纳

⑬ ♀
龙女锯眼蝶
云南西双版纳

⑬ ♀
龙女锯眼蝶
云南西双版纳

玳眼蝶属 / *Ragadia* Westwood, [1851]

　　小型眼蝶。雌雄斑纹相似，体形纤细，翅背面为灰褐色或灰白相间，隐约可见眼斑贯穿全翅，翅腹面为灰白相间，眼斑带清晰明显。

　　栖息于热带森林，常停歇在林下阴暗潮湿处的叶片上，飞行缓慢，飞行时黑白相间的翅在阴暗处显得若隐若现，非常独特。有时也见其吸食腐烂的水果。

　　分布于东洋区。国内目前已知2种，本图鉴收录2种。

玳眼蝶 / *Ragadia crisilida* Hewitson, 1862　　　　　　　　　　01-04 / P1586

　　小型眼蝶。雌雄斑纹相似。前后翅背面外缘及内侧为灰褐色，中域为白斑，白斑区有1条灰褐色斜带，隐约可见腹面的眼斑带，白斑内侧有2道平行的深色斜带贯穿前后翅。腹面有数条贯穿前后翅灰白相间的平行斜纹，亚外缘的灰褐色斜纹内有独立或2个相连的眼斑，眼斑外围为黄圈，瞳心为灰蓝色小点。

　　成虫多见于5-8月。

　　分布于海南、云南、四川、广西等地。此外见于印度、缅甸、泰国、老挝、越南、马来西亚等地。

南亚玳眼蝶 / *Ragadia crito* de Nicéville, 1890　　　　　　　　　　　05

　　小型眼蝶。雌雄斑纹相似。翅形较玳眼蝶圆阔，翅背面呈灰褐色，只能隐约看见数道贯穿前后翅的灰白色斜纹，以及夹杂在2道灰白色斜纹间的模糊眼斑带。翅腹面斑纹清晰，灰褐色条纹与白色条纹相间，白纹的宽度明显较灰褐色条纹窄，中域的灰褐色带内有独立或数个相连的眼斑，眼斑外围为黄圈，瞳心为灰蓝色小点。

　　成虫多见于6-8月。

　　分布于西藏、云南。此外见于印度、不丹、缅甸等地。

颠眼蝶属 / *Acropolis* Hemming, 1934

　　小型眼蝶。雌雄斑纹相似，体形纤细，翅背面为灰褐色，中域有1条白带贯穿前后翅，前后翅具眼斑。主要栖息于亚热带森林，飞行缓慢，喜欢在林下阴暗潮湿处活动。

　　分布于东洋区。为单型属，国内目前已知1种，本图鉴收录1种。

颠眼蝶 / *Acropolis thalia* (Leech, 1891)　　　　　　　　　　　　06-08

　　小型眼蝶。翅背面为灰褐色，中间有1道白带贯穿前后翅，后翅外缘有2道黄色边纹，前翅顶角及后翅前后角隐约可见3个腹面的眼斑。翅腹面斑纹与背面相似，但眼斑清晰明显，其中最下方的眼斑硕大，眼斑外围为黄圈，眼斑中心为白点，眼斑外围还环绕着蓝灰色边纹。两性斑纹相似，但雌蝶翅形明显圆阔。

　　成虫多见于6-7月。

　　分布于福建、广东、四川等地。

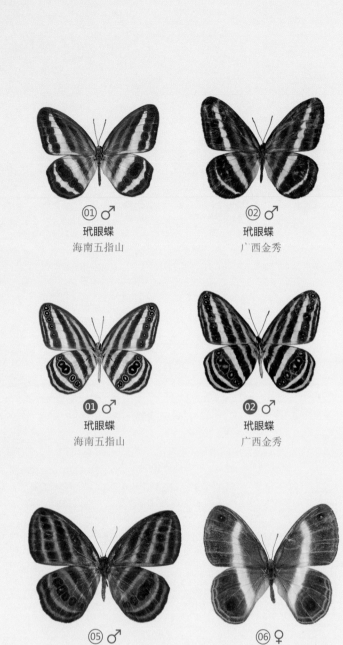

① ♂
玳眼蝶
海南五指山

② ♂
玳眼蝶
广西金秀

③ ♀
玳眼蝶
海南五指山

④ ♀
玳眼蝶
海南乐东

01 ♂
玳眼蝶
海南五指山

02 ♂
玳眼蝶
广西金秀

03 ♀
玳眼蝶
海南五指山

04 ♀
玳眼蝶
海南乐东

05 ♂
南亚玳眼蝶
西藏墨脱

06 ♀
颠眼蝶
福建福州

07 ♀
颠眼蝶
四川峨眉山

08 ♂
颠眼蝶
福建福州

05 ♂
南亚玳眼蝶
西藏墨脱

06 ♀
颠眼蝶
福建福州

07 ♀
颠眼蝶
四川峨眉山

08 ♂
颠眼蝶
福建福州

白眼蝶属 / *Melanargia* Meigen, [1828]

　　中小型至中型眼蝶。翅面底色多为白色，翅脉大都突显黑色，翅正面具有不同程度的黑色斑块，前翅外缘较为圆润，后翅外缘呈轻微波状。雌雄同型，腹面具多个眼状斑纹，雌蝶腹面较雄蝶偏黄。

　　成虫飞行较为缓慢，有访花的习性，常在森林、溪谷、草甸林缘环境活动。幼虫以禾本科、莎草科植物为寄主。

　　主要分布于古北区。国内目前已知9种，本图鉴收录9种。

白眼蝶 / *Melanargia halimede* (Ménétriés, 1859)　　01-03

　　中型眼蝶。躯体黑色。翅白色，前翅背面近顶角及中部具2条黑色不规则斜带，外缘带黑褐色。后翅亚外缘带黑褐色，齿状。前翅腹面近顶角有2个黑褐色圆斑，中室端有2个相连的近长方形的黑褐色斑。后翅腹面亚外缘有6个棕褐色眼斑，中室端脉上有小环斑，下有1条细横线。

　　1年1代，成虫多见于7-8月。

　　分布于东北、华北、西北、华东、华中地区。此外见于朝鲜半岛、蒙古、俄罗斯。

华西白眼蝶 / *Melanargia leda* Leech, 1891　　04-07

　　中小型眼蝶。本种与白眼蝶近似。但前翅背面中室基部和下方有黑斑，后翅顶端有1个黑斑，且亚缘只有3个翅室端部的黑色斑呈"山"字形；后翅腹面前后的外缘线消失，亚外缘眼斑小而模糊。

　　分布于云南、四川等地。

甘藏白眼蝶 / *Melanargia ganymedes* (Heyne, 1895)　　08-10 / P1587

　　中型眼蝶。本种与华西白眼蝶极为近似，但前后翅背面白色区域均大，后翅翅室内黑斑小，环状斑明显；翅腹面前后外缘线清晰，后翅亚外缘眼状斑清晰。

　　分布于甘肃、新疆、青海等地。

华北白眼蝶 / *Melanargia epimede* (Staudinger, 1887)　　11 / P1588

　　中型眼蝶。与白眼蝶近似。翅白色，黑色斑纹较白眼蝶发达，尤其以后翅背面外缘发达，雌蝶后翅腹面乳黄色。

　　1年1代，成虫多见于7-8月。

　　分布于北京、黑龙江、吉林、辽宁、山东、山西、河北、河南。此外见于朝鲜半岛、蒙古、俄罗斯等地。

黑纱白眼蝶 / *Melanargia lugens* (Honrather, 1888)　　12-14 / P1589

　　中型眼蝶。翅背面黑褐色区面积很大，中室内侧下方为长条形白斑，后翅亚外缘区几乎全为黑褐色。后翅腹面前缘有2个黑色眼斑清晰可见，可以与白眼蝶近似种区分。

　　分布于浙江、江西、湖南、安徽等地。

亚洲白眼蝶 / *Melanargia asiatica* Oberthür & Houlbert, 1922　　　15 / P1590

中型眼蝶。与黑纱白眼蝶近似，但前翅背面中室内侧大部分白色，后翅中域至翅基除中室上端外，其余均为白色。后翅腹面中室端上方有1个不规则黑斑，下方无细横线。

分布于四川、甘肃、云南等地。

曼丽白眼蝶 / *Melanargia meridionalis* (Felder C.& R., 1862)　　　16-19

中型眼蝶。本种与黑纱白眼蝶近似，但本种后翅腹面中室端下方无细横线，上方仅有1条细横线，而黑纱白眼蝶有2条。

1年1代，成虫多见于7-8月。

分布于陕西、浙江、甘肃、福建等地。

俄罗斯白眼蝶 / *Melanargia russiae* (Esper, [1783])　　　20-21 / P1590

中小型眼蝶。雌雄斑纹近似。躯体黑色。翅背面白色，翅脉灰褐色，外缘有灰白毛和齿状黑线纹，前翅具绿灰色绒毛；近顶角和翅中部具波状黑斑，中室端具有1个椭圆形黑斑，中室内具有1条波状横斑，基部黑色；后翅亚外缘具黑斑。翅腹面与背面类似。

1年1代，成虫多见于6-8月。幼虫以多种禾本科植物为寄主。

分布于新疆。此外见于哈萨克斯坦、俄罗斯、葡萄牙、西班牙、法国、意大利等地。

山地白眼蝶 / *Melanargia Montana* (Leech, 1890)　　　22-23

中型眼蝶。白眼蝶属中的大型种类。翅背面除缘线及亚缘线外，只有前后缘及中室端有褐色斑，后翅腹面眼斑区无褐色斑。

分布于四川、湖北、贵州、陕西、甘肃等地。

01 ♂
白眼蝶
吉林靖宇

02 ♂
白眼蝶
北京门头沟

03 ♀
白眼蝶
北京门头沟

01 ♂
白眼蝶
吉林靖宇

02 ♂
白眼蝶
北京门头沟

03 ♀
白眼蝶
北京门头沟

04 ♀
华西白眼蝶
云南东川

05 ♂
华西白眼蝶
云南丽江

06 ♂
华西白眼蝶
云南维西

04 ♀
华西白眼蝶
云南东川

05 ♂
华西白眼蝶
云南丽江

06 ♂
华西白眼蝶
云南维西

⑦ ♀
华西白眼蝶
云南玉龙

⑧ ♂
甘藏白眼蝶
甘肃永靖

⑨ ♂
甘藏白眼蝶
四川康定

⑦ ♀
华西白眼蝶
云南玉龙

⑧ ♂
甘藏白眼蝶
甘肃永靖

⑨ ♂
甘藏白眼蝶
四川康定

⑩ ♀
甘藏白眼蝶
甘肃永靖

⑪ ♂
华北白眼蝶
河北兴隆

⑫ ♂
黑纱白眼蝶
江西庐山

⑩ ♀
甘藏白眼蝶
甘肃永靖

⑪ ♂
华北白眼蝶
河北兴隆

⑫ ♂
黑纱白眼蝶
江西庐山

⑬ ♀
黑纱白眼蝶
浙江临安

⑭ ♀
黑纱白眼蝶
江西庐山

⑮ ♂
亚洲白眼蝶
四川雅江

⑬ ♀
黑纱白眼蝶
浙江临安

⑭ ♀
黑纱白眼蝶
江西庐山

⑮ ♂
亚洲白眼蝶
四川雅江

⑯ ♂
曼丽白眼蝶
安徽岳西

⑰ ♀
曼丽白眼蝶
陕西宁陕

⑱ ♀
曼丽白眼蝶
陕西凤县

⑯ ♂
曼丽白眼蝶
安徽岳西

⑰ ♀
曼丽白眼蝶
陕西宁陕

⑱ ♀
曼丽白眼蝶
陕西凤县

⑲ ♂
曼丽白眼蝶
甘肃天水

⑳ ♀
俄罗斯白眼蝶
新疆裕民

㉑ ♂
俄罗斯白眼蝶
新疆阜康

⑲ ♂
曼丽白眼蝶
甘肃天水

⑳ ♀
俄罗斯白眼蝶
新疆裕民

㉑ ♂
俄罗斯白眼蝶
新疆阜康

㉒ ♀
山地白眼蝶
陕西镇巴

㉓ ♂
山地白眼蝶
甘肃康县

㉒ ♀
山地白眼蝶
陕西镇巴

㉓ ♂
山地白眼蝶
甘肃康县

云眼蝶属 / *Hyponephele* Muschamp, 1915

　　中小型至小型眼蝶。翅面底色多为棕褐色、黄褐色，二型性发达。雄蝶前翅正面顶端具有1个眼斑，中室脉周围有性标；雌蝶除前翅顶端有1个眼斑外，下方还有1个斑，且眼斑周围有微黄色晕圈；前翅腹面中域为棕红色，后翅褐色。

　　成虫飞行较为缓慢，喜在干旱、阳光充足的草甸环境、林缘间活动。

　　主要分布于古北区。国内目前已知10种，本图鉴收录6种。

云眼蝶 / *Hyponephele lycaon* (Rottemberg, 1/75) 　　　　　　01-03

　　小型眼蝶。雄蝶翅背面棕褐色，前翅近顶角有1个黑色眼斑，雌蝶前翅端部有黄色区，内有2个黑斑。翅腹面颜色较浅，后翅灰褐色，黑色中横线中段圆形凸出。

　　分布于河北、黑龙江、新疆等地。此外见于俄罗斯、哈萨克斯坦、阿富汗、巴基斯坦、印度等地。

西方云眼蝶 / *Hyponephele dysdora* (Lederer, 1869) 　　　　04 / P1591

　　小型眼蝶。翅褐色。雌蝶前翅背面外缘黑褐色，翅面橙黄色，亚外缘有2个黑色圆斑。后翅腹面有1条棕褐色曲折中线，臀角有1个小黑点。雄蝶前翅背面中室外侧下方有1个纵条形黑色性标，亚外缘下方黑斑退化。

　　分布于新疆、黑龙江、河北等地。此外见于俄罗斯。

西番云眼蝶 / *Hyponephele sifanica* Grum-Grshimailo, 1891 　　　　05-06

　　中小型眼蝶。翅褐色，雄蝶前翅背面中室下部具黑色长条状性标。亚外缘具2-3枚眼斑。后翅棕褐色，无斑纹，外缘波浪状，前翅腹面中域具大块黄斑，后翅棕灰色，斑纹近似石纹，具2-4枚小型眼斑。

　　1年1代，成虫多见于7-8月。常在中高海拔阔叶林缘或旱地活动。

　　分布于北京、甘肃、四川等地。

黄衬云眼蝶 / *Hyponephele lupina* (Costa, 1836) 　　　　07-08 / P1592

　　中小型眼蝶。翅背面褐色，前翅顶角有1个眼斑，雄蝶中室外侧下方有1个长条形黑色性标。前翅腹面黄褐色，周围黑褐色，顶角眼斑明显，围有黄环；后翅黑褐色，中横线中段外突不成圆形。

　　分布于新疆、黑龙江、山西等地。此外见于蒙古、哈萨克斯坦、意大利等地。

劳彼云眼蝶 / *Hyponephele naubidensis* (Erschoff, 1874) 　　　09 / P1593

　　小型眼蝶。躯体棕褐色，翅背面棕褐色，雄蝶前翅中室下部具黑色条状性标，中域具橙黄色斑纹。具1-2枚小型眼斑。后翅外缘呈波浪状，前翅腹面中域具大块橙黄色斑，后翅赭石色，斑纹近似石纹，不具眼斑。

　　分布于新疆等地。此外见于阿富汗、吉尔吉斯斯坦、乌兹别克斯坦、哈萨克斯坦、乌兹别克斯坦、俄罗斯等地。

娜里云眼蝶 / *Hyponephele naricina* Staudinger, 1870 　　　10-11 / P1593

　　小型眼蝶。雌雄斑纹相似。躯体黄褐色。前翅背面黄褐色，雄蝶中室下部具黑色条状性标，翅缘褐色，顶角具1枚小型眼斑。后翅褐色，外缘呈波浪状，翅腹面斑纹较复杂，近似石纹。

　　分布于新疆、青海等地。此外见于哈萨克斯坦、巴基斯坦、尼泊尔、俄罗斯等地。

① ♂
云眼蝶
新疆乌鲁木齐

② ♂
云眼蝶
河北蔚县

③ ♀
云眼蝶
新疆乌鲁木齐

① ♂
云眼蝶
新疆乌鲁木齐

② ♂
云眼蝶
河北蔚县

③ ♀
云眼蝶
新疆乌鲁木齐

④ ♂
西方云眼蝶
新疆克拉玛依

⑤ ♂
西番云眼蝶
甘肃永靖

⑥ ♀
西番云眼蝶
甘肃永靖

④ ♂
西方云眼蝶
新疆克拉玛依

⑤ ♂
西番云眼蝶
甘肃永靖

⑥ ♀
西番云眼蝶
甘肃永靖

07 ♂
黄衬云眼蝶
新疆温泉

08 ♀
黄衬云眼蝶
新疆温泉

07 ♂
黄衬云眼蝶
新疆温泉

08 ♀
黄衬云眼蝶
新疆温泉

09 ♂
劳彼云眼蝶
新疆乌恰

10 ♂
娜里云眼蝶
新疆富蕴

11 ♀
娜里云眼蝶
新疆富蕴

09 ♂
劳彼云眼蝶
新疆乌恰

10 ♂
娜里云眼蝶
新疆富蕴

11 ♀
娜里云眼蝶
新疆富蕴

眼蝶属 / *Satyrus* Latreille, 1810

中型眼蝶。翅背面褐色至黑色，前后翅具少量眼斑，具瞳点。腹面灰褐色至灰褐色，眼斑较丰富，翅脉较明显。

成虫喜干燥旱地，飞行较迅速，喜访花。幼虫以禾本科植物为寄主。

主要分布于古北区、东洋区。国内目前已知2种，本图鉴收录1种。

玄裳眼蝶 / *Satyrus ferula* (Fabricius, 1793)　　　　　　　　　01-03 / P1594

中型眼蝶。躯体黑褐色。雄蝶翅背面黑色，前翅亚外缘有2个深黑色眼斑，两眼斑之间有2个小白点。后翅腹面外缘和中部各有1条灰白色横带。雌蝶颜色浅于雄蝶，斑纹与雄蝶近似。

1年1代，成虫多见于7-8月。

分布于新疆、内蒙古、北京、河北等地。此外见于俄罗斯等地。

蛇眼蝶属 / *Minois* Hübner, 1819

中大型眼蝶。翅面黄褐色至黑褐色，前后翅均具眼斑，眼斑内具瞳点。

成虫飞行较为迅速，有访花的习性，常在森林、亚高山草甸活动。幼虫以禾本科植物为寄主。

主要分布于古北区、东洋区。国内目前已知4种，本图鉴收录3种。

蛇眼蝶 / *Minois dryas* (Scopoli, 1763)　　04-07 / P1595

中大型眼蝶。雌雄异色，雄蝶翅背面深棕色，前翅亚外缘2枚大型眼斑，内具瞳点，瞳点白色至蓝色，后翅翅缘波浪状，亚外缘具1-2枚小型眼斑，内具瞳点；翅腹面深棕色，前翅与背面近似，后翅中部具白色斑带。雌蝶棕黄色，斑纹与雄蝶近似。

1年1代，成虫多见于7-8月。

分布于东北、华北、华中、华南、华东、西北等地区，包括北京、辽宁、河南、陕西、浙江、江西等地。此外见于朝鲜半岛、日本、俄罗斯等地。

永泽蛇眼蝶 / *Minois nagasawae* Matsumura, 1906　　08-09 / P1597

中型眼蝶。雌雄异色，雄蝶翅背面深棕色，前翅亚外缘2枚眼斑，内具瞳点，瞳点白色至蓝色，亚外缘具1-5枚小型眼斑，内具瞳点；翅腹面深棕色，前翅与背面近似，后翅中部具白色斑带。雌蝶棕黄至灰黄色，斑纹与雄蝶近似。

分布于台湾。

异点蛇眼蝶 / *Minois paupera* (Alphéraky, 1888)　　10-12 / P1597

中型眼蝶。雌雄异色，与蛇眼蝶近似，区别在于前翅眼斑较大，眼斑外缘呈黄褐色，后翅眼斑数量较多，且外缘也呈黄褐色。

分布于甘肃、四川等地。

① ♂
玄裳眼蝶
山西五台

② ♂
玄裳眼蝶
甘肃永靖

③ ♀
玄裳眼蝶
甘肃永靖

① ♂
玄裳眼蝶
山西五台

② ♂
玄裳眼蝶
甘肃永靖

③ ♀
玄裳眼蝶
甘肃永靖

④ ♂
蛇眼蝶
北京

⑤ ♀
蛇眼蝶
北京

⑥ ♂
蛇眼蝶
陕西长安

④ ♂
蛇眼蝶
北京

⑤ ♀
蛇眼蝶
北京

⑥ ♂
蛇眼蝶
陕西长安

07 ♂
蛇眼蝶
陕西凤县

08 ♀
永泽蛇眼蝶
台湾南投

09 ♀
永泽蛇眼蝶
台湾台中

07 ♂
蛇眼蝶
陕西凤县

08 ♀
永泽蛇眼蝶
台湾南投

09 ♀
永泽蛇眼蝶
台湾台中

10 ♂
异点蛇眼蝶
甘肃迭部

11 ♀
异点蛇眼蝶
甘肃榆中

12 ♀
异点蛇眼蝶
甘肃永靖

10 ♂
异点蛇眼蝶
甘肃迭部

11 ♀
异点蛇眼蝶
甘肃榆中

12 ♀
异点蛇眼蝶
甘肃永靖

拟酒眼蝶属 / *Paroeneis* Moore, 1893

　　中型眼蝶。翅背面黑褐色至黄褐色，前后翅中域有椭圆斑围成的带纹，雄蝶前翅中室下方通常有线状性标，缘毛黑白相间；腹面色淡，中域带纹较背面清晰，后翅翅脉白色。

　　成虫飞行力一般，栖息高海拔草丛中，受惊后飘飞，亦喜落于开阔地表。

　　分布于中国西北、西南部高寒山地。国内目前已知7种，本图鉴收录3种。

古北拟酒眼蝶 / *Paroeneis palaearctica* (Staudinger, 1889)　　　　01-07

　　中型眼蝶。背面翅面黑褐色，雄蝶前翅中室下方有线条状性标，前翅中域有黄白色椭圆斑形成的带纹，后翅中域有黄白色带纹，前后翅外缘毛黄黑相间；腹面棕褐色，中域带纹较背面清晰，后翅脉纹白色。

　　成虫多见于7月。活动在高山草甸环境。

　　分布于甘肃、青海等地。

锡金拟酒眼蝶 / *Paroeneis sikkimensis* (Staudinger, 1889)　　　　08-09

　　中型眼蝶。形态和古北拟酒眼蝶相近，背面颜色黄褐色，中域带宽阔。

　　成虫多见于7月。活动于高山草甸环境。

　　分布于西藏。

双色拟酒眼蝶 / *Paroeneis bicolor* (Seitz, [1909])　　　　10

　　中型眼蝶。形态和锡金拟酒眼蝶相近，背面颜色黑褐色、黄褐色分界明显，前翅中域带斑纹相对模糊。

　　成虫多见于7月。

　　分布于西藏。

01 ♂
古北拟酒眼蝶
青海都兰

01 ♂
古北拟酒眼蝶
青海都兰

02 ♀
古北拟酒眼蝶
青海都兰

02 ♀
古北拟酒眼蝶
青海都兰

03 ♂
古北拟酒眼蝶
青海大通

03 ♂
古北拟酒眼蝶
青海大通

04 ♂
古北拟酒眼蝶
青海门源

04 ♂
古北拟酒眼蝶
青海门源

05 ♂
古北拟酒眼蝶
甘肃碌曲

05 ♂
古北拟酒眼蝶
甘肃碌曲

06 ♀
古北拟酒眼蝶
甘肃碌曲

06 ♀
古北拟酒眼蝶
甘肃碌曲

07 ♂
古北拟酒眼蝶
西藏察隅

07 ♂
古北拟酒眼蝶
西藏察隅

08 ♂
锡金拟酒眼蝶
西藏羊湖

08 ♂
锡金拟酒眼蝶
西藏羊湖

09 ♂
锡金拟酒眼蝶
西藏日喀则

09 ♂
锡金拟酒眼蝶
西藏日喀则

10 ♂
双色拟酒眼蝶
西藏江孜

10 ♂
双色拟酒眼蝶
西藏江孜

槁眼蝶属 / *Karanasa* Moore, 1893

中型眼蝶。翅背面以黄褐色为主，缀黑褐色点状、环状、带状斑纹，翅脉黄色或黑褐色。前翅腹面和背面斑纹近似，中部缀有2个较大眼状斑纹。后翅腹面和背面的斑纹不同，亚外缘有波浪形横带。

成虫栖息于山地草原等场所，有访花性。

主要分布于古北区。国内目前已知3种，本图鉴收录3种。

槁眼蝶 / *Karanasa regeli* (Alphéraky, 1881)　　　　　　　　　　　　　01 / P1598

中型眼蝶。翅背面灰褐色，前翅翅面外缘带褐色，翅基半部褐色，亚外缘有2个淡黄色斑，其中有黑色眼斑，眼斑有瞳点。后翅翅面外缘带褐色，中部有淡黄色弧形带，边缘锯齿状，近臀角有时显小黑斑。翅面和翅背面的斑纹近似，但后翅斑纹有区别，翅脉纹白色，亚外缘有"V"形斑组成的横条纹。

1年1代，成虫多见于7-8月。

分布于新疆。此外见于俄罗斯。

侧条槁眼蝶 / *Karanasa latifasciata* (Grum-Grshimailo, 1902)　　　　　　02

中型眼蝶。翅背面黑褐色。与槁眼蝶近似，但前翅外缘带黑褐色，亚外缘有2个圆形黑斑，内有白色瞳点，中室下方黑斑明显；后翅外缘有黑带，但界限模糊不清。前翅腹面和背面的斑纹近似，后翅腹面和背面的斑纹不同，翅脉纹白色，亚外缘有黑褐色断续横带，中部有弧状白色横带，近臀角有时显1个小黑斑。

1年1代，成虫多见于7-8月。

分布于新疆、黑龙江等地。此外见于俄罗斯。

黑边槁眼蝶 / *Karanasaleechi* (Grum-Grshimailo, 1890)　　　　　　　　03

中型眼蝶。形态和侧条槁眼蝶相近，区别在于：本种背面翅色棕黄色，比侧条槁眼蝶颜色深，前翅棕黄色区域面积大；腹面后翅浅色中域带纹齿状突相对尖锐。

成虫多见于7-8月。栖息于山地草丛。

分布于新疆。此外见于俄罗斯等地。

寿眼蝶属 / *Pseudochazara* de Lesse, 1951

中型眼蝶。翅面棕褐色，亚缘有橙色宽带，带内有黑眼斑，雄蝶前翅有线状性标。

成虫飞行力强，喜访花，栖息在荒凉的土坡草丛、亚高山草甸。

主要分布于古北区、新北区。国内目前已知5种，本图鉴收录3种。

寿眼蝶 / *Pseudochazara hippolyte* (Esper, 1783)   04-08 / P1598

中型眼蝶。背面翅面棕褐色，亚缘有橙色宽带，宽带内翅脉黑色，前翅带内有2个黑圆斑，雄蝶中室下方有性标，后翅宽带内下端有1个小黑斑；腹面前翅色淡，中室有褐色波状线纹，后翅褐色，基部、中部、亚缘有黑色线纹，分布有不规则白斑。

1年1代，成虫多见于7月。

分布于北京、河北、陕西、新疆等地。此外见于蒙古、俄罗斯等地。

突厥寿眼蝶 / *Pseudochazara turkestana* Grum-Grshimailo, 1893   09-10

中型眼蝶。个体比寿眼蝶小，背面翅面棕褐色，亚缘有橙色宽带，带内翅脉不清晰，宽带两侧平直，带内黑斑无瞳点；腹面色淡，后翅亚缘及外缘有断续的黑斑。

1年1代，成虫多见于7月。

分布于新疆、西藏等地。此外见于俄罗斯等地。

双星寿眼蝶 / *Pseudochazara baldiva* (Moore, 1865)   11-12

中型眼蝶。和突厥寿眼蝶相近，背面前翅中域带窄些，中间翅脉较清晰。

成虫多见于7月。

分布于西藏。

① ♂
槁眼蝶
新疆阜康

② ♂
侧条槁眼蝶
新疆伊宁

③ ♂
黑边槁眼蝶
新疆塔县

① ♂
槁眼蝶
新疆阜康

② ♂
侧条槁眼蝶
新疆伊宁

③ ♂
黑边槁眼蝶
新疆塔县

④ ♂
寿眼蝶
甘肃永靖

⑤ ♀
寿眼蝶
甘肃永靖

⑥ ♀
寿眼蝶
新疆乌鲁木齐

④ ♂
寿眼蝶
甘肃永靖

⑤ ♀
寿眼蝶
甘肃永靖

⑥ ♀
寿眼蝶
新疆乌鲁木齐

07 ♂
寿眼蝶
河北怀来

08 ♀
寿眼蝶
河北怀来

09 ♂
突厥寿眼蝶
新疆温宿

07 ♂
寿眼蝶
河北怀来

08 ♀
寿眼蝶
河北怀来

09 ♂
突厥寿眼蝶
新疆温宿

10 ♀
突厥寿眼蝶
新疆阿克苏

11 ♀
双星寿眼蝶
西藏札达

12 ♂
双星寿眼蝶
西藏札达

10 ♀
突厥寿眼蝶
新疆阿克苏

11 ♀
双星寿眼蝶
西藏札达

12 ♂
双星寿眼蝶
西藏札达

仁眼蝶属 / *Eumenis* Hübner, [1819]

中型眼蝶。翅背面棕褐色，前翅亚外缘前后有2个黄白斑，斑内各有1个黑色眼斑；后翅有1条白色曲折的中带。前后翅腹面各有1条黑褐色亚外缘线，后翅脉纹白色，近臀角有1个小的黑色眼斑。

成虫飞行迅速。有访花的习性，喜停落于山顶的岩石上休息，常在亚高山草甸山顶附近岩石及灌木花草间活动。

分布于古北区。国内目前已知1种，本图鉴记录1种。

仁眼蝶 / *Eumenis autonoe* (Esper, 1783)　　　　　　　　01-03 / P1599

中型眼蝶。翅背面棕褐色。前翅亚外缘前后有2个黄白斑，斑内各有1个黑色眼斑。后翅有1条白色曲折的中带。前后翅腹面各有1条黑褐色亚外缘线，后翅脉纹白色，近臀角有1个小的黑色眼斑。

1年1代，成虫多见于7-8月。

分布于黑龙江、河北、陕西、甘肃、四川、山西、新疆、内蒙古。此外见于俄罗斯等地。

岩眼蝶属 / *Chazara* Moore, 1893

中大型眼蝶。翅面黑褐色，黄褐色，前翅中室外侧斑带断续状，后翅斑呈带状，前翅有2个黑眼斑，雄蝶性标有或无。

成虫飞行力强，喜访花，栖息亚高山草丛。

主要分布于古北区、非洲区。国内目前已知5种，本图鉴收录3种。

花岩眼蝶 / *Chazara anthe* Ochsenheimer, 1807　　　　　　　　　　04-07

中型眼蝶。背面翅面黄褐色，雄蝶前翅中室外下方有线状性标，中室外有不规则的橙黄斑，内有2个黑眼斑，后翅中部有弧形黄宽带；腹面前翅橙色区域阔，黑眼斑清晰，后翅色深，多波状线纹。

1年1代，成虫多见于7月。

分布于新疆。此外见于俄罗斯、哈萨克斯坦、阿富汗等地。

暗岩眼蝶 / *Chazara Persephone* (Hübner, [1805])　　　　　　　　　08

中型眼蝶。和花岩眼蝶近似，区别在这种没有明显的线状性标。

成虫多见于7月，访花。

分布于新疆。此外见于俄罗斯等地。

白室岩眼蝶 / *Chazara heydenreichii* (Lederer, 1853)　　　　　09-10 / P1600

中型眼蝶。背面翅面黑褐色，前翅中室白色，中室外侧有白斑带，后翅中室及中域带白色；腹面白色区域大，前翅亚缘有2个黑斑，后翅有大面积黑斑。

1年1代，成虫多见于7月。

分布于新疆。此外见于俄罗斯、哈萨克斯坦、吉尔吉斯等地。

八字岩眼蝶 / *Chazara briseis* (Linnaeus, 1764)　　　　　　11-12 / P1601

中型眼蝶。背面翅面黑褐色，前翅前缘白色，中室外侧有断续状近长方形白斑，近顶角处有1个黑斑，两侧各有1个白斑，后翅中部有白色宽带；腹面白色区域较背面广阔，前翅中室内及端部有黑斑，后翅中域内侧1个长条形、1个近三角形黑斑。

1年1代，成虫多见于7月。

分布于新疆。此外见于俄罗斯、西班牙及北非等地。

① ♂
仁眼蝶
青海湟中

② ♀
仁眼蝶
北京

③ ♀
仁眼蝶
甘肃永靖

① ♂
仁眼蝶
青海湟中

② ♀
仁眼蝶
北京

③ ♀
仁眼蝶
甘肃永靖

④ ♀
花岩眼蝶
新疆福海

⑤ ♀
花岩眼蝶
新疆阿勒泰

⑥ ♂
花岩眼蝶
新疆阿勒泰

④ ♀
花岩眼蝶
新疆福海

⑤ ♀
花岩眼蝶
新疆阿勒泰

⑥ ♂
花岩眼蝶
新疆阿勒泰

⑦ ♀
花岩眼蝶
新疆裕民

⑧ ♂
暗岩眼蝶
新疆福海

⑨ ♂
白室岩眼蝶
新疆温泉

⑦ ♀
花岩眼蝶
新疆裕民

⑧ ♂
暗岩眼蝶
新疆福海

⑨ ♂
白室岩眼蝶
新疆温泉

⑩ ♀
白室岩眼蝶
新疆温泉

⑪ ♂
八字岩眼蝶
新疆博乐

⑫ ♂
八字岩眼蝶
新疆伊宁

⑩ ♀
白室岩眼蝶
新疆温泉

⑪ ♂
八字岩眼蝶
新疆博乐

⑫ ♂
八字岩眼蝶
新疆伊宁

林眼蝶属 / *Aulocera* Butler, 1867

中大型眼蝶。翅背面为黑褐色或黑色，前后翅中域有1条白斑带，白斑带形态及宽窄种间差异较大，后翅基半部具有白色毛列，缘毛黑白相间，一些种前后翅中室有白色长条纹；腹面分布有白色云状线纹，斑纹基本同背面。

成虫飞行力较强，活动于阔叶林间的沙土地上，岩石、土坡处，一些种栖息于高山草甸。有访花的习性。主要分布于我国海拔在2200-4000米之间的西北、西南部山地。国内目前已知11种，本图鉴收录7种。

大型林眼蝶 / *Aulocera padma* (Kollar, [1844])　　　　　01-02

大型眼蝶。背面翅色黑色，前翅中域带白色，斑分离，中室下方有线状性标，中室端上方白斑常不清晰，后翅中域带白色，被翅脉分割；腹面前翅色淡，中室端上方斑清晰，后翅多云状纹，带纹同背面。

成虫多见于7-8月。

分布于四川、云南、西藏等地。

罗哈林眼蝶 / *Aulocera loha* Doherty, 1886　　　　　03-04

大型眼蝶。背面翅色黑色，前翅中域带白色，斑分离，中室下方有线状性标，中室端上方白斑常不清晰，后翅中域带白色，被翅脉分割；腹面前翅色淡，中室端上方斑清晰，后翅多云状纹，带纹同背面。

成虫多见于7-8月。

分布于四川、云南、西藏等地。

细眉林眼蝶 / *Aulocera merlina* (Oberthür, 1890)　　　　　05-07

大型眼蝶。背面翅色黑色，前翅中域带白色，白斑分离状，中部两白斑被黑色分离，后翅中域带弧形，前后翅中室常有不清晰的白色长条纹；腹面前翅中室长条纹清晰，前后翅多云状纹，其余斑纹与背面相同。

成虫多见于7-8月。

分布于云南、四川等地。

四射林眼蝶 / *Aulocera magica* (Oberthür, 1886)　　　　　08 / P1602

大型眼蝶。和细眉林眼蝶相近，主要区别在于：前翅中域白斑不呈带状，下部斑长条状，后翅中域带白斑分离，中室长条斑清晰；腹面前后翅中室都有清晰的长条斑，后翅密布白点斑。

成虫多见于7-8月。

分布于云南、西藏等地。

01 ♂
大型林眼蝶
四川金口河

01 ♂
大型林眼蝶
四川金口河

02 ♀
大型林眼蝶
贵州威宁

02 ♀
大型林眼蝶
贵州威宁

03 ♂
罗哈林眼蝶
云南丽江

03 ♂
罗哈林眼蝶
云南丽江

04 ♂
罗哈林眼蝶
云南维西

04 ♂
罗哈林眼蝶
云南维西

05 ♂
细眉林眼蝶
云南丽江

05 ♂
细眉林眼蝶
云南丽江

06 ♀
细眉林眼蝶
四川康定

06 ♀
细眉林眼蝶
四川康定

07 ♀
细眉林眼蝶
云南大理

07 ♀
细眉林眼蝶
云南大理

08 ♀
四射林眼蝶
西藏八宿

08 ♀
四射林眼蝶
西藏八宿

小型林眼蝶 / *Aulocera sybillina* (Oberthür, 1890)　　　　01-06

中型眼蝶。背面翅色黑色，前翅中域带白色，分离状，斑较小，后翅中域带弧形，腹面斑纹同背面，云状斑多。
成虫多见于7-8月。
分布于青海、甘肃、四川、云南等地。

林眼蝶 / *Aulocera brahminus* (Blanchard, 1853)　　　　07

中型眼蝶。和小型林眼蝶相近，主要区别于后翅中域带前两斑不内靠；腹面后翅带外侧翅室间有白斑，云状纹稀疏。本种各产地区别较大。
成虫多见于7-8月。
分布于西藏。

棒纹林眼蝶 / *Aulocera lativitta* Leech, 1892　　　　08

大型眼蝶。形态和四射林眼蝶相近，前翅中室及其余白色斑纹更为发达；后翅基半部大部分白色。
成虫多见于7月。
分布于甘肃。

绢眼蝶属 / *Davidina* Oberthür, 1879

小型眼蝶。成虫体黑色。翅背面灰白色，脉纹黑色，外缘各室有黑色短线，前后翅中室内有"Y"形黑纹。腹面斑纹同正面。
成虫飞行缓慢。有在林间穿行，灌木及草丛间停落的习性，常在阔叶林缘草丛边活动。幼虫寄主为苔草科苔草属植物。
主要分布于古北区。国内目前已知1种，本图鉴收录1种。

绢眼蝶 / *Davidina armandi* Oberthür, 1879　　　　09-12 / P1602

中小型眼蝶。成虫体黑色。翅灰白色，脉纹黑色，外缘各室有黑色短线，前后翅中室内有"Y"形黑纹。腹面斑纹同正面。
1年1代，成虫多见于5-7月。
分布于北京、辽宁、河南、山西、陕西、甘肃、湖北。

01 ♂
小型林眼蝶
云南丽江

02 ♂
小型林眼蝶
青海贵德

03 ♂
小型林眼蝶
甘肃肃南

01 ♂
小型林眼蝶
云南丽江

02 ♂
小型林眼蝶
青海贵德

03 ♂
小型林眼蝶
甘肃肃南

04 ♂
小型林眼蝶
云南香格里拉

05 ♀
小型林眼蝶
云南丽江

06 ♀
小型林眼蝶
云南东川

04 ♂
小型林眼蝶
云南香格里拉

05 ♀
小型林眼蝶
云南丽江

06 ♀
小型林眼蝶
云南东川

07 ♂
林眼蝶
西藏乃堆拉

08 ♀
棒纹林眼蝶
甘肃迭部

09 ♂
绢眼蝶
北京

07 ♂
林眼蝶
西藏乃堆拉

08 ♀
棒纹林眼蝶
甘肃迭部

09 ♂
绢眼蝶
北京

10 ♂
绢眼蝶
北京

11 ♂
绢眼蝶
北京

12 ♀
绢眼蝶
北京

10 ♂
绢眼蝶
北京

11 ♂
绢眼蝶
北京

12 ♀
绢眼蝶
北京

矍眼蝶属 / *Ypthima* Hübner, 1818

中小型至中型眼蝶。翅形圆润，翅背面黑褐色，翅腹面通常密布细波纹，具有较发达的眼斑，雄蝶翅背面具有暗色性标以及发香鳞。本属许多种类外形非常近似，而且种内个体斑纹变异幅度较大，常难以区分，需要检验香鳞及外生殖器结构才能有效鉴定。

成虫栖息于林下、林缘、荒地等环境，成虫喜访花。幼虫以禾本科植物为寄主。

分布于东洋区、澳洲区、非洲区以及古北区东南部。国内目前已知约60种，本图鉴收录31种。

矍眼蝶 / *Ypthima baldus* (Fabricius, 1775)　　01-08 / P1603

中小型眼蝶。翅形略长，翅背面为深褐色，雄蝶前翅近顶角具1个眼斑，和后翅近臀角处具2个紧靠着的眼斑；翅腹面淡褐色，密布褐色细纹，后翅外侧具6个小眼斑，中域常具2条暗色细带。

1年多代，成虫几乎全年可见。幼虫以两耳草、毛马唐等禾本科植物为寄主。

分布于南方地区包括福建、广东、广西、海南、云南、西藏、香港、台湾等地。此外见于南亚和东南亚的广大地区。

卓矍眼蝶 / *Ypthima zodia* Butler, 1871　　09-19 / P1604

中小型眼蝶。具有明显的季节型。翅背面为深褐色，雄蝶前翅近顶角具1个眼斑，和后翅近臀角处具2个紧靠着的眼斑；低温型个体翅腹面淡褐色，密布褐色细波纹，后翅中域具深色宽带，外缘具6个很小的眼斑；高温型个体翅腹面灰褐色，布有褐色波纹，中域隐约有2条褐色的细带，外缘具6个小眼斑。

1年多代，成虫多见于4-10月。

分布于河南、江苏、浙江、福建、江西、四川、贵州、云南、陕西、甘肃等地。

阿矍眼蝶 / *Ypthima argus* Butler, 1878　　20

中小型眼蝶。翅背面为深褐色，雄蝶前翅近顶角具1个眼斑，和后翅近臀角处具2个紧靠着的眼斑；翅腹面淡褐色，密布褐色细纹，后翅外侧具6个小眼斑，中域常具暗色斑带。本种与卓矍眼蝶非常近似，两者关系有待进一步研究。

1年多代，成虫多见于5-8月。

分布于黑龙江、吉林、辽宁、北京、河北等地。此外见于俄罗斯、日本及朝鲜半岛。

大藏矍眼蝶 / *Ypthima okurai* Okano, 1962　　21-22

中小型眼蝶。非常近似于卓矍眼蝶，两者之间的关系有待后续研究。

1年多代，成虫多见于3-10月。

分布于台湾。

① ♂
矍眼蝶
福建福州

① ♂
矍眼蝶
福建福州

② ♀
矍眼蝶
福建福州

② ♀
矍眼蝶
福建福州

③ ♂
矍眼蝶
云南贡山

③ ♂
矍眼蝶
云南贡山

④ ♀
矍眼蝶
云南贡山

④ ♀
矍眼蝶
云南贡山

⑤ ♂
矍眼蝶
西藏墨脱

⑤ ♂
矍眼蝶
西藏墨脱

⑥ ♂
矍眼蝶
海南乐东

⑥ ♂
矍眼蝶
海南乐东

⑦ ♂
矍眼蝶
贵州荔波

⑦ ♂
矍眼蝶
贵州荔波

⑧ ♀
矍眼蝶
台湾基隆

⑧ ♀
矍眼蝶
台湾基隆

⑨ ♂
卓矍眼蝶
浙江德清

⑨ ♂
卓矍眼蝶
浙江德清

⑩ ♀
卓矍眼蝶
浙江德清

⑩ ♀
卓矍眼蝶
浙江德清

⑪ ♂
卓矍眼蝶
云南鲁甸

⑪ ♂
卓矍眼蝶
云南鲁甸

⑫ ♂
卓矍眼蝶
云南腾冲

⑫ ♂
卓矍眼蝶
云南腾冲

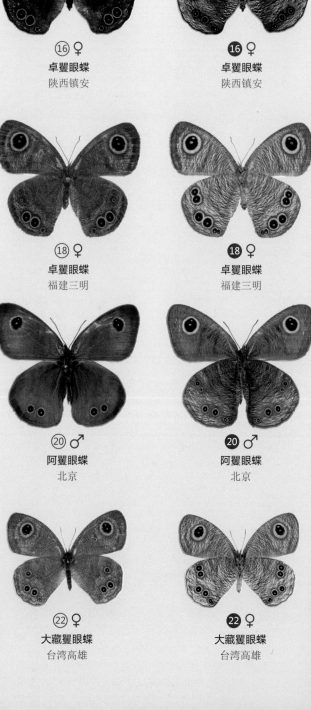

13 ♂
卓矍眼蝶
浙江景宁

13 ♂
卓矍眼蝶
浙江景宁

14 ♀
卓矍眼蝶
浙江景宁

14 ♀
卓矍眼蝶
浙江景宁

15 ♂
卓矍眼蝶
甘肃武都

15 ♂
卓矍眼蝶
甘肃武都

16 ♀
卓矍眼蝶
陕西镇安

16 ♀
卓矍眼蝶
陕西镇安

17 ♂
卓矍眼蝶
福建三明

17 ♂
卓矍眼蝶
福建三明

18 ♀
卓矍眼蝶
福建三明

18 ♀
卓矍眼蝶
福建三明

19 ♂
卓矍眼蝶
湖北襄阳

19 ♂
卓矍眼蝶
湖北襄阳

20 ♂
阿矍眼蝶
北京

20 ♂
阿矍眼蝶
北京

21 ♂
大藏矍眼蝶
台湾屏东

21 ♂
大藏矍眼蝶
台湾屏东

22 ♀
大藏矍眼蝶
台湾高雄

22 ♀
大藏矍眼蝶
台湾高雄

前雾矍眼蝶 / *Ypthima praenubila* Leech, 1891

中型眼蝶。翅形较圆，翅背面黑褐色，前翅近顶角具1个较暗的眼斑，后翅近臀角通常具1个较明显的眼斑；翅腹面灰褐色，密布褐色波状细纹，后翅中域外侧常具白色斑带，近顶角处具1个较大的眼斑，近臀角处常具2个或3个眼斑。

1年1代，成虫多见于5-7月。幼虫寄主为禾本科的基隆短柄草等植物。

分布于安徽、浙江、福建、江西、广东、广西、香港、台湾等地。

连斑矍眼蝶 / *Ypthima sakra* Moore, 1857

中型眼蝶。翅背面褐色，前翅近顶角具1个眼斑，后翅亚外缘具2-5个眼斑；翅腹面灰褐色，密布褐色细波纹，后翅近顶角处具2个眼斑互相融合，下侧具3个较小的眼斑。

1年多代，成虫多见于3-8月。

分布于四川、云南、西藏等地。此外见于印度、尼泊尔、缅甸、越南等地。

侧斑矍眼蝶 / *Ypthima parasakra* Eliot, 1987

中型眼蝶。近似于连斑矍眼蝶，但本种翅背面眼斑稍小；后翅腹面近顶角处具1个眼斑，内有2个瞳点；后翅腹面下部具3个眼斑，其中最上侧的那枚眼斑常退化。其中产自云南的个体后翅眼斑极为发达。

1年多代，成虫多见于3-8月。

分布于云南和西藏。此外见于不丹等地。

幽矍眼蝶 / *Ypthima conjuncta* Leech, 1891

中型眼蝶。翅背面褐色，外缘呈深褐色，雄蝶前翅近顶角具1个眼斑，后翅近臀角处具2-3个眼斑；翅腹面灰褐色，密布褐色细波纹，中域常具2条褐色暗带，眼斑较背面发达，其外围具有明显的黄环，后翅近顶角处具2个紧靠的眼斑，后翅近臀角处具3个眼斑。雌蝶翅较雄蝶宽大，眼斑更发达。

1年1代，成虫多见于5-9月。

分布于河南、安徽、浙江、福建、江西、湖南、广东、广西、贵州、四川、陕西、台湾等地。

01 ♂
前雾矍眼蝶
台湾台北

02 ♀
前雾矍眼蝶
台湾台北

03 ♂
前雾矍眼蝶
福建福州

01 ♂
前雾矍眼蝶
台湾台北

02 ♀
前雾矍眼蝶
台湾台北

03 ♂
前雾矍眼蝶
福建福州

04 ♀
前雾矍眼蝶
福建南平

05 ♀
前雾矍眼蝶
广西金秀

06 ♀
前雾矍眼蝶
广西临桂

04 ♀
前雾矍眼蝶
福建南平

05 ♀
前雾矍眼蝶
广西金秀

06 ♀
前雾矍眼蝶
广西临桂

⑦ ♂
连斑矍眼蝶
西藏嘉黎

⑦ ♂
连斑矍眼蝶
西藏嘉黎

⑧ ♀
连斑矍眼蝶
西藏察隅

⑧ ♀
连斑矍眼蝶
西藏察隅

⑨ ♂
连斑矍眼蝶
云南贡山

⑨ ♂
连斑矍眼蝶
云南贡山

⑩ ♂
连斑矍眼蝶
云南贡山

⑩ ♂
连斑矍眼蝶
云南贡山

⑪ ♀
连斑矍眼蝶
云南贡山

⑪ ♀
连斑矍眼蝶
云南贡山

⑫ ♂
侧斑矍眼蝶
云南贡山

⑫ ♂
侧斑矍眼蝶
云南贡山

⑬ ♂
侧斑矍眼蝶
西藏错那

⑬ ♂
侧斑矍眼蝶
西藏错那

⑭ ♂
侧斑矍眼蝶
西藏察隅

⑭ ♂
侧斑矍眼蝶
西藏察隅

⑯♀
幽矍眼蝶
台湾台中

⑮♂
幽矍眼蝶
台湾花莲

⑰♂
幽矍眼蝶
浙江临安

❶❺♂
幽矍眼蝶
台湾花莲

❶❻♀
幽矍眼蝶
台湾台中

⑰♂
幽矍眼蝶
浙江临安

⑱♂
幽矍眼蝶
广西临桂

⑲♀
幽矍眼蝶
广西临桂

⑳♂
幽矍眼蝶
四川都江堰

⑱♂
幽矍眼蝶
广西临桂

⑲♀
幽矍眼蝶
广西临桂

⑳♂
幽矍眼蝶
四川都江堰

福矍眼蝶 / *Ypthima frontierii* Uemura & Monastyrskii, 2000

01-02

中型眼蝶。翅背面深褐色，前翅近顶角和后翅近臀角处各具1个眼斑；翅腹面斑纹存在季节型差异，旱季型个体翅腹面密布褐色云状波纹，中域具灰色斑带，后翅无眼斑；湿季型个体翅腹面密布褐色细波纹，后翅近顶角具1个大眼斑，后翅近臀角具2个小眼斑。

1年多代，成虫多见于2-9月。

分布于广西、云南等地。此外见于越南北部。

乱云矍眼蝶 / *Ypthima megalomma* Butler, 1874

03

中型眼蝶。翅背面深褐色，前翅和后翅背面各具1个眼斑，其外围有黄环；翅腹面密布褐色云状波纹，后翅中域具灰色斑带，后翅无眼斑。

1年1代，成虫多见于4-6月。

分布于辽宁、北京、河北、河南、江苏、安徽、浙江、福建等地。

虹矍眼蝶 / *Ypthima iris* Leech, 1891

04

中型眼蝶。翅形较宽，翅背面深褐色，翅外缘具1条深色细带，前翅近顶角具1个斜向的大眼斑，后翅近臀角处具1-2个小眼斑，其外围有黄环；翅腹面斑纹存在季节型的差异，后翅通常密布褐色云状波纹，中域具灰褐色斑带，近顶角处通常具1个小眼斑，近臀角处常具2个小眼斑。

成虫多见于5-8月。

分布于四川、云南、西藏、贵州等地。

重光矍眼蝶 / *Ypthima dromon* Oberthür, 1891

05-06

中型眼蝶。近似于虹矍眼蝶，但本种翅形相对狭长，前翅背面近顶角的眼斑相对竖直。

成虫多见于5-8月。

分布于四川、云南、西藏。

狭翅矍眼蝶 / *Ypthima angustipennis* Takahashi, 2000

07-08

中型眼蝶。近似于幽矍眼蝶，但本种后翅近臀角处的3个眼斑基本在同一直线上。

1年多代，成虫多见于3-10月。幼虫寄主植物为禾本科台湾芦竹。

分布于台湾。

台湾矍眼蝶 / *Ypthima formosana* Fruhstorfer, 1908

09-10

中型眼蝶。近似于于幽矍眼蝶，但本种后翅近臀角处的3个眼斑基本在同一直线上，后翅外缘呈圆弧状，翅腹面底色相对较深。

1年多代，成虫多见于3-10月。幼虫寄主植物为禾本科芒草。

分布于台湾。

01 ♂
福矍眼蝶
云南保山

01 ♂
福矍眼蝶
云南保山

02 ♀
福矍眼蝶
云南腾冲

02 ♀
福矍眼蝶
云南腾冲

03 ♂
乱云矍眼蝶
江苏南京

03 ♂
乱云矍眼蝶
江苏南京

04 ♀
虹矍眼蝶
贵州威宁

04 ♀
虹矍眼蝶
贵州威宁

05 ♂
重光矍眼蝶
云南昆明

05 ♂
重光矍眼蝶
云南昆明

06 ♂
重光矍眼蝶
云南昆明

06 ♂
重光矍眼蝶
云南昆明

07 ♂
狭翅矍眼蝶
台湾台东

07 ♂
狭翅矍眼蝶
台湾台东

08 ♀
狭翅矍眼蝶
台湾屏东

08 ♀
狭翅矍眼蝶
台湾屏东

09 ♂
台湾矍眼蝶
台湾南投

09 ♂
台湾矍眼蝶
台湾南投

10 ♀
台湾矍眼蝶
台湾屏东

10 ♀
台湾矍眼蝶
台湾屏东

拟四眼瞿眼蝶 / *Ypthima imitans* Elwes & Edwards, 1893　　01-05 / P1606

中小型眼蝶。翅背面深褐色，前翅无眼斑，后翅近臀角处具1个眼斑；翅腹面密布褐色细波纹，后翅亚外缘呈灰白色，后翅具3个眼斑，其中一个位于顶角处，另两个位于臀角处。

1年多代，成虫多见于3-11月。

分布于南方地区，包括海南、香港等地。此外见于越南等地。

普氏瞿眼蝶 / *Ypthima pratti* Elwes, 1893　　06-08

中型眼蝶。翅背面为深褐色，前翅顶角以及后翅臀角处各具1个较大的眼斑；翅腹面中域外侧区域呈灰白色，后翅顶角以及臀角处通常各具2个紧靠着的眼斑，部分个体在2个臀角眼斑的上部还具1个很小的斑点。

1年多代，成虫多见于5-10月。

分布于浙江、福建、江西、湖北、贵州等地。

密纹瞿眼蝶 / *Ypthima multistriata* Butler, 1883　　09-14 / P1606

中小型眼蝶。翅深褐色，翅形稍窄，前翅和后翅背面各具1个小眼斑，其中雄蝶的眼斑外无鲜明的黄色环纹；翅腹面灰白色，密布褐色波纹，后翅外侧具3个眼斑。

1年多代，亚热带地区成虫多见于4-11月，热带地区几乎全年可见。幼虫寄主为芒、棕叶狗尾草等多种禾本科植物。

分布于辽宁、北京、河北、河南、江苏、上海、浙江、福建、江西、贵州、四川、云南、台湾等地。此外见于日本及朝鲜半岛等。

白带瞿眼蝶 / *Ypthima akragas* Fruhstorfer, 1911　　15-16

中小型眼蝶。近似于密纹瞿眼蝶，但本种前翅背面的眼斑较发达；后翅腹面的白色斑带较显著。其中产自台湾的个体后翅腹面的白色斑带极显著；产自四川的个体后翅腹面的眼斑大而圆。

1年多代，成虫多见于4-10月。

分布于四川、云南、台湾等地。

江崎瞿眼蝶 / *Ypthima esakii* Shirôzu, 1960　　17-18

中小型眼蝶。近似于密纹瞿眼蝶，但本种前翅背面的眼斑较显著，后翅腹面从上至下的第1个和第2个眼斑的大小通常近似。本种旱季型个体眼斑较小。

1年多代，成虫几乎全年可见。幼虫以芒、台湾芦竹等禾本科植物为寄主。

分布于台湾。

中华瞿眼蝶 / *Ypthima chinensis* Leech, 1892　　19-20

中小型眼蝶。翅背面黑褐色，前翅近顶角和后翅近臀角处各具1个大眼斑，有些个体后翅近顶角以及臀角处也具很小的眼斑；翅腹面的波状细纹分布均匀，后翅具3个眼斑，其中近臀角处的2个眼斑互相紧靠。

1年1代，成虫多见于4-7月。

分布于安徽、浙江、福建、江西、湖南等地。

魔女瞿眼蝶 / *Ypthima medusa* Leech, 1892　　21-22

中型眼蝶。翅背面褐色，前翅近顶角处具1个眼斑，雄蝶前翅具暗色性标，后翅外侧具2-3个小眼斑；翅腹面密布褐色细波纹，亚外缘具白色斑带，眼斑较背面的发达，其外围具有明显的黄环，后翅近顶角处具2个紧靠的眼斑，近臀角处具3个排成1列的眼斑。

成虫多见于6-9月。

分布于四川、云南等地。

① ♂ 拟四眼矍眼蝶 香港	① ♂ 拟四眼矍眼蝶 香港	② ♀ 拟四眼矍眼蝶 海南乐东	② ♀ 拟四眼矍眼蝶 海南乐东
③ ♂ 拟四眼矍眼蝶 海南乐东	③ ♂ 拟四眼矍眼蝶 海南乐东	④ ♀ 拟四眼矍眼蝶 香港	④ ♀ 拟四眼矍眼蝶 香港
⑤ ♂ 拟四眼矍眼蝶 海南乐东	⑤ ♂ 拟四眼矍眼蝶 海南乐东	⑥ ♂ 普氏矍眼蝶 四川青城山	⑥ ♂ 普氏矍眼蝶 四川青城山
⑦ ♂ 普氏矍眼蝶 福建武夷山	⑦ ♂ 普氏矍眼蝶 福建武夷山	⑧ ♂ 普氏矍眼蝶 浙江临安	⑧ ♂ 普氏矍眼蝶 浙江临安
⑨ ♂ 密纹矍眼蝶 台湾屏东	⑨ ♂ 密纹矍眼蝶 台湾屏东	⑩ ♀ 密纹矍眼蝶 台湾南投	⑩ ♀ 密纹矍眼蝶 台湾南投
⑪ ♂ 密纹矍眼蝶 安徽合肥	⑪ ♂ 密纹矍眼蝶 安徽合肥	⑫ ♂ 密纹矍眼蝶 广西兴安	⑫ ♂ 密纹矍眼蝶 广西兴安

⑬ ♂
密纹矍眼蝶
福建福州

⑬ ♂
密纹矍眼蝶
福建福州

⑭ ♀
密纹矍眼蝶
浙江宁波

⑭ ♀
密纹矍眼蝶
浙江宁波

⑮ ♂
白带矍眼蝶
台湾高雄

⑮ ♂
白带矍眼蝶
台湾高雄

⑯ ♀
白带矍眼蝶
台湾屏东

⑯ ♀
白带矍眼蝶
台湾屏东

⑰ ♂
江崎矍眼蝶
台湾南投

⑰ ♂
江崎矍眼蝶
台湾南投

⑱ ♀
江崎矍眼蝶
台湾台中

⑱ ♀
江崎矍眼蝶
台湾台中

⑲ ♂
中华矍眼蝶
浙江临安

⑲ ♂
中华矍眼蝶
浙江临安

⑳ ♀
中华矍眼蝶
福建三明

⑳ ♀
中华矍眼蝶
福建三明

㉑ ♂
魔女矍眼蝶
云南鲁甸

㉑ ♂
魔女矍眼蝶
云南鲁甸

㉒ ♂
魔女矍眼蝶
云南昆明

㉒ ♂
魔女矍眼蝶
云南昆明

黎桑矍眼蝶　/ *Ypthima lisandra* (Cramer, [1780])　　　01-02

中小型眼蝶。前翅略尖，后翅圆润，翅背面深褐色，前翅具1个眼斑后翅下侧具2个眼斑，其中雄蝶眼斑较少甚至消失，雌蝶眼斑发达；翅腹面密布波纹，后翅外侧通常具6个眼斑。

1年多代，成虫几乎全年可见。

分布于南方地区，包括广东、广西、海南、云南、香港等地。此外见于印度、缅甸、泰国、老挝、越南、马来西亚等地。

文龙矍眼蝶　/ *Ypthima wenlungi* Takahashi, 2007　　　03

中小型眼蝶。极近似于华夏矍眼蝶，两者关系有待进一步研究，本种目前被认为是台湾特有种。

成虫多见于9-12月。

分布于台湾。

鹭矍眼蝶　/ *Ypthima ciris* Leech, 1891　　　04

小型眼蝶。翅背面为深褐色，雄蝶前翅近顶角具1个大眼斑，后翅近臀角处具2个小眼斑；翅腹面淡褐色，细波纹不显著，外缘具1条褐色细线，后翅具4个几乎等大的眼斑。

成虫多见于6-8月。

分布于四川、云南等地。

孔矍眼蝶　/ *Ypthima confusa* Shirôzu & Shima, 1977　　　05-10

小型眼蝶。翅背面为深褐色，雄蝶前翅近顶角和后翅近臀角处各具1个眼斑，眼斑外围有暗黄色环纹；翅腹面灰褐色，密布褐色细纹，后翅具3个眼斑，其中仅顶角处的眼斑最大。雌蝶斑纹同雄蝶，但眼斑较雄蝶发达。

1年多代，成虫多见于3-9月。

分布于广西、云南、西藏等地。此外见于越南。

滇矍眼蝶　/ *Ypthima kitawakii* Uémura & Koiwaya, 2001　　　11-12

中小型眼蝶。近似于白带矍眼蝶，但本种翅底色为棕褐色，翅腹面波纹较密；后翅腹面的白色斑带不很显著。

成虫多见于5-8月。

分布于云南。

01 ♂
黎桑矍眼蝶
香港

01 ♂
黎桑矍眼蝶
香港

02 ♀
黎桑矍眼蝶
香港

02 ♀
黎桑矍眼蝶
香港

03 ♂
文龙矍眼蝶
台湾屏东

03 ♂
文龙矍眼蝶
台湾屏东

04 ♂
鹭矍眼蝶
云南丽江

04 ♂
鹭矍眼蝶
云南丽江

05 ♂
孔矍眼蝶
云南盈江

05 ♂
孔矍眼蝶
云南盈江

06 ♀
孔矍眼蝶
云南盈江

06 ♀
孔矍眼蝶
云南盈江

07 ♂
孔矍眼蝶
云南贡山

07 ♂
孔矍眼蝶
云南贡山

08 ♀
孔矍眼蝶
云南贡山

08 ♀
孔矍眼蝶
云南贡山

09 ♂
孔矍眼蝶
云南鲁甸

09 ♂
孔矍眼蝶
云南鲁甸

10 ♂
孔矍眼蝶
西藏察隅

10 ♂
孔矍眼蝶
西藏察隅

11 ♂
滇矍眼蝶
云南鲁甸

11 ♂
滇矍眼蝶
云南鲁甸

12 ♀
滇矍眼蝶
云南鲁甸

12 ♀
滇矍眼蝶
云南鲁甸

淡波矍眼蝶 / *Ypthima phania* (Oberthür, 1891)   01-02 / P1608

小型眼蝶。翅背面为深褐色，雄蝶前翅近顶角具1个大眼斑，后翅近臀角处具1个小眼斑；翅腹面淡褐色，具不显著的细波纹，眼斑较背面发达，其外围有黄色环纹，后翅中域外侧具3个眼斑。

成虫多见于5-7月。

分布于云南。

罕矍眼蝶 / *Ypthima norma* Westwood, 1851   03

小型眼蝶。翅背面褐色，前翅具1个眼斑，后翅近臀角常具1个较小的眼斑；翅腹面密布细波纹，后翅外侧通常具3个眼斑。旱季型个体后翅眼斑消失，具有暗色斑带。

1年多代，成虫几乎全年可见。

分布于南方地区，包括福建、广东、云南、香港等地。此外见于缅甸、泰国、老挝、越南、马来西亚、印度尼西亚等地。

四目矍眼蝶 / *Ypthima huebneri* Kirby, 1871   04

中小型眼蝶。翅背面为深褐色，前翅顶角处具1个较大的眼斑，后翅亚外缘具数个小眼斑；翅腹面灰白色，密布褐色细波纹，湿季型个体后翅腹面具4个眼斑，旱季型个体后翅眼斑极小甚至消失。

1年多代，成虫几乎全年可见。

分布于云南等地。此外见于印度、缅甸、泰国、老挝、越南、马来西亚、新加坡等地。

华夏矍眼蝶 / *Ypthima sinica* Uémura & Koiwaya, 2000   05-07

中小型眼蝶。近似于密纹矍眼蝶，但本种个体稍小；雌蝶和雄蝶翅背面的眼斑均发达，且眼斑外围均具明显的黄环；翅腹面波纹较密且颜色较深；雄蝶翅背面没有显著的黑色性标。

1年多代，成虫多见于5-10月。

分布于浙江、福建、江西、湖南、广西、四川、贵州等地。

大波矍眼蝶 / *Ypthima tappana* Matsumura, 1909   08-13 / P1608

中型眼蝶。翅背面为深褐色，翅背面的眼斑外均具黄色细环，前翅顶角处具1个较大的眼斑，后翅臀角外侧具2个紧靠、等大的眼斑，臀角处具1个或2个极小的眼斑；翅腹面灰白色，密布褐色波纹，前翅近顶角处具1个大眼斑；后翅顶角处具1个眼斑，臀角处具3个紧靠、等大的眼斑。

1年多代，成虫多见于4-10月。幼虫以禾本科求米草属植物为寄主。

分布于河南、安徽、浙江、福建、江西、海南、台湾等地。此外见于越南等地。

01 ♂
淡波矍眼蝶
云南维西

01 ♂
淡波矍眼蝶
云南维西

02 ♂
淡波矍眼蝶
云南丽江

02 ♂
淡波矍眼蝶
云南丽江

03 ♀
罕矍眼蝶
香港

03 ♀
罕矍眼蝶
香港

04 ♂
四目矍眼蝶
云南盈江

04 ♂
四目矍眼蝶
云南盈江

05 ♂
华夏矍眼蝶
广西金秀

05 ♂
华夏矍眼蝶
广西金秀

06 ♂
华夏矍眼蝶
福建武夷山

06 ♂
华夏矍眼蝶
福建武夷山

07 ♀
华夏矍眼蝶
福建龙岩

07 ♀
华夏矍眼蝶
福建龙岩

08 ♂
大波矍眼蝶
云南贡山

08 ♂
大波矍眼蝶
云南贡山

09 ♀
大波矍眼蝶
江西玉山

09 ♀
大波矍眼蝶
江西玉山

10 ♂
大波矍眼蝶
台湾屏东

10 ♂
大波矍眼蝶
台湾屏东

11 ♀
大波矍眼蝶
台湾屏东

11 ♀
大波矍眼蝶
台湾屏东

12 ♀
大波矍眼蝶
福建福州

12 ♀
大波矍眼蝶
福建福州

13 ♀
大波矍眼蝶
海南陵水

13 ♀
大波矍眼蝶
海南陵水

古眼蝶属 / *Palaeonympha* Butler, 1871

　　中型眼蝶。复眼疏被短毛。下唇须第2节有长毛，第3节细而光滑。前足于雄蝶退化、萎缩。前翅前侧翅脉基部明显膨大。前、后翅中室封闭。翅背面底色褐色；腹面浅褐色，外侧有成列银色小斑点及眼纹。雄蝶前翅背面具分枝状性标。

　　栖息于森林、林缘。1年1代。幼虫以莎草科植物为寄主。

　　本属近缘类群分布于美洲，是远古时代新、旧大陆物种跨洲移动的良好例证。

　　分布于古北区及东洋区。国内目前已知1种，本图鉴收录1种。

古眼蝶 / *Palaeonympha opalina* Butler, 1871　　　　　　　　01-06 / P1608

　　中型眼蝶。雌雄斑纹相似。躯体背侧暗褐色，腹侧浅褐色。翅背面底色呈褐色、被细毛，亚外缘有波状暗色曲线。前翅翅顶附近有1个眼纹。后翅于臀角前方有1个眼纹，于前、外缘交会处附近有1个模糊黑色圆斑。翅腹面底色为浅黄褐色、泛灰白色。翅面有2道暗色细线贯穿，外侧线以外翅面呈灰白色。前、后翅亚外缘均有2条深褐色细线，外侧线为圆弧线，内侧线为波状线。前翅翅顶附近有1条明显眼纹，其后方各翅室有橄榄形纹，部分并银色小点。后翅于有3枚明显眼纹及数枚圈纹。眼纹与圈纹内均有银色小点。雄蝶于前翅背面暗色性标明显。缘毛浅褐色

　　1年1代，成虫多见于3-6月。栖息森林边缘或林内空地。幼虫寄主植物为莎草科浆果薹草(红果薹)。

　　分布于陕西、河南、湖北、浙江、江西、四川、台湾等地。

01 ♂
古眼蝶
台湾南投

02 ♀
古眼蝶
台湾南投

03 ♂
古眼蝶
云南德钦

01 ♂
古眼蝶
台湾南投

02 ♀
古眼蝶
台湾南投

03 ♂
古眼蝶
云南德钦

04 ♂
古眼蝶
福建三明

05 ♀
古眼蝶
福建三明

06 ♀
古眼蝶
陕西太白

04 ♂
古眼蝶
福建三明

05 ♀
古眼蝶
福建三明

06 ♀
古眼蝶
陕西太白

艳眼蝶属 / *Callerebia* Butler, 1867

中型至中大型眼蝶。前翅近翅顶处通常具1双瞳眼纹。后翅臀角多少突出呈叶状。躯体相对瘦小。触角末端锤部窄细。雄蝶翅面性标不明显。

栖息于森林林缘、山坡草地。幼虫寄主为禾本科植物。

分布于古北区及东洋区。国内目前已知6种，本图鉴收录4种。

多型艳眼蝶 / *Callerebia polyphemus* (Oberthür, 1876)　　　　　　　01-06

中大型眼蝶。雌雄斑纹相似。躯体背侧暗褐色，腹侧灰白色。翅背面底色呈褐色，前翅翅顶附近眼纹大型，外镶橙色圈纹，大型眼纹后方偶有1条额外单瞳小眼纹。后翅臀角附近眼纹数目多变，0-2只的情形均有之。翅腹面底色稍浅，后翅大部分为内含暗色细波纹之白斑覆盖。2组暗色条纹穿过翅面，位于内侧者为1对较清晰的红褐色细条纹，其外侧条纹于前端向内侧弯曲。位于外侧者为1对模糊暗色条带，外侧条长而位于外缘，内侧条短而由前缘延长至红褐色条纹外侧条弯曲位置之前方。眼纹数目与位置与背面相同，但后翅眼纹常减退。

1年1代，成虫多见于夏季。栖息森林边缘或林内空地。

分布于西藏、云南、四川、陕西、甘肃、湖北、湖南、福建等地。此外见于缅甸、印度。

备注：本种各地种群斑纹与交尾器形态均富地域内与地域间变异，因此依不同研究者有时会被划分为数种，包括大艳眼蝶*Callerebia suroia* Tytler, 1914、四川艳眼蝶*C. oberthueri* Watkins, 1925、挂墩艳眼蝶*C. ricktti* Watkins, 1925等。

白边艳眼蝶 / *Callerebia baileyi* South, 1913　　　　　　　07-10 / P1609

中型眼蝶。雌雄斑纹相似。躯体背侧暗褐色，腹侧灰白色。翅背面底色呈褐色，沿外缘有明显白边，由以后翅为著。前翅翅顶附近眼纹外镶橙色细圈纹。后翅臀角附近多有1只小眼。翅腹面底色稍浅，后翅翅面及前翅翅顶附近呈白色，内含暗色细波纹。后翅有小眼纹，但数目多变。

1年1代，成虫多见于夏季。

分布于西藏。此外见于印度。

阿娜艳眼蝶 / *Callerebia annada* (Moore, [1858])　　　　　　　11

中型眼蝶。雌雄斑纹相似。躯体背侧暗褐色，腹侧灰白色。翅背面底色呈褐色，前翅翅顶附近眼纹明显，外镶橙色圈纹。后翅臀角附近多具1条眼纹。翅腹面底色稍浅，后翅大部分为内含暗色细波纹之白斑覆盖。2组暗色条纹穿过翅面，位于内侧者为1对红褐色细条纹，其外侧条纹于前端向内侧弯曲。位于外侧者为1对模糊暗色条带，外侧条位于外缘，内侧条短而由前缘延长至红褐色条纹外侧条弯曲位置之前方。后翅腹面具2条眼纹。

1年1代，成虫多见于夏季。

分布于云南、西藏。

斯艳眼蝶 / *Callerebia scanda* (Kollar, 1844)　　　　　　　12

中型眼蝶。雌雄斑纹相似。躯体背侧暗褐色，腹侧灰白色。翅背面底色呈褐色，前翅翅顶附近眼纹明显，外镶橙黄色圈纹，眼纹为1双瞳纹或2条相连的单瞳纹。后翅臀角附近具1条或2条眼纹。翅腹面底色稍浅，后翅大部多为内含暗色细波纹之白斑覆盖，前缘及外缘仍呈褐色。雌蝶后翅腹面白纹较稀疏使大体上呈褐色。后翅腹面具2条眼纹。

1年1代，成虫多见于夏季。

分布于西藏。此外见于印度与尼泊尔。

01 ♂
多型艳眼蝶
西藏察隅

02 ♂
多型艳眼蝶
四川九龙

03 ♀
多型艳眼蝶
四川九龙

01 ♂
多型艳眼蝶
西藏察隅

02 ♂
多型艳眼蝶
四川九龙

03 ♀
多型艳眼蝶
四川九龙

04 ♂
多型艳眼蝶
四川九龙

05 ♂
多型艳眼蝶
贵州威宁

06 ♀
多型艳眼蝶
贵州威宁

04 ♂
多型艳眼蝶
四川九龙

05 ♂
多型艳眼蝶
贵州威宁

06 ♀
多型艳眼蝶
贵州威宁

07 ♂
白边艳眼蝶
西藏墨脱

08 ♀
白边艳眼蝶
西藏察隅

09 ♀
白边艳眼蝶
西藏察隅

07 ♂
白边艳眼蝶
西藏墨脱

08 ♀
白边艳眼蝶
西藏察隅

09 ♀
白边艳眼蝶
西藏察隅

10 ♂
白边艳眼蝶
西藏察隅

11 ♀
阿娜艳眼蝶
西藏错那

12 ♀
斯艳眼蝶
西藏樟木

10 ♂
白边艳眼蝶
西藏察隅

11 ♀
阿娜艳眼蝶
西藏错那

12 ♀
斯艳眼蝶
西藏樟木

舜眼蝶属 / *Loxerebia* Watkins, 1925

　　中型眼蝶。翅背面黑褐色，前翅顶区或亚外缘有眼状斑，后翅臀角或亚外缘有眼斑，眼圈砖红色；腹面前翅砖红色，为本属的一大特征，后翅常具有云状纹。

　　成虫飞行力一般，喜河谷干燥环境。常活动于草丛、沟谷中及路边土坡。幼虫寄主为禾本科和莎草科植物。

　　主要分布于西北、西南地区。国内目前已知16种，本图鉴收录9种。

白瞳舜眼蝶 / *Loxerebia saxicola* (Oberthür, 1876)　　　　　01-02 / P1610

　　中型眼蝶。个体偏小，背面翅色黑褐色，前翅顶区有1个椭圆形眼斑，双瞳点白色，后翅臀区小黑斑有或无；腹面前翅中域砖红色，后翅有白色鳞片，中域带不清晰。

　　1年1代，成虫多见于7-9月。

　　分布于北京、河北、陕西、山西等地。此外见于蒙古等地。

白点舜眼蝶 / *Loxerebia albipuncta* (Leech, 1890)　　　　　03

　　中型眼蝶。个体明显比白瞳舜眼蝶要大，前翅眼斑眼圈明显，后翅臀区黑眼斑明显，腹面后翅亚缘有1列白点。

　　成虫8-9月发生。

　　分布于湖南、湖北。

十目舜眼蝶 / *Loxerebia carola* (Oberthür, 1893)　　　　　04

　　中型眼蝶。背面翅色黑褐色，前翅顶区沿外缘通常有1列3个黑眼斑，眼斑周围红色，后翅亚缘有1列眼斑，常为3个；腹面前翅红色，斑纹同正面，后翅中域有不清晰云带，外侧有1列白点。

　　成虫多见于8-9月。

　　分布于四川。

草原舜眼蝶 / *Loxerebia pratorum* (Oberthür, 1886)　　　　　05-07 / P1611

　　中型眼蝶。个体明显比白瞳舜眼蝶要大，前翅眼斑眼圈明显，后翅臀区黑眼斑明显，腹面后翅亚缘有1列白点。

　　成虫多见于8-9月。

　　分布于湖南、湖北、云南、贵州、四川等地。

① ♂
白瞳舜眼蝶
北京

② ♀
白瞳舜眼蝶
北京

③ ♂
白点舜眼蝶
湖南张家界

④ ♂
十目舜眼蝶
四川理县

① ♂
白瞳舜眼蝶
北京

② ♀
白瞳舜眼蝶
北京

③ ♂
白点舜眼蝶
湖南张家界

④ ♂
十目舜眼蝶
四川理县

⑤ ♂
草原舜眼蝶
云南丽江

⑥ ♂
草原舜眼蝶
贵州威宁

⑦ ♂
草原舜眼蝶
四川石棉

⑤ ♂
草原舜眼蝶
云南丽江

⑥ ♂
草原舜眼蝶
贵州威宁

⑦ ♂
草原舜眼蝶
四川石棉

林区舜眼蝶 / *Loxerebia sylvicola* (Oberthür, 1886)　　01-04

中型眼蝶。背面翅色黑褐色，前翅顶区有1个椭圆形眼斑，双瞳点白色，后翅亚缘有黑斑3-4枚，眼圈红色；腹面前翅砖红色，顶区椭圆形眼斑清晰，后翅多云纹，亚缘带内黑眼斑1列，眼圈黄色。

成虫多见于5月、7-8月。

分布于四川、云南、青海。

丽舜眼蝶 / *Loxerebia phyllis* (Leech, 1891)　　05

中型眼蝶。和草原舜眼蝶相像，但前翅顶区眼斑明显大，腹面后翅中域带窄。

成虫多见于5-6月。

分布于四川、云南、青海。

云南舜眼蝶 / *Loxerebia yphtimoides* (Oberthür, 1891)　　06

中型眼蝶。和丽舜眼蝶相似，主要区别于前翅顶区眼斑外围有大片砖红色。

成虫多见于5月。

分布于云南西北部。

罗克舜眼蝶 / *Loxerebia loczyi* (Frivaldsky, 1885)　　07

中型眼蝶。和十目舜眼蝶相似，区别点在于：本种前翅亚缘3个眼斑中后2个较大，且第2个和第1个靠近，眼斑外围红色区域少，后翅腹面臀角处有黑斑。

成虫多见于8-9月。

分布于甘肃、四川。

巨睛舜眼蝶 / *Loxerebia megalops* (Alphéraky, 1895)　　08-14 / P1612

中型眼蝶。和林区舜眼蝶相近，区别在于：本种腹面前翅顶区椭圆斑外围圈直达翅缘，后翅颜色更白。

成虫多见于7月。

分布于四川、云南、西藏、青海。

① ♂
林区舜眼蝶
云南丽江

② ♂
林区舜眼蝶
四川雅江

③ ♂
林区舜眼蝶
云南东川

① ♂
林区舜眼蝶
云南丽江

② ♂
林区舜眼蝶
四川雅江

③ ♂
林区舜眼蝶
云南东川

④ ♀
林区舜眼蝶
云南丽江

⑤ ♂
丽舜眼蝶
四川雅江

⑥ ♂
云南舜眼蝶
云南中旬

⑦ ♂
罗克舜眼蝶
甘肃武都

④ ♀
林区舜眼蝶
云南丽江

⑤ ♂
丽舜眼蝶
四川雅江

⑥ ♂
云南舜眼蝶
云南中旬

⑦ ♂
罗克舜眼蝶
甘肃武都

⑧ ♂
巨睛舜眼蝶
云南德钦

⑨ ♂
巨睛舜眼蝶
云南德钦

⑩ ♀
巨睛舜眼蝶
云南德钦

⑧ ♂
巨睛舜眼蝶
云南德钦

⑨ ♂
巨睛舜眼蝶
云南德钦

⑩ ♀
巨睛舜眼蝶
云南德钦

⑪ ♂
巨睛舜眼蝶
四川得荣

⑫ ♀
巨睛舜眼蝶
四川得荣

⑬ ♂
巨睛舜眼蝶
青海玉树

⑭ ♀
巨睛舜眼蝶
青海玉树

⑪ ♂
巨睛舜眼蝶
四川得荣

⑫ ♀
巨睛舜眼蝶
四川得荣

⑬ ♂
巨睛舜眼蝶
青海玉树

⑭ ♀
巨睛舜眼蝶
青海玉树

睛眼蝶属 / *Hemadara* Moore, 1893

中小型眼蝶。从舜眼蝶属分出，翅背面黑褐色，前翅顶角处有1个带黄圈的大眼斑，瞳点白色，后翅无斑，有的臀角附近有小黑斑；腹面后翅常有白色云纹。

成虫飞行缓慢，常在林下水溪边活动，有吸水习性。

主要集中分布于我国云南西北部地区，另有两种分别分布于我国的中部和东南部。国内目前已知7种，本图鉴收录6种。

垂泪睛眼蝶 / *Hemadara ruricola* (Leech, 1890)　　　　　　 01-02

中小型眼蝶。背面翅面黑褐色，近顶角处有1个大型黑眼斑，眼圈色淡，双瞳点白色，雄蝶前翅中室外有性标；腹面后翅有2条纵向棕色条纹，中部有1条横向棕色条纹，亚外缘有白色小斑。

1年1代，成虫多见于6月。喜林间湿地环境。

分布于云南。为中国特有种。

赛兹睛眼蝶 / *Hemadara seitzi* (Goltz, 1939)　　　　　　 03-04

中小型眼蝶。背面翅面黑褐色，前翅近顶角处有1个大型黑眼斑，雄蝶中室上端下方及外侧有性标；腹面后翅基半部色深，端半部覆有白色鳞片。

1年1代，成虫多见于6月。喜林间水溪及道路上的湿地。

分布于云南。为中国特有种。

圆睛眼蝶 / *Hemadara rurigena* Leech, 1890　　　　　　 05-06

中小型眼蝶。背面翅面黑褐色，前翅亚顶角有1个大型带黄圈的黑眼斑，内双瞳点白色，雄蝶前翅中室下方及外侧有性标；腹面前翅眼斑两侧有深色线纹，后翅中域白色鳞片明显，有小白斑，沿外缘呈带状分布。

1年1代，成虫多见于6-7月。喜停落在潮湿的岩壁上，或在道路两侧穿行。

分布于陕西、四川、贵州等地。为中国特有种。

横波睛眼蝶 / *Hemadara delavayi* (Oberthür, 1891)　　　　　　 07

中小型眼蝶。背面翅面黑褐色，和垂泪睛眼蝶区别在于：中室外性标大，翅形相对狭长。

1年1代，成虫多见于6月。喜林间湿地，开阔地的水溪边。

分布于云南。为中国特有种。

小睛眼蝶 / *Hemadara minorata* Goltz, 1939　　　　　　 08

小型眼蝶。背面翅面黑褐色，前翅近顶角处眼斑相对小，雄蝶中室外有性标；腹面后翅基本无斑纹。本种是该属中个体最小的。

1年1代，成虫多见于6月。喜林缘草地环境。

分布于云南。为中国特有种。

杂色睛眼蝶 / *Hemadara narasingha* Moore, 1857　　　09

中小型眼蝶。背面翅面黑褐色，前翅近顶角有1个黑色眼斑，眼斑带淡黄圈，双瞳点白色，雄蝶中室端下侧及下方有性标；腹面前翅眼斑外侧及下方有灰绿色鳞片，后翅大部分有灰绿色鳞片，亚外缘有几枚小白斑。

1年1代，成虫多见于4月。喜在林间道路及水溪附近活动。

分布于广东、西藏。此外见于越南、老挝、不丹等地。

明眸眼蝶属 / *Argestina* Riley, 1923

中小型眼蝶。翅背面黑褐色，前翅近顶角处1个椭圆形黑斑，有的近圆形，后翅臀角处有或无红斑，腹面前翅砖红色，后翅有波状纹。

成虫飞行缓慢，见于山坡草地环境。

分布于西藏地区。国内目前已知4种，本图鉴收录3种。

苹色明眸眼蝶 / *Argestina pomena* Evans, 1915　　　10

小型眼蝶。背面黑褐色，前翅近顶角有1个黑圆斑，瞳点白色，后翅近臀角处有红斑，红斑内常有1个小黑斑；腹面前翅砖红色，近顶角有1个圆斑，后翅深褐色，近臀角有1个黑眼斑，亚缘有清晰的小白斑1列。

1年1代，成虫多见于7-8月。

分布于西藏。为中国特有种。

明眸眼蝶 / *Argestina waltoni* (Elwes, 1906)　　　11-12

小型眼蝶。背面翅面前翅近顶角处有1个黑斑，后翅无斑；腹面前翅砖红色，近顶角处有1个椭圆形黑斑，比背面斑大，后翅基部及中部有深色弧形线纹，亚外缘有小白斑1列。

1年1代，成虫多见于5月、7-8月。

分布于西藏。为中国特有种。

红裙边明眸眼蝶 / *Argestina inconstans* (South, 1913)　　　13-14 / P1612

小型眼蝶。背面翅面黑褐色，前翅近顶角有1个椭圆形黑斑，双瞳点白色，后翅近臀角处有红带，内有黑斑；腹面前翅砖红色，斑同正面，后翅褐色，亚缘无小白斑或不清晰。

1年1代，成虫多见于7-8月。

分布于西藏。为中国特有种。

山眼蝶属 / *Paralasa* Moore, 1893

中型眼蝶。翅背面黑褐色，翅形狭长，前翅亚顶区有1个黑色眼斑，眼斑周围或有或无红色区域，后翅无斑；腹面前翅通常颜色较背面浅或棕红色，后翅密布点状碎斑，亚缘有白斑1列。

成虫飞行力一般，栖息于高海拔环境。

分布于新疆、云南、西藏等高寒山地。国内目前已知5种，本图鉴收录3种。

单瞳山眼蝶 / *Paralasa nitida* Riley, 1923　　　　　　　15

中小型眼蝶。背面翅面黑褐色，前翅亚顶区有1个不清晰黑眼斑，中室端上方沿翅脉走向有不清晰的棕红色印纹，后翅无斑纹；腹面前翅大部分棕红色，亚顶区有1个清晰黑眼斑，双瞳点白色，翅前缘、外缘有棕黄色碎斑纹覆盖，后翅覆满棕黄色碎斑，亚缘有1列白点斑。

成虫多见于5月。

分布于西藏。

喀什山眼蝶 / *Paralasa kalinda* Moore, 1865　　　　　　16

中小型眼蝶。背面翅面黑褐色，前翅亚顶区有1个黑眼斑，眼斑下方有橙红斑，后翅端半部中域橙红色；腹面前翅大部分棕红色，亚顶区有1个黑眼斑，瞳点白色，黄眼圈，后翅密布棕黄色点纹，亚缘有小白斑1列。

成虫多见于6月。

分布于新疆、西藏。此外见于印度。

黄襟山眼蝶 / *Paralasa mani* (de Nicéville, 1880)　　　　17

中小型眼蝶。和喀什山眼蝶近似，区别于前翅端半部橙黄色斑更发达。

成虫多见于6月。

分布于新疆。

优眼蝶属 / *Eugrumia* Della Bruna Gallo Lucarelli & Sbordoni, 2000

中小型眼蝶。翅背面以黑褐色或黑色为主，前翅中室及端半部有棕黄色、棕红色斑带，斑带内亚顶区有黑色眼斑，有的种亚顶区眼斑下方有小眼斑，后翅无斑纹；腹面后翅布满白、棕、黑色点状斑。

成虫飞行力不强，活动于高山草地环境。

分布于青藏高原。国内目前已知3种，本图鉴收录1种。

耳环优眼蝶 / *Eugrumia herse* Grum-Grshimailo, 1891　　　　　18-19 / P1613

中型眼蝶。翅色黑褐色。前翅翅面前缘有黑色眼状斑纹，中间饰有白色瞳点，外围有椭圆形橙色斑，上方接近翅的前缘，下方扩大。雄蝶前翅中室内大部橙红色，雌蝶前翅中室内全部橙红色，后翅无斑纹。翅背面和翅面的斑纹相似，但翅色较浅呈褐色，后翅密布细小条纹。

1年1代，成虫多见于5-6月。

分布于四川、甘肃、青海、西藏等地。

鲁眼蝶属 / *Lyela* Swinhoe, 1908

中小型眼蝶。背面前翅棕红色，后翅黑褐色，整体翅形狭长；腹面后翅亚外缘有白色眼状斑带。

成虫飞行力一般，活动于草甸上，访花。

主要分布于新疆。国内目前已知1种，本图鉴收录1种。

红鲁眼蝶 / *Lyela myops* (Staudinger, 1881)　　　　　20

中小型眼蝶。背面翅色前翅棕红色，亚顶区有1个黑眼斑，翅外缘黑色，后翅黑褐色，无斑纹；腹面棕红色，亚顶区眼斑圆形清晰，有黄环，瞳点白色，顶区覆有白磷片；后翅中带色淡，沿亚缘有白斑分布。

成虫多见于7月，访花。

分布于新疆。此外见于俄罗斯等地。

① ♂
垂泪睛眼蝶
云南维西

① ♂
垂泪睛眼蝶
云南维西

② ♀
垂泪睛眼蝶
云南丽江

② ♀
垂泪睛眼蝶
云南丽江

③ ♂
赛兹睛眼蝶
云南德钦

③ ♂
赛兹睛眼蝶
云南德钦

④ ♂
赛兹睛眼蝶
云南香格里拉

④ ♂
赛兹睛眼蝶
云南香格里拉

⑤ ♂
圆睛眼蝶
贵州凯里

⑤ ♂
圆睛眼蝶
贵州凯里

⑥ ♀
圆睛眼蝶
四川石棉

⑥ ♀
圆睛眼蝶
四川石棉

⑦ ♂
横波睛眼蝶
云南维西

⑦ ♂
横波睛眼蝶
云南维西

⑧ ♂
小睛眼蝶
云南香格里拉

⑧ ♂
小睛眼蝶
云南香格里拉

⑨ ♂
杂色睛眼蝶
广东乳源

⑨ ♂
杂色睛眼蝶
广东乳源

⑩ ♂
苹色明眸眼蝶
西藏墨脱

⑩ ♂
苹色明眸眼蝶
西藏墨脱

⑪ ♂
明眸眼蝶
西藏鲁朗

⑪ ♂
明眸眼蝶
西藏鲁朗

⑫ ♀
明眸眼蝶
西藏日喀则

⑫ ♀
明眸眼蝶
西藏日喀则

⑬ ♂
红裙边明眸眼蝶
西藏察隅

⑬ ♂
红裙边明眸眼蝶
西藏察隅

⑭ ♀
红裙边明眸眼蝶
西藏察隅

⑭ ♀
红裙边明眸眼蝶
西藏察隅

⑮ ♂
单瞳山眼蝶
西藏江孜

⑮ ♂
单瞳山眼蝶
西藏江孜

⑯ ♂
喀什山眼蝶
西藏札达

⑯ ♂
喀什山眼蝶
西藏札达

⑰ ♀
黄襟山眼蝶
新疆乌恰

⑰ ♀
黄襟山眼蝶
新疆乌恰

⑱ ♂
耳环优眼蝶
甘肃张掖

⑱ ♂
耳环优眼蝶
甘肃张掖

⑲ ♀
耳环优眼蝶
甘肃张掖

⑲ ♀
耳环优眼蝶
甘肃张掖

⑳ ♂
红鲁眼蝶
新疆石河子

⑳ ♂
红鲁眼蝶
新疆石河子

酒眼蝶属 / *Oeneis* Hübner, [1819]

中小型眼蝶。背面翅面黄褐色、棕褐色，亚缘常有眼斑，一些种类雄蝶前翅有性标，腹面一般后翅颜色比较浓重，斑纹较复杂。

成虫飞行能力较弱，常随风向飘飞，栖息于枯草环境，不易发现。幼虫寄主为禾本科、莎草科植物。

主要分布于古北区、新北区。国内目前已知13种，本图鉴收录8种。

素红酒眼蝶 / *Oeneis sculda* (Eversmann, 1851)　　01

中小型眼蝶。背面翅面淡黄色，前翅顶角尖，中室端部上方及翅脉端淡黑色，亚缘有2个淡黑斑，后翅基半部有淡黑色斑分布；腹面色淡，后翅基半部有黑褐色斑分布。

1年1代，成虫多见于5月下旬。

分布于内蒙古。此外见于蒙古等地。

多酒眼蝶 / *Oeneis tarpeia* (Pallas, 1771)　　02

中小型眼蝶。背面翅面黄褐色，前翅顶角尖，前后翅亚缘各有3-5个黑斑，腹面前翅色淡，中室、顶角处有褐色斑，后翅大面积褐色、灰白色相错呈水波纹状，翅脉灰白色清晰。

1年1代，成虫多见于5月下旬。

分布于内蒙古。此外见于蒙古等地。

菩萨酒眼蝶 / *Oeneis buddha* Grum-Grshimailo, 1891　　03-06

中小型眼蝶。背面翅面黑褐色，前翅顶角尖，亚缘有1列黄色长圆斑，内有黑色眼斑，后翅亚缘斑黄色，内无黑色眼斑；腹面前翅中室及亚缘带颜色淡，后翅中域和外缘有黑褐色宽带。

1年1代，成虫多见于6月。

分布于青海、陕西、四川等地。

蒙古酒眼蝶 / *Oeneis mongolica* (Oberthür, 1876)　　07-10 / P1613

小型眼蝶。背面翅面黄褐色，前翅中室外有1个或2个黑斑，后翅亚缘有1列小黑斑；腹面前翅色淡，后翅大面积棕褐色纹，水波纹状，和酒眼蝶能区分开。

1年1代，低海拔区域成虫多见于4月。

分布于北京、河北等地。此外见于蒙古等地。

01 ♂
素红酒眼蝶
内蒙古莫尔道嘎

01 ♂
素红酒眼蝶
内蒙古莫尔道嘎

02 ♂
多酒眼蝶
内蒙古西乌珠穆沁

02 ♂
多酒眼蝶
内蒙古西乌珠穆沁

03 ♂
菩萨酒眼蝶
陕西眉县

03 ♂
菩萨酒眼蝶
陕西眉县

04 ♂
菩萨酒眼蝶
四川理塘

04 ♂
菩萨酒眼蝶
四川理塘

05 ♂
菩萨酒眼蝶
甘肃肃南

05 ♂
菩萨酒眼蝶
甘肃肃南

06 ♀
菩萨酒眼蝶
甘肃肃南

06 ♀
菩萨酒眼蝶
甘肃肃南

07 ♂
蒙古酒眼蝶
北京

07 ♂
蒙古酒眼蝶
北京

08 ♂
蒙古酒眼蝶
北京

08 ♂
蒙古酒眼蝶
北京

09 ♀
蒙古酒眼蝶
北京

09 ♀
蒙古酒眼蝶
北京

10 ♀
蒙古酒眼蝶
北京

10 ♀
蒙古酒眼蝶
北京

珠酒眼蝶 / *Oeneis jutta* (Hübner, [1806]) 01-02

中型眼蝶。背面翅面棕褐色，雄蝶前翅顶角尖，中室外侧有1条线状性标，前后翅亚缘有淡黄色斑列；腹面灰褐色，后翅中域带颜色深。

1年1代，成虫多见于6月。

分布于内蒙古。此外见于蒙古等地。

黄裙酒眼蝶 / *Oeneis magna* Graeser, 1888 03

中型眼蝶。背面翅面褐色，前后翅大部密布长绒毛，亚缘带黄褐色，带内前翅亚顶角处有黑斑，后翅外角处有2个小黑斑；腹面前翅色淡，顶角覆有白色鳞片，下方有1个黄圈黑眼斑，后翅红褐色，中域有明显白色带状纹。

1年1代，成虫多见于6月。

分布于内蒙古。此外见于蒙古。

酒眼蝶 / *Oeneis urda* (Eversmann, 1847) 04-07

小型眼蝶。背面翅面黄褐色、棕褐色，外缘棕褐色，前翅中室外有2个黑圆斑，后翅亚缘有黑斑1列，翅中部有弧形纹；腹面前翅色淡，后翅大面积覆有灰白色，中域有深色不规则带斑。

1年1代，成虫多见于5月。

分布于内蒙古、黑龙江、吉林。此外见于朝鲜半岛、蒙古等地。

黄褐酒眼蝶 / *Oeneis hora* Grum-Grshimailo, 1888 08

中小型眼蝶。背面翅面黄褐色，前翅亚缘有2个小黑斑，后翅中域带色深，m_3室有1个黑斑；腹面前翅中部有2条垂直的褐色带，后翅基部及中域带黑褐色。

1年1代，成虫多见于6月。

分布于新疆。此外见于俄罗斯等地。

① ♂
珠酒眼蝶
内蒙古根河

② ♀
珠酒眼蝶
内蒙古原林

③ ♂
黄裙酒眼蝶
内蒙古根河

④ ♂
酒眼蝶
内蒙古南木

01 ♂
珠酒眼蝶
内蒙古根河

02 ♀
珠酒眼蝶
内蒙古原林

03 ♂
黄裙酒眼蝶
内蒙古根河

04 ♂
酒眼蝶
内蒙古南木

05 ♀
酒眼蝶
内蒙古南木

06 ♀
酒眼蝶
内蒙古西乌珠穆沁

07 ♂
酒眼蝶
内蒙古西乌珠穆沁

08 ♀
黄褐酒眼蝶
新疆乌鲁木齐

05 ♀
酒眼蝶
内蒙古南木

06 ♀
酒眼蝶
内蒙古西乌珠穆沁

07 ♂
酒眼蝶
内蒙古西乌珠穆沁

08 ♀
黄褐酒眼蝶
新疆乌鲁木齐

珍眼蝶属 / *Coenonympha* Hübner, [1819]

小型眼蝶。翅底色多暗淡，翅色变化较多，白色、黑褐色至黄褐色，大多种类翅反面眼斑透过翅正面隐约可见，前后翅外缘翅形圆润，翅腹面多为棕褐色至黄褐色，眼斑清晰。

成虫飞行较为缓慢，飞行轨迹大多为跳跃状，喜访花，常在草甸、森林草地、溪谷环境活动。1年1代，幼虫以蛹越冬，以苔草科植物为寄主。

主要分布于古北区，少数种类分布到东洋区。国内目前已知10种，本图鉴收录9种。

西门珍眼蝶 / *Coenonympha semenovi* Alphéraky, 1881　　　　　01-03

小型眼蝶。翅背面外缘具有狭窄黄褐色带，翅脉黄褐色，其余翅面均为绿褐色。前翅腹面近亚顶端有1个白色眼斑，其内有1条锯齿状白色宽横带纹；后翅腹面亚外缘有6个白色眼斑，其内侧有二大一小3个多角状白斑。

成虫多见于6-7月。常在海拔2500-3500米的草甸活动。

分布于四川、青海、西藏、新疆等地。

爱珍眼蝶 / *Coenonympha oedippus* (Fabricius, 1787)　　　　04-05 / P1614

小型眼蝶。翅背面黑褐色，雄蝶翅无眼斑；雌蝶翅色稍淡，后翅可隐约透视腹面眼斑。翅腹面黄褐色，前翅亚缘有黑色眼斑，雌蝶为3-4个，雄蝶为1-2个或消失；后翅大都有5-6个眼斑，眼斑周围有黄色环，后翅眼斑中心有银色瞳点，前翅则没有。

1年1代，成虫多见于6-8月。

分布于北京、黑龙江、吉林、辽宁、山东、山西、河南、甘肃、陕西、江西。此外见于日本、蒙古及朝鲜半岛等地。

牧女珍眼蝶 / *Coenonympha amaryllis* (Stoll, 1782)　　　　06-09 / P1615

小型眼蝶。翅背面黄色，前翅亚外缘有3-4个模糊的黑斑，前缘和外缘棕褐色；后翅外缘棕褐色，亚外缘有6个黑色眼斑。前翅腹面亚外缘有4-5个眼斑，其两侧有橙红色条纹，后翅基半部灰色显黄绿色，眼斑列内侧有波曲的白带。

1年多代，成虫多见于5-9月。

分布于东北、河北、河南、山东、宁夏、甘肃、青海、陕西等地。此外见于俄罗斯、日本及朝鲜半岛等地。

绿斑珍眼蝶 / *Coenonympha sunbecca* (Eversmann, 1843)　　　　10 / P1616

小型眼蝶。翅背面白色，可见部分腹面的斑纹，前翅腹面前缘及亚外缘淡绿褐色，有4个白色眼斑，有3条脉基部肿起。后翅大部分绿褐色，端半部隐显1横列白斑及1列白色眼斑，基部另有3个白斑。

分布于新疆。此外见于蒙古、中亚。

英雄珍眼蝶 / *Coenonympha hero* (Linnaeus, 1761)　　　　11 / P1616

小型眼蝶。翅背面褐色或淡黄色，亚缘线白色，前翅亚外缘可见1-2个眼斑，后翅亚外缘有4-5个眼斑；前翅腹面有1条白色横带，后翅白色横带外侧呈锯齿状，翅基半部色浓，眼斑黑色有白瞳，周围有黄圈。

1年1代，成虫多见于5-7月。常活动于海拔800-1200米的落叶阔叶林山地，喜访花，常停落在植物叶片正面或在草灌丛底部活动，飞行缓慢。

分布于北京、黑龙江等地。此外见于日本、俄罗斯及朝鲜半岛等地。

油庆珍眼蝶 ／ *Coenonympha glycerion* (Borkhausen, 1788)

12-13 / P1616

　　小型眼蝶。翅背面只有后翅亚外缘隐约可见3-5个小眼斑。翅腹面色较淡，后翅亚外缘有6个大小不等的眼斑，在其内侧有不规则的白斑。

　　分布于北京、河北、山西、新疆等地。此外见于俄罗斯、哈萨克斯坦等地。

狄泰珍眼蝶 ／ *Coenonympha tydeus* Leech, [1892]

14

　　小型眼蝶。翅背面淡黄色，通常无斑。翅腹面：前翅前缘和外缘淡褐色，亚顶端有1个白点，并有1条明显的细中横线；后翅基半部铜绿色，有黄色鳞片，亚外缘有6个白色斑，中室端外有分支的白斑。

　　分布于西藏。

潘非珍眼蝶 ／ *Coenonympha pamphilus* (Linnaeus, 1758)

15 / P1617

　　小型眼蝶。翅背面棕黄色，前翅顶端有1个黑色眼斑。后翅腹面中室外侧有1条黄色波状纹，外侧淡褐色，内侧黑褐色。

　　分布于新疆。此外见于俄罗斯等地。

隐藏珍眼蝶 ／ *Coenonympha arcania* (Linnaeus, 1761)

16

　　小型眼蝶。本种与英雄珍眼蝶近似，只是前翅背面除亚外缘褐色外，其余区域为黄褐色，且腹面眼斑内侧淡黄色横带模糊不完整，后翅白色横带在顶端眼斑外侧和下端，向后延伸，有不规则齿状突出。

　　分布于黑龙江、内蒙古等地。此外见于俄罗斯等地。

① ♂	② ♀	③ ♀	④ ♂	⑤ ♂
西门珍眼蝶	西门珍眼蝶	西门珍眼蝶	爱珍眼蝶	爱珍眼蝶
新疆克拉玛依	甘肃张掖	甘肃康乐	黑龙江齐齐哈尔	内蒙古牙克石

① ♂	② ♀	③ ♀	④ ♂	⑤ ♂
西门珍眼蝶	西门珍眼蝶	西门珍眼蝶	爱珍眼蝶	爱珍眼蝶
新疆克拉玛依	甘肃张掖	甘肃康乐	黑龙江齐齐哈尔	内蒙古牙克石

⑥ ♂	⑦ ♂	⑧ ♀	⑨ ♂	⑩ ♂
牧女珍眼蝶	牧女珍眼蝶	牧女珍眼蝶	牧女珍眼蝶	绿斑珍眼蝶
新疆布尔津	甘肃永靖	甘肃永靖	山西宁武	新疆布尔津

⑥ ♂	⑦ ♂	⑧ ♀	⑨ ♂	⑩ ♂
牧女珍眼蝶	牧女珍眼蝶	牧女珍眼蝶	牧女珍眼蝶	绿斑珍眼蝶
新疆布尔津	甘肃永靖	甘肃永靖	山西宁武	新疆布尔津

⑪ ♂	⑫ ♂	⑬ ♂	⑭ ♂	⑮ ♂	⑯ ♂
英雄珍眼蝶	油庆珍眼蝶	油庆珍眼蝶	狄泰珍眼蝶	潘非珍眼蝶	隐藏珍眼蝶
吉林临江	新疆布尔津	甘肃定西	西藏拉萨	新疆克拉玛依	内蒙古伊图里河

⑪ ♂	⑫ ♂	⑬ ♂	⑭ ♂	⑮ ♂	⑯ ♂
英雄珍眼蝶	油庆珍眼蝶	油庆珍眼蝶	狄泰珍眼蝶	潘非珍眼蝶	隐藏珍眼蝶
吉林临江	新疆布尔津	甘肃定西	西藏拉萨	新疆克拉玛依	内蒙古伊图里河

阿芬眼蝶属 / *Aphantopus* Wallengren, 1853

中小型眼蝶。翅背面翅色为黑褐色，具黑色眼状斑；腹面翅色棕褐色，眼状斑较正面清晰，具有黄眼圈。成虫飞行缓慢，跳跃状，喜访花；常活动在草丛、林缘、林间空地。幼虫寄主为禾本科、莎草科植物。主要分布于古北区，从西欧、俄罗斯、蒙古到中国、朝鲜半岛。国内目前已知3种，本图鉴收录2种。

....

阿芬眼蝶 / *Aphantopus hyperantus* (Linnaeus, 1758)　　　　　01-03 / P1618

中小型眼蝶。背面翅色黑褐色，前后翅亚缘各有2个黑眼斑，缘毛灰白色，前翅基部翅脉膨大；腹面翅色棕褐色，前翅通常有3枚黑色亚外缘斑，后翅亚外缘斑5枚，眼斑有黄眼圈，瞳点白色。

1年1代，成虫多见于6-7月。

分布于北京、河北、内蒙古、云南、四川、西藏等地。此外见于俄罗斯、蒙古、朝鲜半岛及西欧等地。

大斑阿芬眼蝶 / *Aphantopus arvensis* (Oberthür, 1876)　　　　　04-06

中小型眼蝶。背面翅色黑褐色，前后翅亚缘通常各有2个黑眼斑，缘毛灰白色，前翅基部翅脉膨大，雄蝶中室外侧有性标；腹面翅色灰褐色，前翅通常有2枚黑色亚外缘斑，后翅亚外缘斑5枚，眼斑具有黄眼圈，瞳点白色，后翅下方3个眼斑有宽白带包廓。

1年1代，成虫多见于6-7月。

分布于陕西、四川、甘肃、云南等地。

01 ♂
阿芬眼蝶
北京

02 ♀
阿芬眼蝶
北京

03 ♀
阿芬眼蝶
甘肃永靖

01 ♂
阿芬眼蝶
北京

02 ♀
阿芬眼蝶
北京

03 ♀
阿芬眼蝶
甘肃永靖

04 ♂
大斑阿芬眼蝶
陕西周至

05 ♀
大斑阿芬眼蝶
陕西凤县

06 ♀
大斑阿芬眼蝶
四川宝兴

04 ♂
大斑阿芬眼蝶
陕西周至

05 ♀
大斑阿芬眼蝶
陕西凤县

06 ♀
大斑阿芬眼蝶
四川宝兴

蟾眼蝶属 / *Triphysa* Zeller, 1850

　　小型眼蝶。翅背面雄蝶棕褐色，雌蝶白色，亚外缘有黑斑或无黑斑；腹面黄褐色，亚外缘黑斑清晰，有白色瞳点，有的无亚外缘斑，翅脉白色清晰可见。

　　成虫飞行缓慢，常伏在草灌丛中，受惊后随风飘飞。幼虫寄主为禾本科、莎草科植物。

　　主要分布于中国、朝鲜半岛、俄罗斯、蒙古等地。国内目前已知2种，本图鉴收录1种。

银蟾眼蝶 / *Triphysa dohrnii* Zeller, 1850　　　　　　01-07

　　小型眼蝶。翅背面雄蝶黑褐色，亚缘斑隐见或清晰，缘线黄白色，缘毛灰色；雌蝶黄白色，腹面黄褐色，翅脉白色清晰，亚缘黑斑依据产地不同，或有或无。

　　1年1代，成虫多见于5~6月。

　　分布于北京、内蒙古、陕西、甘肃、青海、西藏等地。此外见于俄罗斯、蒙古及朝鲜半岛等地。

阿勒眼蝶属 / *Arethusana* de Lesse, 1951

　　中型眼蝶。翅背面黑褐色，亚缘有黄褐色宽带，亚顶区有眼状斑；腹面色淡，中域有灰白色带状纹。

　　成虫飞行能力强，有访花习性，活动于草甸环境，喜落于土坡、岩石上。

　　分布于新疆。国内目前已知1种，本图鉴收录1种。

阿勒眼蝶 / *Arethusana arethusa* ([Schiffermüller], 1775)　　　　08 / P1618

　　中型眼蝶。背面翅面黑褐色，前后翅亚缘有椭圆斑围成的黄褐色斑带，雄蝶前翅亚顶区有1个黑斑，雌蝶前翅有2个黑斑；腹面前翅黄褐色，黑斑较背面明显，后翅色深，中域带弧形，灰白色，翅脉亦灰白色。

　　成虫多见于7月。

　　分布于新疆。此外见于俄罗斯等地。

贝眼蝶属 / *Boeberia* Prout, 1901

中型眼蝶。翅背褐色，前翅翅背亚顶角有1个黑色眼斑，后翅亚外缘有2个黑色眼斑，眼斑外圈都围有橙红色圈。前翅腹面眼斑下有1个橙黄色斑，后翅亚外缘有5个黑色眼斑。

成虫飞行力较弱，常随风做跳跃状飞行。喜干旱的草地及岩石上停落休息，常在海拔500米左右的山区灌木草丛带活动，偶见于亚高山草甸。幼虫寄主为禾本科植物。

分布于新疆、内蒙古、河北、北京等地。此外见于俄罗斯。国内目前已知1种，本图鉴收录1种。

贝眼蝶 / *Boeberia parmenio* (Boeber, 1809)　　　　　　　　　　　　09 / P1618

中型眼蝶。该属成虫翅褐色，前翅翅背亚顶角有1个黑色眼斑，后翅亚外缘有2个黑色眼斑，眼斑外圈都围有橙红色圈。前翅腹面眼斑下有1个橙黄色斑，后翅亚外缘有5个黑色眼斑。

1年1代，成虫多见于5-7月。偶见于亚高山草甸。幼虫寄主为禾本科植物。

分布于新疆、内蒙古、河北、北京等地。此外见于俄罗斯。

渲黑眼蝶属 / *Atercoloratus* Bang-Haas, 1938

中型眼蝶。翅背面黑褐色。前、后翅亚外缘缀白点状斑，翅基色略深。腹面和背面的斑纹相似，但翅色较浅呈褐色，前、后翅亚外缘有围黑环的小白点斑列。

成虫栖息于山地、林缘等场所，有访花性。

主要分布于古北区。国内目前已知1种，本图鉴收录1种。

渲黑眼蝶 / *Atercoloratus alini* (Bang-Haas, 1937)　　　　　　　　　　10-11

中型眼蝶。翅背面黑褐色。前翅亚外缘隐约可见2个小白点，后翅亚外缘缀有1列小白点。腹面与背面斑纹相似，但翅色较浅，前翅亚外缘有小白点斑列，后翅亚外缘有带黑环的小白点斑列。

1年1代，成虫多见于6-7月。

分布于黑龙江、辽宁、内蒙古、宁夏、甘肃等地。

01 ♂
银蟾眼蝶
青海大通

01 ♂
银蟾眼蝶
青海大通

02 ♂
银蟾眼蝶
内蒙古满归

02 ♂
银蟾眼蝶
内蒙古满归

03 ♂
银蟾眼蝶
陕西礼泉

03 ♂
银蟾眼蝶
陕西礼泉

04 ♀
银蟾眼蝶
陕西礼泉

04 ♀
银蟾眼蝶
陕西礼泉

05 ♂
银蟾眼蝶
内蒙古西乌珠穆沁

05 ♂
银蟾眼蝶
内蒙古西乌珠穆沁

06 ♀
银蟾眼蝶
内蒙古西乌珠穆沁

06 ♀
银蟾眼蝶
内蒙古西乌珠穆沁

07 ♀
银蟾眼蝶
内蒙古巴林

07 ♀
银蟾眼蝶
内蒙古巴林

08 ♀
阿勒眼蝶
新疆布尔津

08 ♀
阿勒眼蝶
新疆布尔津

09 ♂
贝眼蝶
新疆福海

09 ♂
贝眼蝶
新疆福海

10 ♂
渲黑眼蝶
辽宁铁岭

10 ♂
渲黑眼蝶
辽宁铁岭

11 ♀
渲黑眼蝶
辽宁铁岭

11 ♀
渲黑眼蝶
辽宁铁岭

红眼蝶属 / *Erebia* Dalman, 1816

中小型至中型眼蝶。翅背面黑褐色，亚外缘通常有橙红色斑带，带内有黑眼斑；有些大型种类前翅顶角有1个眼状斑；有些翅面无斑。

成虫飞行能力不强，喜访花，生活在林间空地，林缘草地，部分种栖息于高山草甸幼虫寄主植物为禾本科、莎草科。

主要分布在古北区。国内目前已知30余种，本图鉴收录14种。

红眼蝶 / *Erebia alcmena* Grum-Grshimailo, 1891　　　01-05

中小型眼蝶。翅背面黑褐色，前后翅亚缘有橙红色带状斑，带内有黑眼斑，眼斑瞳点白色；腹面红褐色，前后翅外缘有白色鳞片，腹面后翅亚外缘带较正面清晰，色浅，上覆白色鳞片。

1年1代，成虫多见于7-8月。

分布于陕西、甘肃、河南、四川等地。

暗红眼蝶 / *Erebia neriene* (Böber, 1809)　　　06-09

中小型眼蝶。大小、形态与红眼蝶相近，区别在于：背面雄蝶前翅中室下方有性标，红眼蝶没有。

1年1代，成虫多见于7-8月。

分布于北京、河北、内蒙古、吉林、黑龙江等地。此外见于蒙古、俄罗斯等地。

波翅红眼蝶 / *Erebia ligea* (Linnaeus, 1758)　　　10-12 / P1619

中小型眼蝶。背面黑褐色，翅面亚缘有橙红色宽带，前后翅宽带内通常各有4个黑眼斑，后翅第1个眼斑不清晰；腹面后翅宽带内侧有不规则白斑。

1年1代，成虫多见于7月。常见于林缘草地、林下环境。幼虫寄主植物为拂子茅、苔草。

分布于北京、河北、内蒙古等地。此外见于蒙古、俄罗斯等地。

① ♂ 红眼蝶 甘肃康乐	① ♂ 红眼蝶 甘肃康乐	② ♀ 红眼蝶 甘肃康乐	② ♀ 红眼蝶 甘肃康乐
③ ♂ 红眼蝶 陕西凤县	③ ♂ 红眼蝶 陕西凤县	④ ♀ 红眼蝶 陕西凤县	④ ♀ 红眼蝶 陕西凤县
⑤ ♂ 红眼蝶 陕西长安	⑤ ♂ 红眼蝶 陕西长安	⑥ ♂ 暗红眼蝶 北京	⑥ ♂ 暗红眼蝶 北京
⑦ ♂ 暗红眼蝶 内蒙古伊图里河	⑦ ♂ 暗红眼蝶 内蒙古伊图里河	⑧ ♀ 暗红眼蝶 内蒙古伊图里河	⑧ ♀ 暗红眼蝶 内蒙古伊图里河
⑨ ♂ 暗红眼蝶 河北丰宁	⑨ ♂ 暗红眼蝶 河北丰宁	⑩ ♂ 波翅红眼蝶 河北蔚县	⑩ ♂ 波翅红眼蝶 河北蔚县
⑪ ♂ 波翅红眼蝶 北京	⑪ ♂ 波翅红眼蝶 北京	⑫ ♀ 波翅红眼蝶 北京	⑫ ♀ 波翅红眼蝶 北京

森林红眼蝶 / *Erebia medusa* (Denis & Schiffermüller, 1775) 01

中小型眼蝶。背面翅面黑褐色，亚外缘有橙黄色斑列，内有黑色眼状斑；腹面斑纹与背面相似，但后翅橙黄色斑小。

1年1代，成虫多见于7月。

分布于河北、内蒙古、新疆等地。此外见于蒙古、俄罗斯等地。

酡红眼蝶 / *Erebia theano* (Tauscher, 1806) 02-03 / P1620

中小型眼蝶。背面翅面黑褐色，前翅中室橙黄色，前后翅亚缘各有1列排列规则的橙色长条形斑带；腹面色淡，后翅基部有橙色斑，其余斑纹同正面。

1年1代，成虫多见于7月。

分布于新疆。此外见于俄罗斯、蒙古、土耳其等地。

图兰红眼蝶 / *Erebia turanica* Erschoff, [1877] 04-05 / P1621

中小型眼蝶。背面翅面黑褐色，近顶角有1个橙红色小圆斑，亚缘有4个橙黄斑，排列不规则，后翅沿外缘有橙黄色眼斑1列，排列规则；腹面橙黄斑同正面，后翅橙色斑内侧有1列不规则白斑。

1年1代，成虫多见于7月。

分布于新疆。此外见于俄罗斯、土耳其、哈萨克斯坦等地。

点红眼蝶 / *Erebia edda* Ménétriés, 1851 06

中小型眼蝶。背面翅面红褐色，前翅亚顶角处有1个大型黑眼斑，眼斑有橙黄色眼圈，眼斑内有2个白色瞳点，雄蝶中室内上部及中室下方有大块性标，后翅无斑纹；腹面前翅同背面，后翅中室外有1个清晰白斑，亚缘有3-4个小白点。

1年1代，成虫多见于6月。喜访花。

分布于内蒙古。此外见于蒙古等地。

灰翅红眼蝶 / *Erebia embla* (Thunberg, 1791) 07

中小型眼蝶。背面翅面黑褐色，前翅亚缘有3枚黑斑，后翅黑色眼斑4枚，前后翅眼斑有橙红色眼圈；腹面前翅同背面，后翅中室外有1个白点，亚缘下侧有2个小黑斑。

1年1代，成虫多见于6月。

分布于内蒙古。此外见于蒙古等地。

西宝红眼蝶 / *Erebia sibo* (Alphéraky, 1881) 08 / P1621

中小型眼蝶。背面翅面黑褐色，前翅中室及前后翅各脉室中有橙色发散状长条纹；腹面前翅红褐色，后翅分布有不规则波状纹。

1年1代，成虫多见于7月。

分布于新疆。此外见于俄罗斯、蒙古等地。

白衬裙红眼蝶 / *Erebia kalmuka* Alphéraky, 1881 09

中小型眼蝶。背面翅面红褐色，前后翅前缘、外缘有白色鳞片；腹面前翅红褐色，顶角及外缘覆有白色鳞片，后翅全部被白色鳞片覆盖。

1年1代，成虫多见于7月。

分布于新疆。此外见于俄罗斯等地。

①♂
森林红眼蝶
河北蔚县

①♂
森林红眼蝶
河北蔚县

②♂
酡红眼蝶
新疆布尔津

②♂
酡红眼蝶
新疆布尔津

③♀
酡红眼蝶
新疆哈纳斯

③♀
酡红眼蝶
新疆哈纳斯

④♂
图兰红眼蝶
新疆阜康

④♂
图兰红眼蝶
新疆阜康

⑤♂
图兰红眼蝶
新疆阜康

⑤♂
图兰红眼蝶
新疆阜康

⑥♂
点红眼蝶
内蒙古根河

⑥♂
点红眼蝶
内蒙古根河

⑦♂
灰翅红眼蝶
内蒙古根河

⑦♂
灰翅红眼蝶
内蒙古根河

♂
西宝红眼蝶
新疆阜康

⑧♂
西宝红眼蝶
新疆阜康

⑨♂
白衬裕红眼蝶
新疆叶城

⑨♂
白衬裕红眼蝶
新疆叶城

阿红眼蝶 / *Erebia atramentaria* Bang-Haas, 1927　　　01

中小型眼蝶。背面翅面黑褐色，前后翅无斑纹；腹面同背面。

成虫多见于7月。

分布于青海。

黄眶红眼蝶 / *Erebia cyclopia* Eversmann, 1864　　　02-04

中型眼蝶。背面翅面棕褐色，前翅亚顶角处有1个黑色眼斑，内有2个白色瞳点，眼斑具黄圈，后翅无斑纹；腹面前翅顶角覆有白鳞片，黑眼斑的黄眼圈大，后翅基部及中域有白粉围成的宽带。

1年1代，成虫多见于6月。

分布于北京、辽宁、内蒙古等地。此外见于蒙古等地。

秦岭红眼蝶 / *Erebia tristior* Goltz, 1937　　　05-06

中型眼蝶。背面翅面黑褐色，前翅亚顶角有1个黑眼圈，双瞳点白色，后翅无斑；腹面斑纹同正面。

1年1代，成虫多见于6月。

分布于陕西。

白点红眼蝶 / *Erebia wanga* Bremer, 1864　　　07-08

中型眼蝶。背面翅面黑褐色，前翅亚顶角处有1个黑色眼斑，双瞳点白色清晰，眼圈黄褐色，模糊，后翅无眼斑；腹面前翅眼状斑大，有黄褐色眼圈，后翅中室外有1个白点，亚缘覆有稀疏白磷片。

1年1代，成虫多见于6月。

分布于辽宁、吉林等地。

① ♂
阿红眼蝶
青海门源

② ♂
黄眶红眼蝶
内蒙古莫尔道嘎

③ ♂
黄眶红眼蝶
北京

④ ♀
黄眶红眼蝶
北京

① ♂
阿红眼蝶
青海门源

② ♂
黄眶红眼蝶
内蒙古莫尔道嘎

③ ♂
黄眶红眼蝶
北京

④ ♀
黄眶红眼蝶
北京

⑤ ♂
秦岭红眼蝶
陕西户县

⑥ ♀
秦岭红眼蝶
陕西户县

⑦ ♂
白点红眼蝶
吉林靖宇

⑧ ♀
白点红眼蝶
辽宁凤城

⑤ ♂
秦岭红眼蝶
陕西户县

⑥ ♀
秦岭红眼蝶
陕西户县

⑦ ♂
白点红眼蝶
吉林靖宇

⑧ ♀
白点红眼蝶
辽宁凤城

喙蝶属 / *Libythea* Fabricius, 1807

　　中型喙蝶。翅背面有黄色条纹或者紫色暗斑，下唇须发达，尖长延伸，像鸟的喙部因而得此属名，触角较短，雄蝶前足退化，附节1节，雌蝶前足正常。前翅顶角突出成钩状，后翅外缘锯齿状。

　　成虫栖息于中低海拔原始林边，常常在山涧、路边吸水，或者吸食矿物质，不访花。成虫灵敏，飞行快速，遇袭会躲于地上枯叶及林内。此属成虫寿命较长，通常以成虫越冬。幼虫主要以榆科朴属植物为寄主。

　　主要分布于东洋区。国内目前已知3种，本图鉴收录3种。

朴喙蝶 / *Libythea lepita* Moore, [1858]　　　　01-06 / P1622

　　中型喙蝶。雌雄同型。前翅顶角突出成钩状，翅背面黑色，中室橙色条斑，中域有1个较大圆形橙斑，顶角有3个白点，后翅外缘锯齿状，中部有橙色横条斑，翅腹面为枯叶拟态颜色。

　　1年约2代，成虫多见于5-8月。幼虫主要以朴树为寄主。

　　分布于全国。此外见于南亚至东南亚地区各地。

棒纹喙蝶 / *Libythea myrrha* Godart, 1819　　　　07-09 / P1623

　　中型喙蝶。雌雄同型。属于偏热带低海拔物种，翅背面黑色，前翅顶角突出成钩状，中部为较大棒槌状橙色条斑，亚顶角有2个橙色斑相连，后翅外缘锯齿状，中部有橙色斜型斑。

　　成虫全年可见，多见于5-6月。

　　分布于云南、海南、广西、广东。此外见于南亚至东南亚地区各地。

紫喙蝶 / *Libythea geoffroyi* Godart, [1824]　　　　10

　　中型喙蝶。雌雄异型。属于偏热带低海拔物种。前翅顶角突出成钩状，翅背面蓝紫色，具有光泽，亚顶角有3个白色斑，后翅外缘锯齿状，后翅灰褐色，斑纹不明显；雌蝶前翅为4个较大白斑，后翅有明显橙色斑块。

　　成虫几乎全年可见。

　　分布于海南。此外见于南亚至东南亚地区各地。

01 ♂
朴喙蝶
安徽黄山

01 ♂
朴喙蝶
安徽黄山

02 ♂
朴喙蝶
湖北襄阳

02 ♂
朴喙蝶
湖北襄阳

03 ♂
朴喙蝶
海南昌江

03 ♂
朴喙蝶
海南昌江

04 ♀
朴喙蝶
甘肃榆中

04 ♀
朴喙蝶
甘肃榆中

05 ♂
朴喙蝶
台湾台北

05 ♂
朴喙蝶
台湾台北

06 ♀
朴喙蝶
台湾台北

06 ♀
朴喙蝶
台湾台北

07 ♂
棒纹喙蝶
海南五指山

07 ♂
棒纹喙蝶
海南五指山

08 ♂
棒纹喙蝶
广东湛江

08 ♂
棒纹喙蝶
广东湛江

09 ♂
棒纹喙蝶
云南盈江

09 ♂
棒纹喙蝶
云南盈江

10 ♂
紫喙蝶
海南乐东

10 ♂
紫喙蝶
海南乐东

斑蝶属 / *Danaus* Kluk, 1780

中小型至中大型斑蝶。翅大多呈橙色，少数为白色，顶角带白斑和黑斑，部分种类翅脉和两侧呈黑色。雄蝶腹部末端带毛笔器，后翅cu_2室内有性标，并在腹面形成一袋状结构，内有性信息素。

成虫飞行缓慢，喜访花。大多在开阔的生境出现。幼虫多带鲜明的警戒色，有2-3对细长的肉刺，寄主为夹竹桃科植物。本属成员通常有毒，其鲜艳的外观被认为是警戒色。

斑蝶属呈泛世界性分布，由北美洲的加拿大南部至南太平洋的新西兰都能找到本属成员，但主要分布区域仍是热带地区。国内目前已知3种，仅金斑蝶和虎斑蝶在国内有稳定繁殖种群，本图鉴收录2种。君主斑蝶曾分别于19世纪中期至20世纪40年代在台湾，以及20世纪初在香港和澳门有记录。

备注：本属部分物种秋季世代的个体有迁移行为，并会在温暖的地区聚集越冬，其中在北美洲数以亿计的君主斑蝶*Danaus plexippus*每年南迁至墨西哥山区越冬的景象更是举世闻名。

虎斑蝶 / *Danaus genutia* (Cramer, [1779]) 　　　　　01-08 / P1624

中型斑蝶。头胸部黑色，带白色斑点和线纹，腹部橙色。翅背面呈橙色，翅脉为黑色，前翅前缘至顶角附近黑褐色，其中央有1道白色斜带，前后翅外缘带黑边，内有1-2列白色斑点。翅腹面斑纹大致相同，白色斑点较发达。雄蝶后翅cu_2室内有黑色性标。

1年多代，成虫在南方全年可见。在华南及台湾有群集越冬的行为。幼虫以夹竹桃科天星藤和鹅绒藤属等植物为寄主。

分布于河南、浙江、湖北、江西、湖南、西藏、四川、贵州、福建、云南、广东、广西、海南、台湾、香港等地。此外见于东洋区、古北区南缘及澳洲区。

金斑蝶 / *Danaus chrysippus* (Linnaeus, 1758) 　　　　　09-12 / P1625

中小型斑蝶。头胸部黑色，带白色斑点和线纹，腹部背面橙色，腹面灰白色。翅呈橙色，前翅前缘至顶角附近黑褐色，其中央有1道白色斜带，前后翅外缘带黑边，内有1-2列白色斑点，后翅中室前侧翅脉带3个黑斑点。翅腹面斑纹大致相同，但白色斑点较发达，前翅顶角白色斜带外侧呈橙褐色。雄蝶后翅cu_2室内有黑色性标。另有个体后翅呈白化。

1年多代，成虫在南方全年可见。无明显群集越冬行为。幼虫寄主植物为夹竹桃科的马利筋、石萝藦和天星藤等。

分布于陕西、湖北、江西、湖南、西藏、四川、贵州、福建、云南、广东、广西、海南、台湾、香港等地。此外见于东洋区、古北区南缘、非洲区及澳洲区。

① ♂
虎斑蝶
海南乐东

① ♂
虎斑蝶
海南乐东

② ♀
虎斑蝶
海南海口

② ♀
虎斑蝶
海南海口

③ ♂
虎斑蝶
云南勐腊

③ ♂
虎斑蝶
云南勐腊

④ ♀
虎斑蝶
云南勐腊

④ ♀
虎斑蝶
云南勐腊

⑤ ♂
虎斑蝶
台湾台东

⑤ ♂
虎斑蝶
台湾台东

⑥ ♀
虎斑蝶
台湾高雄

⑥ ♀
虎斑蝶
台湾高雄

⑦ ♂
虎斑蝶
云南盈江

⑦ ♂
虎斑蝶
云南盈江

⑧ ♂
虎斑蝶
香港

⑧ ♂
虎斑蝶
香港

09 ♂
金斑蝶
台湾台东

09 ♂
金斑蝶
台湾台东

10 ♂
金斑蝶
香港

10 ♂
金斑蝶
香港

11 ♀
金斑蝶
香港

11 ♀
金斑蝶
香港

12 ♂
金斑蝶
福建福州

12 ♂
金斑蝶
福建福州

青斑蝶属 ／ *Tirumala* Moore, [1880]

　　中型斑蝶。翅主色为黑色，带很多蓝色或淡蓝色半透明的斑点或条纹。雄蝶腹部末端带毛笔器，后翅 cu$_2$ 室内有性标，并在腹面形成一袋状结构。与其他体形接近的斑蝶种类比较，本属成员躯体略较粗壮。

　　成虫飞行缓慢，喜访花，亦会在潮湿的地面吸水。多在林区出现。部分物种有聚集越冬行为。幼虫多带鲜明的警戒色，有2对细长的肉刺，寄主为夹竹桃科植物。

　　分布于非洲区、东洋区及澳洲区的热带及亚热带地区。国内目前已知3种，本图鉴收录3种。

　　备注：本属与其后的绢斑蝶属和旖斑蝶属通常被认为是带毒性或不可口，它们均拥有相似的淡蓝色条纹和斑点，彼此模仿而形成穆氏拟态现象。此外，一些蝶类或蛾类也会拟态成与这三个属相似的外形，当中包括穆氏拟态和贝氏拟态。

青斑蝶 ／ *Tirumala limniace* (Cramer, [1775])　　　　01-09 ／ P1626

　　中型斑蝶。身体黑褐色，带白色斑点及线纹，腹部腹面橙色，节间带白纹。翅底色为黑色，布满半透明淡蓝色的斑纹，其形状由接近基部长条状，至靠外缘的斑点状。翅腹面斑纹大致相同，但底色较淡。雄蝶后翅 cu$_2$ 室内有袋状性标。中间出现淡蓝色斑状较发达的个体。

　　1年多代，成虫在南方全年可见。在华南有聚集越冬行为。幼虫寄主植物为夹竹桃科的南山藤和夜来香等。

　　分布于湖南、福建、广东、广西、云南、西藏、台湾、海南、香港。此外见于东洋区。

骈纹青斑蝶 ／ *Tirumala gautama* (Moore, 1877)　　　　10

　　中型斑蝶。身体黑褐色，带白色斑点及线纹，腹部腹面橙色，节间带白纹。翅底色为黑色，布满半透明淡蓝色的斑纹，排列与青斑蝶接近，但本种前翅中室及 cu$_2$ 室内的斑纹相连并呈长线状。翅腹面斑纹大致相同，但底色较淡。雄蝶后翅 cu$_2$ 室内有袋状性标。

　　1年多代，成虫全年可见。生活史未明，幼虫以夹竹桃科植物为寄主。

　　分布于广东、海南、广西、云南。此外见于孟加拉国、缅甸、泰国、老挝、柬埔寨、越南。

啬青斑蝶 ／ *Tirumala septentrionis* (Butler, 1874)　　　　11-16 ／ P1626

　　中型斑蝶。身体黑褐色，带白色斑点及线纹，腹部腹面橙色，节间带白纹。翅底色为黑色，翅上斑纹除颜色较深及明显较小外，排列与青斑蝶相似。翅腹面斑纹大致相同，但底色较淡。雄蝶后翅 cu$_2$ 室内有袋状性标。

　　1年多代，成虫全年可见。在台湾及华南有聚集越冬行为。幼虫寄主植物为夹竹桃科台湾醉魂藤。

　　分布于江西、湖南、福建、广东、广西、云南、四川、贵州、台湾、海南、香港等地。此外见于东洋区。

① ♂
青斑蝶
海南五指山

① ♂
青斑蝶
海南五指山

② ♂
青斑蝶
福建厦门

② ♂
青斑蝶
福建厦门

③ ♀
青斑蝶
福建厦门

③ ♀
青斑蝶
福建厦门

④ ♂
青斑蝶
广东湛江

④ ♂
青斑蝶
广东湛江

⑤ ♂
青斑蝶
广西百色

⑤ ♂
青斑蝶
广西百色

⑥ ♀
青斑蝶
广东广州

⑥ ♀
青斑蝶
广东广州

⑦ ♂
青斑蝶
香港

⑦ ♂
青斑蝶
香港

⑧ ♀
青斑蝶
香港

⑧ ♀
青斑蝶
香港

⑨ ♀
青斑蝶
台湾台北

⑨ ♀
青斑蝶
台湾台北

⑩ ♂
骈纹青斑蝶
海南陵水

⑩ ♂
骈纹青斑蝶
海南陵水

⑪ ♂
啬青斑蝶
福建福州

⑪ ♂
啬青斑蝶
福建福州

⑫ ♀
啬青斑蝶
福建福州

⑫ ♀
啬青斑蝶
福建福州

⑬ ♀
啬青斑蝶
海南琼中

⑬ ♀
啬青斑蝶
海南琼中

⑭ ♀
啬青斑蝶
贵州荔波

⑭ ♀
啬青斑蝶
贵州荔波

⑮ ♂
啬青斑蝶
香港

⑮ ♂
啬青斑蝶
香港

⑯ ♀
啬青斑蝶
香港

⑯ ♀
啬青斑蝶
香港

绢斑蝶属 / *Parantica* Moore, [1880]

中小型至中大型斑蝶。翅主色为深褐色至红褐色，带很多白色至淡蓝色半透明的条纹和斑点。雄蝶后翅臀角附近带有暗斑状性标。

本属成员与其他体形接近的斑蝶种类比较更显得弱质纤纤，成虫飞行缓慢优雅，喜访花，多在林区出现。幼虫多带鲜明的警戒色，有2对细长的肉刺，寄主为夹竹桃科植物。

分布于东洋区和澳洲区北部的热带地区，亦有1种的分布伸延至古北区的东部。国内目前已知5种，本图鉴收录5种。

大绢斑蝶 / *Parantica sita* Kollar, [1844]　　　　　　　　01-09 / P1627

中大型斑蝶。头胸部黑褐色，带白色斑点及线纹，腹部黑褐色或红褐色，雄蝶腹面节间带白纹，雌蝶腹面则呈白色。前翅主色为深褐色，后翅主色为红褐色，有淡蓝色带光泽的半透明斑纹，其形状由接近基部长斑块，至靠外缘的斑点状，后翅淡蓝斑纹集中在内侧，外侧仅有模糊斑点或无斑。翅腹面斑纹大致相同，但底色较淡，后翅外侧带2列白色斑点。雄蝶后翅臀角附近带有黑色暗斑状性标。雌蝶翅形较宽。

1年多代，成虫在南部全年可见，但夏季多局限在海拔较高地区出没，北部则仅在夏季出现。幼虫以夹竹桃科球兰、娃儿藤和天星藤等植物为寄主。

分布于黄河以南地区，包括台湾和海南等地。此外见于菲律宾、印度尼西亚、日本、俄罗斯及喜马拉雅地区、中南半岛、朝鲜半岛等地。

备注：本种已被证实会作长距离的季节性迁飞，曾在华东、台湾和香港发现来自日本的个体，台湾标放的个体亦曾在日本被捕获。

西藏绢斑蝶 / *Parantica pedonga* Fujioka, 1970　　　　　　　　10

中大型斑蝶。外形和大绢斑蝶非常相似，主要区别为：本种体形略小；翅底色略淡；雄翅后翅臀角的黑色性标较小，仅集中在1A+2A脉两侧，而大绢斑蝶的性标则会触及甚至横跨Cu_2脉。

1年多代。生活史未明，幼虫以夹竹桃科植物为寄主。

分布于西藏。此外见于不丹、尼泊尔和印度东北部，为喜马拉雅地区特有种。

黑绢斑蝶 / *Parantica melaneus* (Cramer, [1775])　　　　　　　　11-16

中型斑蝶。头胸部黑褐色，带白色斑点及线纹，腹部红褐色，腹面节间带白纹。翅主色为深褐色，有淡蓝色带光泽的半透明斑纹，其排列与大绢斑蝶相似。翅腹面斑纹大致相同，但底色呈红褐色，后翅外侧带2列白色斑点。雄蝶后翅臀角附近带有黑色暗斑状性标。

1年多代，成虫在春秋两季较常见。国内种群生活史未明，幼虫以夹竹桃科植物为寄主。

分布于云南、广西、广东、海南、西藏、香港。此外见于喜马拉雅地区、中南半岛。

备注：本种曾被认为广布长江以南区域，但后来发现北方的种群实属史氏绢斑蝶。

史氏绢斑蝶 / *Parantica swinhoei* (Moore, 1883)　　　17-24 / P1628

　　中型斑蝶。外形和黑绢斑蝶十分相似，主要区别为：本种通常体形较大；本种雄蝶前翅顶角向外突出较明显；本种后翅m_3和cu_1室基部淡蓝斑纹外侧的2个小斑减退，而黑绢斑蝶则明显；本种雄蝶后翅的性标明显较大，呈长卵形。

　　1年多代，成虫在南方春秋两季较常见，亦曾出现在聚集越冬的斑蝶群中。幼虫寄以夹竹桃科蓝叶藤等植物为寄主。

　　与黑绢斑蝶比较，本种的分布范围偏北，包括四川、云南、贵州、湖南、广西、广东、福建、浙江、台湾、西藏、香港。此外见于印度东北部，缅甸、泰国、老挝、越南各国的北部。

　　备注：本种曾长期被视作黑绢斑蝶的亚种，文献中黑绢斑蝶的记录很可能与本种混淆。

绢斑蝶 / *Parantica aglea* (Stoll, [1782])　　　25-32 / P1629

　　中小型斑蝶。头胸部黑褐色，带白色斑点及线纹，腹部背面灰褐色，腹面呈白色或黄色。翅主色为深褐色，布满半透明白色至淡蓝色的斑纹，其形状由接近基部长条状，至靠外缘的斑点状。前翅中室及cu_2室的斑纹中央带黑色线纹。翅腹面斑纹大致相同，但底色较淡，半透明斑扩散。雄蝶后翅臀角附近带有黑色暗斑状性标。

　　1年多代，成虫全年可见。在华南有聚集越冬行为。幼虫以夹竹桃科马利筋、娃儿藤和台湾醉魂藤等为寄主。

　　分布于江西、福建、广东、广西、四川、云南、西藏、海南、台湾、香港等地。此外见于东洋区的大陆部分。

① ♂
大绢斑蝶
福建厦门

① ♂
大绢斑蝶
福建厦门

② ♀
大绢斑蝶
西藏墨脱

② ♀
大绢斑蝶
西藏墨脱

③ ♂
大绢斑蝶
香港

③ ♂
大绢斑蝶
香港

④ ♀
大绢斑蝶
香港

④ ♀
大绢斑蝶
香港

05 ♂
大绢斑蝶
云南贡山

05 ♂
大绢斑蝶
云南贡山

06 ♂
大绢斑蝶
广东乳源

06 ♂
大绢斑蝶
广东乳源

07 ♀
大绢斑蝶
台湾宜兰

07 ♀
大绢斑蝶
台湾宜兰

08 ♂
大绢斑蝶
台湾基隆

08 ♂
大绢斑蝶
台湾基隆

⑨ ♂
大绢斑蝶
海南五指山

⑨ ♂
大绢斑蝶
海南五指山

⑩ ♂
西藏绢斑蝶
西藏察隅

⑩ ♂
西藏绢斑蝶
西藏察隅

⑪ ♂
黑绢斑蝶
云南勐腊

⑪ ♂
黑绢斑蝶
云南勐腊

⑫ ♂
黑绢斑蝶
广西龙州

⑫ ♂
黑绢斑蝶
广西龙州

⑬ ♂
黑绢斑蝶
海南昌江

⑬ ♂
黑绢斑蝶
海南昌江

⑭ ♂
黑绢斑蝶
香港

⑭ ♂
黑绢斑蝶
香港

⑮ ♀
黑绢斑蝶
贵州沿河

⑮ ♀
黑绢斑蝶
贵州沿河

⑯ ♀
黑绢斑蝶
海南五指山

⑯ ♀
黑绢斑蝶
海南五指山

⑰ ♂
史氏绢斑蝶
台湾花莲

⑰ ♂
史氏绢斑蝶
台湾花莲

⑱ ♀
史氏绢斑蝶
台湾新北

⑱ ♀
史氏绢斑蝶
台湾新北

⑲ ♀
史氏绢斑蝶
福建福州

⑲ ♀
史氏绢斑蝶
福建福州

⑳ ♂
史氏绢斑蝶
广东乳源

⑳ ♂
史氏绢斑蝶
广东乳源

㉑ ♂
史氏绢斑蝶
四川峨眉山

㉑ ♂
史氏绢斑蝶
四川峨眉山

㉒ ♂
史氏绢斑蝶
广西扶绥

㉒ ♂
史氏绢斑蝶
广西扶绥

㉓ ♂
史氏绢斑蝶
香港

㉓ ♂
史氏绢斑蝶
香港

㉔ ♂
史氏绢斑蝶
贵州威宁

㉔ ♂
史氏绢斑蝶
贵州威宁

㉕ ♂
绢斑蝶
台湾台北

㉕ ♂
绢斑蝶
台湾台北

㉖ ♀
绢斑蝶
台湾台东

㉖ ♀
绢斑蝶
台湾台东

㉗ ♂
绢斑蝶
海南五指山

㉗ ♂
绢斑蝶
海南五指山

㉘ ♀
绢斑蝶
海南五指山

㉘ ♀
绢斑蝶
海南五指山

29 ♂
绢斑蝶
云南潞西

29 ♂
绢斑蝶
云南潞西

30 ♀
绢斑蝶
云南潞西

30 ♀
绢斑蝶
云南潞西

31 ♂
绢斑蝶
香港

31 ♂
绢斑蝶
香港

32 ♀
绢斑蝶
香港

32 ♀
绢斑蝶
香港

旖斑蝶属 / *Ideopsis* Horsfield, 1857

    中型斑蝶。翅膀主色为深褐色，具淡蓝色半透明的条纹和斑点，外形骤看与青斑蝶属*Tirumala*相似，但本属成员躯体较纤弱，其雄蝶性标位置接近后翅内缘，亦无袋状结构。

    本属成虫飞行缓慢，喜访花，多在林区或荒地出现。部分物种有聚集越冬行为。幼虫多带鲜明的警戒色，有2对细长的肉刺，寄主为夹竹桃科植物。

    主要分布于东洋区的热带和亚热带地区及澳洲区北部。国内目前已知2种，本图鉴收录2种。

旖斑蝶 / *Ideopsis vulgaris* (Butler, 1874)   01-03

    中型斑蝶。躯体主要呈黑褐色，头胸部带白色斑点及线纹，腹部腹面灰白色。翅膀主色为深褐色，布满半透明淡蓝色的斑纹，其形状由接近基部长条状，至靠外缘的斑点状。翅膀腹面斑纹大致相同，但底色较淡。

    1年多代，成虫全年可见。国内生活史未明。幼虫以夹竹桃科的植物为寄主。

    分布于广东、海南。此外见于缅甸、泰国、老挝、柬埔寨、越南、马来西亚、印度尼西亚。

拟旖斑蝶 / *Ideopsis similis* (Linnaeus, 1758)   04-07 / P1630

    中型斑蝶。外形与旖斑蝶十分相似，主要区别为本种前翅中室端的浅蓝斑仅略为向内侧凹陷，而旖斑蝶的凹陷幅度达一半以上；本种前翅m_3和cu_1室内侧的浅蓝斑呈长卵形，旖斑蝶则呈三角形；本种雄蝶前翅顶角较平直，而旖斑蝶外缘略为向外突出。

    1年多代，成虫全年可见。为华南数量较多的斑蝶之一，并有聚集越冬行为。幼虫主要以夹竹桃科娃儿藤属植物为寄主。

    分布于浙江、福建、广东、广西、云南、台湾、海南、香港。此外见于斯里兰卡、马来半岛、苏门答腊、中南半岛、琉球群岛。

① ♂
旖斑蝶
海南五指山

① ♂
旖斑蝶
海南五指山

② ♂
旖斑蝶
海南三亚

② ♂
旖斑蝶
海南三亚

③ ♀
旖斑蝶
海南万宁

③ ♀
旖斑蝶
海南万宁

04 ♂
拟旖斑蝶
福建福州

04 ♂
拟旖斑蝶
福建福州

05 ♀
拟旖斑蝶
福建福州

05 ♀
拟旖斑蝶
福建福州

06 ♂
拟旖斑蝶
香港

06 ♂
拟旖斑蝶
香港

07 ♀
拟旖斑蝶
香港

07 ♀
拟旖斑蝶
香港

帛斑蝶属 / *Idea* Fabricius, 1807

　　中大型斑蝶。复眼光滑。躯体及翅大多底色呈白色，体表缀有黑色条纹及斑点，翅面白底黑斑、翅脉处亦常呈黑色。前翅中室内缺反向翅脉。雄蝶腹端具2对毛笔器。本属的种类包含世界上体形最大的斑蝶。

　　热带森林性蝴蝶，1年多代。幼虫寄主为夹竹桃科植物。

　　分布于东洋区及澳洲区。国内目前已知1种，本图鉴收录1种。

大帛斑蝶 / *Idea leuconoe* Erichson, 1834　　　　　　　　　　　　　　　　01-03 / P1631

　　大型斑蝶。躯体呈白色，胸部有黑色小斑点与线纹。腹部白色，背侧中央有1条黑褐色纵带。翅背面底色白色，基部泛黄。翅面沿外缘有黑纹，各翅室有成对镂空白色圆纹；翅中央有明显黑色纹列，前翅中室端及中室内亦有明显黑纹，后翅中室内有叉状黑色纹。翅腹面斑纹类似翅背面而黑色斑纹更发达。

　　1年多代，成虫全年可见。主要栖息在热带与亚热带海岸林。卵产于寄主植物叶背。幼虫寄主植物为夹竹桃科爬森藤。

　　分布于台湾。此外见于印度尼西亚、泰国、菲律宾、马来西亚及日本南西诸岛等地。

　　备注：本种在台湾台东绿岛的种群成、幼虫均黑化，常被单独视为一亚种。

01 ♂
大帛斑蝶
台湾台东

01 ♂
大帛斑蝶
台湾台东

02 ♀
大帛斑蝶
台湾台东

02 ♀
大帛斑蝶
台湾台东

（03）♂
大帛斑蝶
台湾台东

（03）♂
大帛斑蝶
台湾台东

紫斑蝶属 / *Euploea* Fabricius, 1807

　　小型至大型斑蝶。身躯深褐色，带白色线纹或斑点。翅主要呈深褐色或黑色，背面多带深蓝色或紫色金属光泽，并带大小不一的白点。雄蝶前翅后缘多向后突出，腹部末端毛笔器发达，不少种类的前翅有长条形或棒状性标。

　　成虫飞行缓慢，喜访花，部分种类亦会到潮湿的地面吸水。偏好生境因种类而异，大多在天然林出现，亦有部分仅出现于红树林，或能适应市区公园等受干扰生境。本属是亚洲斑蝶越冬集团的主要成员。幼虫多带鲜明的警戒色，有2-4对细长的肉刺，寄主为夹竹桃科和桑科植物。

　　主要分布于东洋区和澳洲区热带区域。此外，西印度洋和南太平洋的岛屿上，亦有本属成员分布。国内目前已知11种，本图鉴收录8种。

　　备注：本属成员多带毒性或不可口，它们均拥有相似深褐色和深蓝色翅，彼此模仿而形成穆氏拟态现象。此外，一些蝶类或蛾类也会拟态成与紫斑蝶属相似的外形，当中包括穆氏拟态和贝氏拟态。

蓝点紫斑蝶 / *Euploea midamus* (Linnaeus, 1758)   01-05 / P1631

　　中型斑蝶。翅深褐色，前翅背面有深蓝色金属光泽，中央有数个灰蓝色斑纹，前后翅外缘常有2列白色斑点。翅腹面除外缘的2列白点外，中央和前缘亦带白色斑点。个体间白色斑点变异颇大。雄蝶前翅cu_2室内有1长条形性标，前翅后缘明显向后突出，后翅背面中室至前缘有1片灰黄色斑纹。雌蝶前翅腹面cu_2室内有1道灰蓝色长斑。

　　1年多代，成虫全年可见。常出现在聚集越冬的斑蝶群中。幼虫寄主为夹竹桃科的羊角拗等植物。

　　分布于浙江、江西、福建、广东、广西、海南、云南、香港等地。此外见于马来西亚、印度尼西亚、菲律宾及喜马拉雅地区、中南半岛等地。

幻紫斑蝶 / *Euploea core* (Cramer, [1780])   06-12

　　中型斑蝶。翅深褐色，前翅背面深蓝色金属光泽不明显，或仅呈铜色光泽。个体间的白色斑纹变异大。中央和前缘带数个小白点，外缘有2列白色斑点，也有顶区呈大片灰白色的个体。后翅背面通常无斑，偶见外缘带1-2列小白点的个体。翅腹面中央带灰紫色斑点，外缘白色斑点的变异如背面。雄蝶前翅cu_2室内有1道长条形性标，前翅后缘明显向后突出。雌蝶前翅腹面cu_2室内有1道灰紫色长斑。

　　1年多代，成虫全年可见。常出现在聚集越冬的斑蝶群中。幼虫寄主植物为夹竹桃科弓果藤、匙羹藤、马利筋、夹竹桃和桑科榕树、琴叶榕等。

　　分布于福建、江西、广东、广西、云南、海南、香港等地。此外见于印度尼西亚及东洋区的大陆地区、澳洲区北部。

黑紫斑蝶 / *Euploea eunice* (Godart, 1819)   13-16

　　中型斑蝶。翅深褐色，前翅背面有深蓝色金属光泽，外缘有1列灰蓝色斑纹，其中央或有白点，后翅背面前外侧有数个灰蓝色斑点，斑纹发达的个体则有1-2列白色斑点。前翅腹面中央和前缘带数个小白点，外缘有1-2列白色斑点。雄蝶翅形甚圆，前翅背面cu_2室内有1道灰蓝色短棒状性标，腹面相应位置亦呈灰黄色，前翅后缘中央和内侧明显向后突出，后翅背面中室至前缘有1片灰黄色斑纹。雌蝶白色斑点较发达，前翅背面cu_2室内有1-2道灰蓝色斑纹。

　　世代数未明，成虫全年可见。常出现在聚集于台湾南部越冬的斑蝶群中。幼虫寄主为多种桑科榕属植物，包括榕树、大叶赤榕、笔管榕、薜荔、垂叶榕等。

　　分布于云南、广西、台湾。此外见于东南亚地区。

① ♂
蓝点紫斑蝶
福建南靖

① ♂
蓝点紫斑蝶
福建南靖

② ♀
蓝点紫斑蝶
福建南靖

② ♀
蓝点紫斑蝶
福建南靖

③ ♂
蓝点紫斑蝶
广东湛江

③ ♂
蓝点紫斑蝶
广东湛江

④ ♂
蓝点紫斑蝶
香港

④ ♂
蓝点紫斑蝶
香港

⑤ ♀
蓝点紫斑蝶
香港

⑤ ♀
蓝点紫斑蝶
香港

⑥ ♂
幻紫斑蝶
海南昌江

⑥ ♂
幻紫斑蝶
海南昌江

⑦ ♀
幻紫斑蝶
海南五指山

⑦ ♀
幻紫斑蝶
海南五指山

⑧ ♀
幻紫斑蝶
福建漳州

⑧ ♀
幻紫斑蝶
福建漳州

⑨ ♀
幻紫斑蝶
福建福州

⑨ ♀
幻紫斑蝶
福建福州

⑩ ♂
幻紫斑蝶
香港

⑩ ♂
幻紫斑蝶
香港

⑪ ♂
幻紫斑蝶
香港

⑪ ♂
幻紫斑蝶
香港

⑫ ♀
幻紫斑蝶
香港

⑫ ♀
幻紫斑蝶
香港

⑬ ♀
黑紫斑蝶
台湾台北

⑬ ♀
黑紫斑蝶
台湾台北

⑭ ♂
黑紫斑蝶
台湾南投

⑭ ♂
黑紫斑蝶
台湾南投

⑮ ♂
黑紫斑蝶
广西龙州

⑮ ♂
黑紫斑蝶
广西龙州

⑯ ♀
黑紫斑蝶
广西龙州

⑯ ♀
黑紫斑蝶
广西龙州

异型紫斑蝶 / *Euploea mulciber* (Cramer, [1777]) 01-08 / P1632

中型斑蝶。雄雌异型。雄蝶翅深褐色，前翅后缘略向后突出，背面有鲜明的深蓝色金属光泽，中央或有数个灰蓝色斑纹，外缘有2列灰蓝色斑纹，部分中央有白点，cu₂室无性标，腹面中央及外缘有白点，靠近后缘有1片深灰色斑纹。后翅前缘呈灰白色，中室前侧有土黄色三角小斑，腹面中央和外缘带灰蓝斑点。雌蝶翅深褐色，背面仅外侧有深蓝色金属光泽，外侧散布白色斑纹，基部则有灰褐色暗条纹，后翅满布白色幼条纹，外缘有1列白点，腹面白色斑纹分布表近背面。

1年多代，成虫全年可见。常出现在聚集越冬的斑蝶群中。幼虫以夹竹桃科弓果藤、夹竹桃、白叶藤、络石和桑科的榕树、台湾榕、糙叶榕、岛榕、九丁榕等植物为寄主。

分布于湖南、四川、贵州、云南、福建、江西、广东、广西、海南、台湾、西藏、香港等地。此外见于马来西亚、印度尼西亚、菲律宾及印度南部、喜马拉雅地区、中南半岛等地。

双标紫斑蝶 / *Euploea sylvester* (Fabricius, 1793) 09-12 / P1633

中型斑蝶。翅深褐色，前翅背面有深蓝色金属光泽，外缘有1列灰蓝色斑纹，其中央或有白点，腹面中央有数个灰蓝色斑点。后翅外缘无斑，或带1-2列白色斑点，腹面中央有数个灰蓝色斑点。雄蝶翅形甚圆，前翅cu₂室内有2道长条形性标，前翅后缘明显向后突出。雌蝶前翅腹面cu₂室内有2道白或灰蓝色长斑。

应为多世代物种，成虫全年可见。常出现在台湾和海南的越冬的斑蝶群中。幼虫寄主植物为夹竹桃科羊角拗。

分布于海南、云南、台湾、广东、香港等地。此外见于东洋区、澳洲区北部。

妒丽紫斑蝶 / *Euploea tulliolus* (Fabricius, 1793) 13-20 / P1633

中小型斑蝶。翅深褐色，前翅背面有深蓝色金属光泽，海南种群的中央有数个灰蓝色斑纹，外缘有1列灰蓝色斑纹，其中央或有白点，腹面中央有数个白色斑点。后翅外缘带1列白色斑点，腹面则有1-2列白色斑点。雄蝶翅形甚圆，前翅背面无性标，腹面cu₂室内有1个椭圆形肉色斑，前翅后缘中央和内侧明显向后突出，后翅背面中室至前缘有1片灰黄色斑纹，内有1个浅褐色或灰黄色椭圆形斑。雌蝶白色斑点较发达。

1年多代，成虫全年可见。常出现在台湾和海南的越冬的斑蝶群中。幼虫寄主植物为桑科牛筋藤。

分布于江西、广东、台湾、福建、海南、广西、云南等地。此外见于斐济、新喀里多尼亚、巴布亚新几内亚及东南亚地区、澳大利亚东北部、所罗门群岛。

白壁紫斑蝶 / *Euploea radamantha* (Fabricius, 1793) 21

中小型斑蝶。翅深褐色，背面有深蓝色金属光泽，前翅中室端至前缘有白色斑纹，后翅内侧有数条白色条纹。雄蝶前翅背面cu₂室内有灰蓝色短棒状性标，腹面相应位置有1个椭圆形深灰色斑纹，外缘有数个灰蓝色斑纹；雌蝶背面深蓝色金属光泽不明显，后翅外缘有2列白色斑点，整体白斑较雄蝶发达。

1年多代，成虫在夏季较常见。幼虫寄主未明。

分布于云南南部的热带地区。此外见于马来西亚、印度尼西亚及喜马拉雅地区、中南半岛。

默紫斑蝶 / *Euploea klugii* Moore, [1858] 22-23

中型斑蝶。外形与黑紫斑蝶相似，主要区别为本种海南种群前翅背面深蓝色金属光泽不及黑紫斑蝶鲜明，大陆种群常仅呈铜色光泽；本种前翅的白色斑点较发达，大陆种群顶角有明显白色斑纹；本种雄蝶前翅背面性标呈暗褐色，腹面相应位置呈深灰色。

应为多世代物种，成虫全年可见。常出现在海南越冬的斑蝶群中。国内幼虫寄主未明，国外种群则以桑科植物为幼虫寄主。

分布于云南、海南。此外见于印度、斯里兰卡及中南半岛、苏门答腊北部。

01 ♂
异型紫斑蝶
海南五指山

01 ♂
异型紫斑蝶
海南五指山

02 ♀
异型紫斑蝶
海南五指山

02 ♀
异型紫斑蝶
海南五指山

03 ♀
异型紫斑蝶
香港

03 ♀
异型紫斑蝶
香港

04 ♂
异型紫斑蝶
香港

04 ♂
异型紫斑蝶
香港

05 ♂
异型紫斑蝶

05 ♂
异型紫斑蝶
福建福州

06 ♀
异型紫斑蝶
福建福州

06 ♀
异型紫斑蝶
福建福州

07 ♂
异型紫斑蝶
台湾基隆

07 ♂
异型紫斑蝶
台湾基隆

08 ♂
异型紫斑蝶
云南江城

08 ♂
异型紫斑蝶
云南江城

09 ♂
双标紫斑蝶
海南五指山

09 ♂
双标紫斑蝶
海南五指山

10 ♀
双标紫斑蝶
海南万宁

10 ♀
双标紫斑蝶
海南万宁

11 ♂
双标紫斑蝶
台湾新竹

11 ♂
双标紫斑蝶
台湾新竹

12 ♀
双标紫斑蝶
台湾新竹

12 ♀
双标紫斑蝶
台湾新竹

⑬ ♂
妒丽紫斑蝶
广西平果

⑬ ♂
妒丽紫斑蝶
广西平果

⑭ ♀
妒丽紫斑蝶
广西平果

⑭ ♀
妒丽紫斑蝶
广西平果

⑮ ♂
妒丽紫斑蝶
广西龙州

⑮ ♂
妒丽紫斑蝶
广西龙州

⑯ ♂
妒丽紫斑蝶
广西扶绥

⑯ ♂
妒丽紫斑蝶
广西扶绥

⑰ ♂
妒丽紫斑蝶
台湾台南

⑰ ♂
妒丽紫斑蝶
台湾台南

⑱ ♀
妒丽紫斑蝶
台湾台北

⑱ ♀
妒丽紫斑蝶
台湾台北

⑲ ♀
妒丽紫斑蝶
海南海口

⑲ ♀
妒丽紫斑蝶
海南海口

⑳ ♂
妒丽紫斑蝶
海南万宁

⑳ ♂
妒丽紫斑蝶
海南万宁

㉑♂
白壁紫斑蝶
云南西双版纳

㉑♂
白壁紫斑蝶
云南西双版纳

㉒♂
默紫斑蝶
海南万宁

㉒♂
默紫斑蝶
海南万宁

㉓♀
默紫斑蝶
海南万宁

㉓♀
默紫斑蝶
海南万宁

绢蛱蝶属 / *Calinaga* Moore, 1857

　　中型蛱蝶。两性相似，前胸有橙色毛。翅背面黑褐色或淡黑色，多有淡褐色斑块，翅呈半透明状，斑纹类似绢斑蝶、斑凤蝶。

　　主要栖息于亚热带及热带森林，成虫多见于春季，飞行缓慢，喜欢吸食腐烂的水果、树液，也常见其在潮湿的泥地上吸水。幼虫寄主为桑树植物。

　　分布于东洋区。国内目前已知6种，本图鉴收录6种。

绢蛱蝶 / *Calinaga buddha* Moore, 1857　　　　01-04 / P1634

　　中型蛱蝶。前翅翅形近三角形，前缘、外缘呈弧形，翅顶圆钝，后翅近卵形。翅背面暗褐色，翅面有许多带光泽半透明的淡青白色斑，近翅基部为条纹斑，靠外缘部分为点状斑。翅腹面纹与背面类似，但底色较背面淡，偏浅褐色。

　　成虫多见于3-5月。

　　分布于台湾、云南。此外见于印度、缅甸。

大卫绢蛱蝶 / *Calinaga davidis* Oberthür, 1879　　　　05-13

　　中型蛱蝶。与绢蛱蝶较相似，一般大卫绢蛱蝶翅底色更偏淡，翅面的模糊感更强，但由于大卫绢蛱蝶分布广泛，不同地域的同种外观差异显著，部分地区的类群翅底色为黑褐色，更接近于绢蛱蝶，较不易辨别，但可以通过后翅翅脉的走向区分。绢蛱蝶属中，只有大卫绢蛱蝶后翅从内缘开始向外数的第4、5根翅脉的连接点与中室端脉的连接点分离较明显，而属内其他种类2个连接点几乎重合。

　　成虫多见于4-6月。

　　分布于河南、陕西、浙江、福建、广东、湖北、湖南、四川、重庆、云南、贵州等地。此外见于印度、缅甸。

阿波绢蛱蝶 / *Calinaga aborica* Tytler, 1915　　　　14

　　中型蛱蝶。与绢蛱蝶较相似，翅底色更深，呈黑褐色，翅背面斑纹更不发达，主要斑纹集中在前后翅基部区域，亚外缘有1列清晰的斑点，斑纹和斑点的颜色偏黄灰色。

　　成虫多见于4-5月。

　　分布于西藏。此外见于印度、缅甸。

黑绢蛱蝶 / *Calinaga lhatso* Obrthür, 1893　　　　15-16

　　中型蛱蝶。与绢蛱蝶较相似，但前翅明显更狭长，翅面底色黑褐色，部分个体发黑，前后翅亚外缘的斑点大而清晰，部分会与内部的斑点相融合，后翅臀角区偏黄，内缘为黄白色。翅腹面底色偏淡。

　　成虫多见于4-6月。

　　分布于陕西、云南、湖北、浙江。此外见于越南。

01 ♂
绢蛱蝶
台湾南投

01 ♂
绢蛱蝶
台湾南投

02 ♂
绢蛱蝶
台湾台北

02 ♂
绢蛱蝶
台湾台北

03 ♀
绢蛱蝶
台湾新北

03 ♀
绢蛱蝶
台湾新北

04 ♂
绢蛱蝶
云南贡山

04 ♂
绢蛱蝶
云南贡山

⑤ ♂
大卫绢蛱蝶
重庆

⑤ ♂
大卫绢蛱蝶
重庆

⑥ ♂
大卫绢蛱蝶
陕西镇安

⑥ ♂
大卫绢蛱蝶
陕西镇安

⑦ ♂
大卫绢蛱蝶
云南昆明

⑦ ♂
大卫绢蛱蝶
云南昆明

⑧ ♂
大卫绢蛱蝶
云南腾冲

⑧ ♂
大卫绢蛱蝶
云南腾冲

⑨ ♂
大卫绢蛱蝶
四川九龙

⑨ ♂
大卫绢蛱蝶
四川九龙

⑩ ♂
大卫绢蛱蝶
四川九龙

⑩ ♂
大卫绢蛱蝶
四川九龙

⑪ ♂
大卫绢蛱蝶
四川九龙

⑪ ♂
大卫绢蛱蝶
四川九龙

⑫ ♂
大卫绢蛱蝶
福建三明

⑫ ♂
大卫绢蛱蝶
福建三明

⑬ ♂
大卫绢蛱蝶
云南贡山

⑬ ♂
大卫绢蛱蝶
云南贡山

⑭ ♂
阿波绢蛱蝶
西藏墨脱

⑭ ♂
阿波绢蛱蝶
西藏墨脱

⑮ ♂
黑绢蛱蝶
云南维西

⑮ ♂
黑绢蛱蝶
云南维西

⑯ ♂
黑绢蛱蝶
陕西宁陕

⑯ ♂
黑绢蛱蝶
陕西宁陕

丰绢蛱蝶 / *Calinaga funebris* Oberthür, 1919 01-02

中型蛱蝶。与黑绢蛱蝶较相似，但体形明显较大，翅形更狭长。翅背面底色黑色，斑纹不发达，前翅仅有模糊分离的白斑，后翅斑点颜色偏黄，中室内斑条明显，中部和亚外缘各有1列清晰的黄斑，内缘至臀角处为大块黄色斑。

成虫多见于4-5月。

分布于四川、贵州、陕西、云南。此外见于越南。

大绢蛱蝶 / *Calinaga sudassana* Melvill, 1893 03-04

大型蛱蝶。是绢蛱蝶属体形最大的种类。胸部的红毛非常显著，翅背面底色黑褐色，斑纹淡蓝白色，后翅外缘斑点小，臀角区域附近为砖红色。翅腹面底色淡，后翅为淡红褐色。

成虫多见于3-4月。

分布于云南。此外见于缅甸、越南、老挝、泰国等地。

01 ♂
丰绢蛱蝶
贵州江口

01 ♂
丰绢蛱蝶
贵州江口

02 ♀
丰绢蛱蝶
陕西汉中

02 ♀
丰绢蛱蝶
陕西汉中

03 ♂
大绢蛱蝶
云南西双版纳

03 ♂
大绢蛱蝶
云南西双版纳

04 ♀
大绢蛱蝶
云南勐腊

04 ♀
大绢蛱蝶
云南勐腊

方环蝶属 / *Discophora* Boisduval, 1836

中型环蝶。前翅顶角以及后翅臀区呈明显的角状，翅背面底色灰色或褐色，后翅腹面中央偏外侧有细小环纹或圆斑，雄蝶后翅背面中央有暗色性标。

主要栖息在亚热带和热带森林，成虫喜阴，常在林下阴暗处活动，飞行迅速，生性机敏，常见其吸食树液及腐烂水果。幼虫寄主为禾本科多种植物。

主要分布于东洋区。国内目前已知2种，本图鉴收录2种。

凤眼方环蝶 / *Discophora sondaica* Boisduval, 1836　　　01-02 / P1635

中型环蝶。雄蝶翅背面为黑褐色，外缘有1-2列泛紫色白色斑点，后翅中央有1个黑色椭圆形性标，翅腹面底色为浅棕色，基半部色更深，后翅上下部外缘各有1个圆形眼斑。雌蝶前翅顶端更突出，后翅外缘波纹状明显，除了前翅背面有数列白色斑点外，前后翅还另有数列黄色斑点。

1年多代，成虫多见于5-8月。幼虫以禾本科多种竹属植物为寄主。

分布于福建、台湾、广东、海南、香港、广西、西藏、云南等地。此外见于印度、尼泊尔、越南、菲律宾、缅甸、泰国、老挝、越南、马来西亚及印度尼西亚等地。

惊恐方环蝶 / *Discophora timora* Westwood, [1850]　　　03 / P1635

中型环蝶。前翅顶角较凤眼方环蝶更为尖突，后翅外缘更圆阔，波纹状不明显。雄蝶翅背面为深紫褐色，中室外端及亚外缘有1列白色斑点，后翅中央的黑色心形性标较凤眼方环蝶更明显，翅腹面底色为深褐色，中央有1条深色带贯穿前后翅。雌蝶前翅顶角突出非常明显，中外部有1条宽阔的黄色斜带，体形也明显较大。

1年多代，成虫几乎全年可见。

分布于云南。此外见于印度、孟加拉国、尼泊尔、越南、缅甸、泰国、老挝、越南、马来西亚等地。

01 ♂
凤眼方环蝶
福建福州

01 ♂
凤眼方环蝶
福建福州

02 ♀
凤眼方环蝶
福建福州

02 ♀
凤眼方环蝶
福建福州

03 ♂
惊恐方环蝶
云南西双版纳

03 ♂
惊恐方环蝶
云南西双版纳

矩环蝶属 / *Enispe* Doubleday, 1848

　　中大型环蝶。翅背面以黄褐色及黑褐色为主，前后翅多有波纹状斑。雄蝶前翅顶角略突出，后翅外缘较圆阔，背面的内缘区被有浓密的长毛。雌蝶后翅则更方更阔。

　　主要栖息在亚热带和热带森林，成虫喜阴，常在林下阴暗处活动，常见其吸食树液及腐烂水果。

　　主要分布于东洋区。国内目前已知3种，本图鉴收录3种。

蓝带矩环蝶 / *Enispe cycnus* Westwood, 1851　　　　　　　　　　01

　　中大型环蝶。翅背面底色为黑褐色，外观上更接近方环蝶属种类，和国内其他2种矩环蝶差异明显，较好区分。雄蝶前翅前缘中部向内有1条泛蓝色光泽的白色斜带，部分个体斜带发达，可延伸至下缘中部，同时外缘还有1竖列的白色斑点，向内呈箭头状。腹面呈黄褐色，外缘色泽更淡。中央区域有1列贯穿前后翅的深色带。雌蝶斑纹类似雄蝶，但后翅背面外缘有更发达明显的黄色斑点。

　　成虫多见于7-8月。

　　分布于云南、西藏。此外见于印度、缅甸、老挝、泰国等地。

矩环蝶 / *Enispe euthymius* (Doubleday, 1845)　　　　　　　　02-03

　　中大型环蝶。雄蝶翅背面为深红棕色，前后翅的波纹状斑纹发达，尤其是产于云南南部的类群，黑色斑纹极为发达（部分文献将其作为独立的种类*Enispe tesselata*，本图鉴暂做同一种类处理），前翅波纹状斑内侧有1列明显的黑色斑点，中室端有发达的黑斑。翅腹面色泽较淡，前后翅中部有1列深色横带，后翅横带外侧有2个瞳心为白点的小圆斑。

　　成虫多见于6-8月。

　　分布于西藏、云南。此外见于印度、缅甸、泰国、老挝、越南等地。

月纹矩环蝶 / *Enispe lunatum* Leech, 1891　　　　　　　　　04-06

　　中大型环蝶。雄蝶翅背面底色为橙黄色，前翅有黑褐色缘带和波纹状外缘带，中室端部有细小的黑色纹，后翅翅形较圆，有2列"W"状条斑。翅腹面有1条暗褐色带贯穿前后翅，带的外侧带白斑纹，前后翅各有1列齿状深色带，后翅有2个瞳心为白点的小圆斑。雌蝶斑纹类似雄蝶，但翅背面底色偏暗，黑色斑纹更粗壮发达，前翅外侧有明显白斑，翅形较雄蝶阔。

　　成虫多见于4-8月。

　　分布于福建、广东、海南、四川。

01 ♂
蓝带矩环蝶
云南盈江

01 ♂
蓝带矩环蝶
云南盈江

02 ♂
矩环蝶
西藏墨脱

02 ♂
矩环蝶
西藏墨脱

03 ♂
矩环蝶
云南西双版纳

03 ♂
矩环蝶
云南西双版纳

④ ♂
月纹矩环蝶
四川峨眉山

④ ♂
月纹矩环蝶
四川峨眉山

⑤ ♂
月纹矩环蝶
福建三明

⑤ ♂
月纹矩环蝶
福建三明

⑥ ♀
月纹矩环蝶
四川芦山

⑥ ♀
月纹矩环蝶
四川芦山

斑环蝶属 / *Thaumantis* Hübner, 1926

　　中大型环蝶。翅形较圆阔，身体粗长。翅背面底色为黑色，大多种类翅面有亮蓝色斑块，腹面均以黑褐色为主，后翅有2个圆形眼斑。

　　主要生活在热带森林，成虫喜阴，常在林下阴暗处活动，飞行缓慢，常见其吸食动物粪便、树液及腐烂水果。

　　分布于东洋区。国内目前已知2种，本图鉴收录2种。

紫斑环蝶 / *Thaumantis diores* Doubleday, 1845　　　　　　　　　　　　01-02

　　大型环蝶。两性相似，翅形圆阔，翅背面底色为黑色，前后翅中域都有大型亮丽的蓝色斑块，蓝斑内可见深浅不一的过渡区域，蓝斑边界较模糊，有放射感。翅腹面底色为黑褐色，外缘为淡褐色，形成不同的色区，有3条暗色带，后翅有2个眼斑。

　　1年多代，成虫多见于6-9月。

　　分布于西藏和云南。此外见于印度、不丹、缅甸、老挝、泰国、柬埔寨、越南等地。

海南紫斑环蝶 / *Thaumantis hainana* (Crowley, 1900)　　　　　　　　　03-04

　　中大型环蝶。和紫斑环蝶非常相似，曾作为紫斑环蝶的海南亚种，和紫斑环蝶的区别在于体形相对较小，翅形更加圆阔，翅背面的蓝色斑块边界清晰，同时两者在生殖器上也有稳定的区别。

　　1年多代，成虫几乎全年可见。

　　分布于海南、广西。此外见于越南。

① ♂
紫斑环蝶
云南西双版纳

① ♂
紫斑环蝶
云南西双版纳

② ♂
紫斑环蝶
西藏墨脱

② ♂
紫斑环蝶
西藏墨脱

③ ♂
海南紫斑环蝶
海南五指山

③ ♂
海南紫斑环蝶
海南五指山

④ ♂
海南紫斑环蝶
海南陵水

④ ♂
海南紫斑环蝶
海南陵水

交脉环蝶属 / *Amathuxidia* Staudinger, 1887

　　大型环蝶。前翅顶角及后翅臀角突出，翅形呈叶状。翅面呈黑褐色或灰褐色，雄蝶常有蓝色斑纹，雌蝶斑纹则为黄色或黄白色。翅腹面为黄褐色，有多条深色带贯穿前后翅，后翅有2个显著的眼斑。

　　主要栖息在热带森林，喜欢在林下阴暗处活动，常见其吸食树液及腐烂水果。

　　分布于东洋区。国内目前已知1种，本图鉴收录1种。

森下交脉环蝶 / *Amathuxidia morishitai* Chou & Gu, 1994　　　01

　　大型环蝶。前翅顶角及后翅臀角突出，翅形呈叶状。雄蝶翅背面为黑褐色，前翅中部区域有宽阔的蓝色斜带，翅腹面为灰褐色，有多条深色带贯穿前后翅，内部区域的颜色较外部淡，下翅有一大一小2个眼斑。雌蝶翅背面色泽较雄蝶淡，为灰褐色，前翅的斑带为黄色，翅腹面则为黄褐色。

　　成虫多见于4-7月。

　　分布于海南。

　　备注：本种也有部分学者认为只是交脉环蝶*Amathuxidia amythaon*的亚种，因二者在生殖器上并无区别，该种的分类地位还有待进一步研究，本图鉴暂时作为独立种处理。

01 ♂
森下交脉环蝶
海南乐东

01 ♂
森下交脉环蝶
海南乐东

带环蝶属 / *Thauria* Moore, 1894

　　大型环蝶。身体粗壮，触角长，翅形阔，翅背面底色为黑褐色，前翅有白色斜带，后翅外缘有黄色斑块。翅腹面棕褐色，后翅中部从前缘到臀角贯穿1条深色斜带，有一大一小2个眼斑。雄蝶后翅背面内缘附近被有细毛，内缘有香鳞。

　　主要生活在热带森林，喜欢在林下阴暗处活动，常见其吸食树液及腐烂水果。

　　分布于东洋区。国内目前已知1种，本图鉴收录1种。

斜带环蝶 / *Tharuia althyi* (Fruhstorfer, 1902)　　　　　　　　01-03 / P1636

　　大型环蝶。两性斑纹相似，翅背面为黑褐色，前翅有1条宽阔的白色斜带，顶角有白色斑点，后翅上部外缘及下部边缘至臀角区域有鲜黄色斑块。腹面斑纹与背面相似，后翅端部棕黄色，从前缘中部至臀角具1条深色斜带，其中靠中部强烈内凹，与相邻的眼斑形成类似鸟头图案，靠臀角部位有1个大型眼斑。

　　1年多代，成虫几乎全年可见。

　　分布于云南、广西。此外见于越南、老挝、泰国、马来西亚及缅甸等地。

① ♂
斜带环蝶
广西龙州

① ♂
斜带环蝶
广西龙州

② ♂
斜带环蝶
云南勐腊

② ♂
斜带环蝶
云南勐腊

③ ♀
斜带环蝶
云南勐腊

③ ♀
斜带环蝶
云南勐腊

纹环蝶属 / *Aemona* Hewitson, 1868

中型环蝶。翅背面底色以黄色或灰褐色为主，前翅顶角突出，后翅外缘多有波状斑纹。翅腹面从前翅顶角到后翅臀角贯穿1条深色带，带的外侧有1列眼斑，外围包裹橙黄色纹，瞳心为白点。雄蝶后翅中部有3条由内向外沿着翅脉的香鳞，内缘区有细毛。

主要栖息在亚热带和热带森林，喜欢在林下阴暗处活动，飞行缓慢，常见其吸食树液及腐烂水果。幼虫以百合科菝葜属植物为寄主。

主要分布于东洋区。国内目前已知3种，本图鉴收录3种。

纹环蝶 / *Aemona amathusia* (Hewitson, 1867) 01-03 / P1637

中型环蝶。体形在国内3种纹环蝶中最小。雄蝶翅背面为统一的淡黄色（产于西藏东南部的个体颜色偏红），可见1条贯穿前后翅的横带，前翅顶角及外缘颜色更深暗，翅腹面有明显的深色横带，外侧有眼纹斑，其中前翅圆斑常退化缩小，后翅的香鳞较不明显。雌蝶翅背面为棕褐色，前翅顶角突出，顶角及外缘黑带明显，后翅棕带外侧有模糊的褐色钩形斑纹，后翅腹面的圆斑更为发达和明显。

1年多代，成虫多见于5-8月。幼虫以百合科菝葜属植物为寄主。

分布于福建、广东、广西、云南、西藏等地。此外见于印度、不丹、老挝、越南等地。

尖翅纹环蝶 / *Aemona lena* Atkinson, 1871 04-05

中型环蝶。与纹环蝶较相似，但前翅顶角明显更突出，前后翅背面外中域有明显的镶黑边的白色斑块，后翅下半部为大面积的鲜黄色。雌蝶体形更大，翅面的斑纹更加发达，沿翅脉的黑色条纹更粗壮，腹面的圆斑发达，清晰可见。

1年多代，部分地区成虫几乎全年可见。

分布于云南。此外见于缅甸、泰国、老挝等地。

奥倍纹环蝶 / *Aemona oberthueri* Stichel, 1906 06-07

中型环蝶。与纹环蝶较相似，但体形明显较大，雄蝶翅背面颜色为更暗的棕褐色，后翅的香鳞非常明显，中带外的有黑色钩状纹。雌蝶与纹环蝶的雌蝶非常相似，但后翅中带外的黑色钩状纹明显比纹环蝶清晰。

成虫多见于5-8月。

分布于福建、广东、广西、江西、湖北、四川、重庆、贵州等地。此外见于越南。

01 ♂
纹环蝶
福建福州

01 ♂
纹环蝶
福建福州

02 ♂
纹环蝶
西藏墨脱

02 ♂
纹环蝶
西藏墨脱

03 ♀
纹环蝶
福建福州

03 ♀
纹环蝶
福建福州

04 ♀
尖翅纹环蝶
云南勐腊

04 ♀
尖翅纹环蝶
云南勐腊

05 ♂
尖翅纹环蝶
云南盈江

05 ♂
尖翅纹环蝶
云南盈江

06 ♂
奥倍纹环蝶
福建龙岩

06 ♂
奥倍纹环蝶
福建龙岩

07 ♀
奥倍纹环蝶
广西兴安

07 ♀
奥倍纹环蝶
广西兴安

箭环蝶属 / *Stichophthalma* C. & R. Felder, 1862

　　大型环蝶。翅形阔，身体粗壮，大多种类翅面底色以黄色或棕黄色为主，翅背面沿外缘有黑褐色箭形纹。雄蝶后翅背面靠基部有性标，中室基部有毛束。

　　主要栖息在热带及亚热带森林，成虫喜阴，常活动于竹林及其附近，飞行缓慢但飘忽不定，常成群聚集吸食动物粪便、树液及腐烂水果。幼虫寄主为禾本科及棕榈科植物。

　　主要分布于东洋区。国内目前已知9种，本图鉴收录9种。

箭环蝶 / *Stichophthalma howqua* (Westwood, 1851)　　　　01-03 / P1638

　　大型环蝶。雄蝶背面为统一均匀的橙黄色，前翅翅顶有黑色纹，前后翅外缘排列着清晰的黑色箭形纹，腹面有2道黑褐色线纹，前后翅排列着1串橙色圆斑。雌蝶斑纹与雄蝶相似，腹面底色更偏青黄，前后翅的外横线外伴有白斑。

　　1年1代，成虫多见于6-8月。幼虫以禾本科芒属及多种竹属植物为寄主。

　　分布于安徽、浙江、江西、海南、台湾等地。此外见于越南。

华西箭环蝶 / *Stichophthalma suffusa* Leech, 1892　　　　04-08 / P1639

　　大型环蝶。与箭环蝶相似，曾长期作为箭环蝶的亚种。其后翅背面外缘的黑色箭形纹更为粗大，且靠后缘的黑斑几乎融合弥漫，基本不显示成独立的箭纹形。

　　1年1代，成虫多见于6-8月。常见于竹林或林中阴暗处活动。

　　分布于云南、四川、湖北、湖南、贵州、重庆、广西、广东、福建、江西等地，和箭环蝶在分布上不重叠。此外见于越南。

双星箭环蝶 / *Stichophthalma neumogeni* Leech, 1892　　　　09-14

　　中大型环蝶。是箭环蝶属中体形最小的种类。与箭环蝶相似，但体形显著较小，翅形更圆。产于华东地区的个体翅背面颜色为统一的橙黄色，而产于西藏东南地区的个体翅背面颜色不统一，外缘部分为橙黄色，而靠内则偏橙红色。雌蝶前翅背面的前角有清晰的白斑，而箭环蝶的雌蝶往往没有白斑。

　　1年1代，成虫多见于6-8月。

　　分布于福建、江西、湖北、四川、重庆、湖南、陕西、甘肃、云南、西藏等地。此外见于越南。

心斑箭环蝶 / *Stichophthalma nourmahal* (Westwood, 1851)　　　　15-17 / P1640

　　中型环蝶。体形大小与双星箭环蝶接近，但翅形明显较方。翅背面为类似巧克力的深褐色，较易与其他箭环蝶区别，前翅顶角及外缘区为黄褐色，前后翅的箭纹形斑不发达。雌蝶前翅背面顶角有1个白斑，腹面黑色中线外伴随着清晰的白斑条纹。

　　成虫多见于6-7月。

　　分布于海南。此外见于印度。

01 ♂
箭环蝶
海南五指山

01 ♂
箭环蝶
海南五指山

02 ♂
箭环蝶
台湾南投

02 ♂
箭环蝶
台湾南投

⑬ ♀
箭环蝶
台湾花莲

⑬ ♀
箭环蝶
台湾花莲

04 ♂
华西箭环蝶
甘肃榆中

04 ♂
华西箭环蝶
甘肃榆中

05 ♀
华西箭环蝶
四川都江堰

05 ♀
华西箭环蝶
四川都江堰

⑥ ♂
华西箭环蝶
四川芦山

⑥ ♂
华西箭环蝶
四川芦山

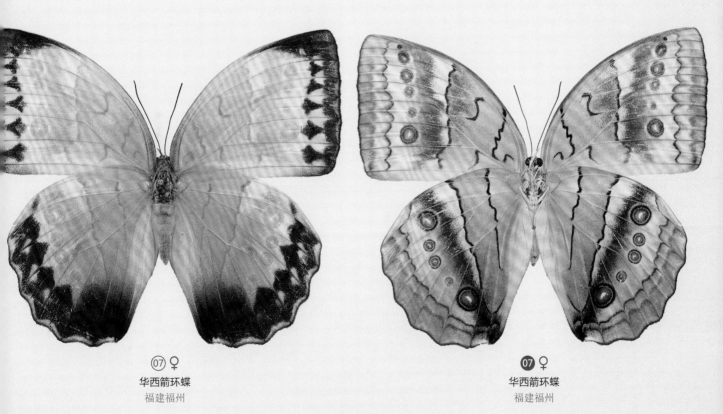

⑦ ♀
华西箭环蝶
福建福州

⑦ ♀
华西箭环蝶
福建福州

(08) ♀
华西箭环蝶
广西瑶山

08 ♀
华西箭环蝶
广西瑶山

⑨ ♂
双星箭环蝶
西藏墨脱

⑨ ♂
双星箭环蝶
西藏墨脱

⑩ ♀
双星箭环蝶
西藏墨脱

⑩ ♀
双星箭环蝶
西藏墨脱

⑪ ♂
双星箭环蝶
广东乳源

⑪ ♂
双星箭环蝶
广东乳源

⑫ ♂
双星箭环蝶
福建福州

⑫ ♂
双星箭环蝶
福建福州

⑬ ♂
双星箭环蝶
四川都江堰

⑬ ♂
双星箭环蝶
四川都江堰

⑭ ♀
双星箭环蝶
福建顺昌

⑭ ♀
双星箭环蝶
福建顺昌

⑮ ♂
心斑箭环蝶
海南五指山

⑮ ♂
心斑箭环蝶
海南五指山

⑯ ♀
心斑箭环蝶
海南五指山

⑯ ♀
心斑箭环蝶
海南五指山

⑰ ♀
心斑箭环蝶
海南五指山

⑰ ♀
心斑箭环蝶
海南五指山

斯巴达星箭环蝶 ／ *Stichophthalma sparta* de Nicéville, 1894　　　　　01-02

　　大型环蝶。与箭环蝶相似，但翅背面颜色更深，偏红棕色，前翅颜色不统一，靠顶角和外缘区域色泽更淡。后翅的箭纹形斑更为粗大，其中靠内缘的箭纹形斑的头部非常圆阔，更类似鱼头而非尖锐的箭头。

　　1年1代，成虫多见于7-8月。

　　分布于云南。此外见于印度、缅甸。

黎箭环蝶 ／ *Stichophthalma le* Joicey & Talbot, 1921　　　　　03-04

　　大型环蝶。曾作为双星箭环蝶的亚种，但其体形明显更大，更接近于箭环蝶。与箭环蝶相似，但翅背面的箭纹形斑的箭头和箭尾部分不相连。呈断裂分离状态。前后翅腹面的橙色圆斑分别为稳定的2个和3个。

　　成虫多见于4-6月。

　　分布于海南。

白袖箭环蝶 ／ *Stichophthalma mathilda* Janet, 1905　　　　　05-06 / P1640

　　大型环蝶。曾长期作为*stichophthalma louisa*的亚种。与箭环蝶相似，但翅背面的箭纹形斑非常发达，背面颜色为深黄褐色，前翅顶角及外缘区有大片的白色区域，色彩对比强烈。翅腹面 色泽偏黄绿色，前翅中域部分白斑显著，前后翅橙黄色圆斑大而明显。

　　成虫多见于4-8月。

　　分布于云南。此外见于越南、老挝、泰国等地。

白兜箭环蝶 ／ *Stichophthalma fruhstorferi* Röber, 1903　　　　　07-08

　　大型环蝶。与箭环蝶相似，前后翅箭纹形斑非常发达，翅背面颜色为褐色或黄褐色，前翅中外部区域有大面积白斑，后翅箭纹形斑外围区域也为白色。翅腹面色泽为青绿色，后翅为稳定的3个圆形橙斑。

　　成虫多见于4-6月。

　　分布于广西。此外见于越南。

喜马箭环蝶 ／ *Stichophthalma camadeva* (Westwood, 1848)　　　　　09-11 / P1640

　　大型环蝶。前翅背面为大面积的蓝白色或乳白色，仅靠内缘的一小部分区域为棕褐色，翅外缘有箭纹形斑，箭纹形斑靠内对应排列着黑色圆形斑，有时部分个体黑斑会退化消失。后翅背面内缘区域为深棕褐色，外缘的箭纹形斑为黑色，但箭纹头部区域融合成大面积的黑斑，并和内缘的深褐色部位相连，基本看不出箭头状，箭纹形的尾部外围为蓝白色。翅腹面底色为青绿色，黑色中线外伴着较宽的青白色中带，前后翅的橙色圆斑大而明显。

　　成虫多见于6-8月。

　　分布于西藏。此外见于尼泊尔、印度、不丹、缅甸、印度、泰国。

① ♂
斯巴达箭环蝶
云南贡山

① ♂
斯巴达箭环蝶
云南贡山

② ♀
斯巴达箭环蝶
云南贡山

② ♀
斯巴达箭环蝶
云南贡山

③ ♂
黎箭环蝶
海南五指山

③ ♂
黎箭环蝶
海南五指山

④ ♀
黎箭环蝶
海南五指山

④ ♀
黎箭环蝶
海南五指山

⑤ ♂
白袖箭环蝶
云南西双版纳

⑤ ♂
白袖箭环蝶
云南西双版纳

⑥ ♀
白袖箭环蝶
云南金平

⑥ ♀
白袖箭环蝶
云南金平

⑦ ♂
白兜箭环蝶
广西龙州

⑦ ♂
白兜箭环蝶
广西龙州

⑧ ♀
白兜箭环蝶
广西龙州

⑧ ♀
白兜箭环蝶
广西龙州

⑨ ♂
喜马箭环蝶
西藏墨脱

⑨ ♂
喜马箭环蝶
西藏墨脱

⑩ ♂
喜马箭环蝶
西藏墨脱

⑩ ♂
喜马箭环蝶
西藏墨脱

⑪ ♂
喜马箭环蝶
西藏墨脱

⑪ ♂
喜马箭环蝶
西藏墨脱

串珠环蝶属 / *Faunis* Hübner, 1819

　　中型环蝶。翅形较圆，翅背面以红褐、黄褐或灰褐色为主，没有斑纹。腹面排列有类似珍珠的1串白色斑点。雄蝶前翅后缘基部有叶状突，其腹面有特化鳞，后翅背面基部有毛束。

　　主要栖息在亚热带和热带森林，成虫喜阴，常在林下阴暗处活动，飞行缓慢，常见其吸食动物粪便、树液及腐烂水果。幼虫以百合科植物为寄主。

　　分布于东洋区。国内目前已知3种，本图鉴收录3种。

褐串珠环蝶 / *Faunis canens* Hübner, 1826　　　　　01-02 / P1641

　　中小型环蝶。是国内体形最小的串珠环蝶属种类。翅背面底色为赭褐色，腹面底色为泥褐色，翅基、中央及亚外缘的暗色纹较模糊，不清晰，中央偏外侧的白色圆斑小，有时退化成点状。

　　1年多代，部分地区成虫几乎全年可见。

　　分布于广西、云南。此外见于印度、缅甸、泰国、老挝、越南、马来西亚及印度尼西亚等地。

串珠环蝶 / *Faunis eumeus* (Drury, 1773)　　　　　03-06 / P1641

　　中型环蝶。翅形较圆，翅背面为红褐色，隐约可见腹白色圆斑，雄蝶前翅靠顶角区有1条黄褐色斜带，雌蝶的黄褐色区域面积更大，颜色也更为鲜亮。翅腹面底色为黄褐色，翅基、中央及亚外缘各有1条暗色纹，中央偏外侧有1串清晰的奶油色圆斑。

　　1年多代，成虫多见于4-7月。幼虫以百合科植物菝葜及麦冬为寄主。

　　分布于广东、香港、广西、台湾、海南、云南等地。此外见于缅甸、柬埔寨、越南、老挝、泰国等地。

灰翅串珠环蝶 / *Faunis aerope* (Leech, 1890)　　　　　07-12 / P1642

　　中型环蝶。翅形较圆，翅背面为浅灰色，靠边缘的颜色更深，呈灰褐色，其中雌蝶前后翅边缘的灰褐色区域面积更大，更明显。翅腹面灰色较背面深，翅基、中央及亚外缘各有1条暗色纹，中央偏外侧有1串白色圆斑，圆斑较串珠环蝶小，部分个体缩小退化，雌蝶白色圆斑较雄蝶明显。成虫多见于5-7月。幼虫以百合科植物麦冬为寄主。

　　分布于四川、陕西、甘肃、贵州、湖北、湖南、福建、浙江、广东、海南、云南、西藏等地。此外见于越南。

　　备注：本种在国内分布广泛，但部分地区的类群在生殖器上差异显著，有可能为独立的种，本图鉴暂做同一种类处理。

01 ♂
褐串珠环蝶
云南金平

01 ♂
褐串珠环蝶
云南金平

02 ♀
褐串珠环蝶
云南普洱

02 ♀
褐串珠环蝶
云南普洱

03 ♀
串珠环蝶
海南五指山

03 ♀
串珠环蝶
海南五指山

04 ♂
串珠环蝶
海南五指山

04 ♂
串珠环蝶
海南五指山

05 ♂
串珠环蝶
台湾基隆

05 ♂
串珠环蝶
台湾基隆

06 ♀
串珠环蝶
台湾基隆

06 ♀
串珠环蝶
台湾基隆

⓻ ♂
灰翅串珠环蝶
福建福州

⓻ ♂
灰翅串珠环蝶
福建福州

⓼ ♀
灰翅串珠环蝶
福建福州

⓼ ♀
灰翅串珠环蝶
福建福州

⓽ ♀
灰翅串珠环蝶
广东乳源

⓽ ♀
灰翅串珠环蝶
广东乳源

⑩ ♂
灰翅串珠环蝶
广西龙州

⑩ ♂
灰翅串珠环蝶
广西龙州

⑪ ♀
灰翅串珠环蝶
广西龙州

⑪ ♀
灰翅串珠环蝶
广西龙州

⑫ ♀
灰翅串珠环蝶
云南贡山

⑫ ♀
灰翅串珠环蝶
云南贡山

珍蝶属 / *Acraea* Fabricius, 1807

中型珍蝶。热带亚热带低海拔种类。翅面黄色或橙黄色，有斑点，外缘有较宽的黑色带。

成虫喜欢在林边寄主旁较空旷地方出没，慢速低飞，雄蝶互相追逐，喜阳光，访花。幼虫主要以醉鱼草科和荨麻科等多种植物为寄主。

主要分布于东洋区和非洲区。国内目前已知2种，本图鉴收录2种。

斑珍蝶 / *Acraea issoria* (Hübner, [1819])　　　　01

中型珍蝶。雌雄同型。翅背面橙黄色，分布较多黑色斑点，前翅斑点较大，后翅斑点小，前翅外缘有黑带，较窄，后翅黑色带宽，其内部有1列黄色圆点。

1年多代，成虫几乎全年可见。

分布于海南。此外见于泰国、缅甸、越南、老挝、印度等地。

苎麻珍蝶 / *Acraea violae* (Fabricius, 1793)　　　　02-06 / P1642

中型珍蝶。雌雄同型。雄蝶翅背面黄色，前后翅外缘黑带较宽，黑带内各室有斑点，腹面颜色较淡；雌蝶翅面较暗，颜色较淡，通常前翅中室及中域附件有黑斑，黑色外带较宽，翅脉为黑色。

1年多代，成虫多见于4-11月。雌蝶将卵群产在寄主叶底。幼虫主要以醉鱼草科和荨麻科等多种植物为寄主。

分布于长江以南各省以及香港、台湾、云南。此外见于泰国、缅甸、越南、老挝、印度、马来西亚、菲律宾等。

01 ♂
斑珍蝶
海南通什

02 ♀
苎麻珍蝶
四川天全

03 ♀
苎麻珍蝶
台湾台中

01 ♂
斑珍蝶
海南通什

02 ♀
苎麻珍蝶
四川天全

03 ♀
苎麻珍蝶
台湾台中

04 ♂
苎麻珍蝶
云南贡山

05 ♀
苎麻珍蝶
云南贡山

06 ♂
苎麻珍蝶
台湾屏东

04 ♂
苎麻珍蝶
云南贡山

05 ♀
苎麻珍蝶
云南贡山

06 ♂
苎麻珍蝶
台湾屏东

锯蛱蝶属 / *Cethosia* Fabricius, 1807

中型蛱蝶。偏热带种类，翅面橙红色，色彩鲜艳，有白色斑带，因前后翅外缘满布锯齿状花纹而得名。

成虫分布于中低海拔，飞行缓慢，雌蝶在林内穿梭，寻找合适寄主，喜吸蜜访花。幼虫主要以西番莲属多种植物为寄主。

主要分布于东洋区。国内目前已知2种，本图鉴收录2种。

红锯蛱蝶 / *Cethosia biblis* (Drury, [1773]) 　　　　　　　　　　　　　01-04 / P1644

中型蛱蝶。雌雄异型。雄蝶翅背面橙红色，前后翅外缘锯齿状，前翅端黑色，亚外缘有1列"V"形花纹，前翅中室有数条黑线，中域有1列白点和"V"形斑，后翅外带宽、黑色，外缘中区有数个黑色斑点，腹面为黄色与白色相间环形带，各色带有数个黑色斑纹。雌蝶翅背面为褐白色。

1年多代，成虫几乎全年可见，幼虫主要以西番莲属多种植物为寄主。

分布于广东、香港、海南、广西、福建、云南、江西、四川、西藏等地。此外见于泰国、尼泊尔、不丹、马来西亚、越南、老挝、缅甸、印度等地。

白带锯蛱蝶 / *Cethosia cyane* (Drury, [1773]) 　　　　　　　　　　　　05-07 / P1645

中型蛱蝶。雌雄异型。与红锯蛱蝶较相似，主要区别在于，前者前翅外中区亚顶角有1条白色斜带，背腹面花纹基本一致。雌蝶有两种色型，一种后翅为白色，另一种后翅浅橙色向白色过渡。

1年多代，成虫几乎全年可见。幼虫主要以西番莲属多种植物为寄主。

分布于广东、海南、广西、云南、四川等地。此外见于泰国、尼泊尔、马来西亚、越南、老挝、缅甸、印度等地。

①♂
红锯蛱蝶
海南乐东

①♂
红锯蛱蝶
海南乐东

②♂
红锯蛱蝶
云南绿春

②♂
红锯蛱蝶
云南绿春

③♂
红锯蛱蝶
云南大理

③♂
红锯蛱蝶
云南大理

④♀
红锯蛱蝶
云南大理

④♀
红锯蛱蝶
云南大理

⑤ ♂
白带锯蛱蝶
云南景洪

⑤ ♂
白带锯蛱蝶
云南景洪

⑥ ♀
白带锯蛱蝶
云南景洪

⑥ ♀
白带锯蛱蝶
云南景洪

⑦ ♂
白带锯蛱蝶
云南盈江

⑦ ♂
白带锯蛱蝶
云南盈江

文蛱蝶属 / *Vindula* Hemming, 1934

中大型蛱蝶。翅面橙黄色，前翅顶角外突，后翅波浪状，具短尖尾突。

成虫栖息于偏热带低海拔山地，林边较空旷地方，飞行迅速，喜欢访花，也会到地面吸水。幼虫主要以多种西番莲属植物为寄主。

主要分布于东洋区。国内目前已知1种，本图鉴收录1种。

文蛱蝶 / *Vindula erota* (Fabricius, 1793)　　　　　　　　　　01-03 / P1646

中大型蛱蝶。雌雄异型。雄蝶翅背面橙黄色，中域颜色较浅，靠基部颜色较深，由1条黑色竖线分隔，前后翅亚外缘有2列锯齿纹，前翅顶区有2个黑点，中室有3条黑色竖线，后翅外缘区有圆形眼斑，腹面颜色较浅。雌蝶翅背面褐色，偏黑，前后翅中域白色带贯穿，后翅眼斑发达。

1年多代，成虫几乎全年可见。幼虫主要以西番莲科三开瓢等植物为寄主。

分布于海南、广西、广东、云南等地。此外见于泰国、老挝、缅甸、马来西亚、菲律宾、越南、印度等地。

01 ♀
文蛱蝶
云南西双版纳

01 ♀
文蛱蝶
云南西双版纳

02 ♂
文蛱蝶
云南河口

02 ♂
文蛱蝶
云南河口

03 ♂
文蛱蝶(异常型)
云南西双版纳

03 ♂
文蛱蝶(异常型)
云南西双版纳

彩蛱蝶属 / *Vagrans* Hemming, 1934

　　中小型蛱蝶。成虫栖息于较低海拔林内，常在林内较明亮低处活动，机警灵敏，较活跃，半张翅膀跳跃飞行，不访花，常见于到地面吸水、腐果、矿物质等。

　　主要分布于东洋区。国内目前已知1种，本图鉴收录1种。

彩蛱蝶 / *Vagrans egista* (Cramer, [1780])　　　　　　　　　　　　　　01-02 / P1647

　　中小型蛱蝶。雌雄同型。前翅尖，外缘斜直，后翅波浪状，具尖尾突，前后翅背大面积橙黄色，基部颜色较深，外缘黑色或褐色，外中区有1列黑点，前翅中室有黑色竖纹，翅腹面褐色为主，有光泽，满布白色斑纹。

　　1年多代，成虫几乎全年可见。幼虫主要以大风子科天料木属及刺篱木属植物为寄主。

　　分布于广东、广西、海南、云南等地。此外见于泰国、老挝、缅甸、越南、印度、菲律宾等地。

帖蛱蝶属 / *Terinos* Boisduval, [1836]

　　中至中大型蛱蝶。翅形独特，前翅外缘在顶角附近明显向外突出，后翅或带指状尾突。翅背面底色呈带金属光泽的深紫蓝色，后翅外侧或带黄褐色斑纹。雄蝶两翅有大片由特化鳞片构成的性标。

　　成虫栖息于热带森林，飞行快速敏捷，喜吸食腐果，常停栖在叶底。幼虫以堇菜科、大戟科、大风子科等植物为寄主。

　　分布于东洋区及澳洲区的热带地区。国内目前已知1种，本图鉴收录1种。

帖蛱蝶 / *Terinos clarissa* Boisduval, 1836　　　　　　　　　　　　　　　　03-04

　　中型蛱蝶。前翅外缘在顶角附近明显向外突出成矩形，后翅具粗短尾突。雄蝶翅背面底色呈带金属光泽的深紫蓝色，后翅外侧呈黄褐色，前翅外侧及后翅前侧有大片由特化鳞片构成的性标；雌蝶翅背面及前翅内侧为紫蓝色，前翅外侧及后翅内侧为褐色，后翅外侧呈黄褐色。腹面底色呈褐色，有灰褐色波纹构成的模糊图案，后翅有深褐色点列，中室端有白纹。

　　1年多代，成虫多见于4-10月。幼虫以大风子科天料木属植物为寄主。

　　分布于广西。此外见于泰国、马来西亚、印度尼西亚及中南半岛等地。

01 ♂
彩蛱蝶
海南乐东

01 ♂
彩蛱蝶
海南乐东

02 ♂
彩蛱蝶
海南五指山

02 ♂
彩蛱蝶
海南五指山

03 ♂
帖蛱蝶
广西崇左

03 ♂
帖蛱蝶
广西崇左

04 ♀
帖蛱蝶
广西崇左

04 ♀
帖蛱蝶
广西崇左

襟蛱蝶属 / *Cupha* Billberg, 1820

中型蛱蝶。翅面黄色为主，翅形较圆。前足退化、收缩，雄蝶为一跗节。

成虫栖息于低海拔林内，喜阳光，在较空旷林边低处活动，常见停息时半张翅，飞行较缓慢，有访花行为，多见于到地面吸水及腐食。幼虫主要以多种大风子科植物为寄主。

主要分布于东洋区。国内目前已知1种，本图鉴收录1种。

黄襟蛱蝶 / *Cupha erymanthis* (Drury, [1773])　　　　　01-03 / P1648

中型蛱蝶。雌雄同型。翅面褐黄色，前翅角为黑色，翅角有1-2个黄点，中域有1条较宽的黄白色斜带，边缘不平整，内有2个黑点，后翅外缘带黑色，亚外缘有2列弧形黑纹，中域有5个黑点弧形排列。雌蝶体形较大，颜色较深。

1年多代，成虫几乎全年可见，多见于3-11月。幼虫以大风子科刺篱木属植物为寄主。

分布于海南、广东、广西、云南、香港、台湾等地。此外见于泰国、越南、老挝、柬埔寨等地。

珐蛱蝶属 / *Phalanta* Horsfield, [1829]

中小型蛱蝶。前翅边缘较直，后翅外缘轻微波浪状，翅面橙黄色，有黑色斑点，外缘线黑，翅脉清晰。

成虫栖息于热带原始林内较低海拔处，有喜欢林内较阴暗处，也有喜欢空旷阳光充足的林边，喜欢访花，常见于到地面吸水。幼虫以多种杨柳科植物为寄主。

主要分布于东洋区。国内目前已知2种，本图鉴收录2种。

珐蛱蝶 / *Phalanta phalantha* (Drury, [1773])　　　　　04-06 / P1648

中型蛱蝶。雌雄同型。翅背面橙黄色，前后翅亚外缘有锯齿状黑色线纹，翅面满布有不规则大小不一黑色斑点，腹面黄色略淡，黑色纹浅，有浅淡紫色斑。雌蝶翅腹面淡紫色斑更明显和发达。

1年多代，成虫多见于5-10月。幼虫以杨柳科垂柳等植物为寄主。

分布于福建、广东、广西、海南、云南、台湾、香港等地。此外见于泰国、老挝、越南、缅甸、印度等地。

黑缘珐蛱蝶 / *Phalanta alcippe* (Moore, 1900)　　　　　　07

小型蛱蝶。与珐蛱蝶相似，本种体形明显较小，前后翅外缘黑带不断裂，明显更宽，前后翅中区到基部有较多断裂黑色线纹。

1年多代，成虫多见于4-7月。

分布于海南、云南。此外见于泰国、老挝、柬埔寨、越南、印度等地。

01 ♂
黄襟蛱蝶
福建福州

02 ♂
黄襟蛱蝶
台湾屏东

03 ♀
黄襟蛱蝶
台湾台北

01 ♂
黄襟蛱蝶
福建福州

02 ♂
黄襟蛱蝶
台湾屏东

03 ♀
黄襟蛱蝶
台湾台北

04 ♀
珐蛱蝶
海南乐东

05 ♂
珐蛱蝶
台湾台北

06 ♀
珐蛱蝶
台湾台北

07 ♂
黑缘珐蛱蝶
海南陵水

04 ♀
珐蛱蝶
海南乐东

05 ♂
珐蛱蝶
台湾台北

06 ♀
珐蛱蝶
台湾台北

07 ♂
黑缘珐蛱蝶
海南陵水

辘蛱蝶属 / *Cirrochroa* Doubleday, 1847

中大型蛱蝶。雄蝶翅面为鲜明的橙黄色或橙红色，具黑色斑纹，雌蝶色泽较暗，黑纹较雄蝶更为发达。栖息在热带森林，成虫喜欢在阳光强烈的地方活动，飞行迅速，常见其吸食树液或腐烂水果。

分布于东洋区。国内目前已知2种，本图鉴收录2种。

幸运辘蛱蝶 / *Cirrochroa tyche* (C. & R. Felder, 1861)　　　　　　　01-03 / P1649

中型蛱蝶。雄蝶翅背面橙红色，前翅前缘及外缘具黑边，外缘有黑色波纹线，中室端有1条深色短条，中域贯穿1列黑色斑纹，但斑纹常退化，后翅中部有1条黑色中线，外侧伴有1列黑色斑点，外缘及亚外缘有黑色波纹线，翅腹面色泽较背面浅，斑纹与背面相似，后翅中线及外缘波纹线伴有明显的白带。雌蝶翅背面赭黄褐色，后翅偏灰，色泽较暗，斑纹与雄蝶类似，但黑纹发达。

1年多代，成虫几乎全年可见。

分布于广东、广西、云南、海南等地。此外见于印度、泰国、老挝、越南等地。

辘蛱蝶 / *Cirrochroa aoris* Doubleday, 1847　　　　　　　　　　04-05 / P1649

中大型蛱蝶。与幸运辘蛱蝶较相似，但体形明显更大，雄蝶顶角突出，顶端平直，翅背面斑纹线清晰，后翅中带呈弧形，而幸运辘蛱蝶较直，雌蝶翅背面为灰褐色，白斑非常发达。

成虫多见于7-8月。

分布于西藏。此外见于印度、缅甸、不丹、泰国、老挝、越南等地。

01 ♂
幸运辘蛱蝶
广东湛江

02 ♂
幸运辘蛱蝶
云南盈江

03 ♀
幸运辘蛱蝶
海南海口

01 ♂
幸运辘蛱蝶
广东湛江

02 ♂
幸运辘蛱蝶
云南盈江

03 ♀
幸运辘蛱蝶
海南海口

04 ♂
辘蛱蝶
西藏墨脱

05 ♀
辘蛱蝶
西藏墨脱

04 ♂
辘蛱蝶
西藏墨脱

05 ♀
辘蛱蝶
西藏墨脱

豹蛱蝶属 / *Argynnis* Fabricius, 1807

　　中型蛱蝶。雌雄异型。雄蝶翅背面橙黄色，雌蝶翅背面成两色型，分别为黄色型及灰色型，具不规则黑色圆形斑点和线状斑纹，后翅腹面灰绿色，具有金属光泽，有白线及眼斑。雄蝶前翅具4条黑色性标。

　　成虫飞行迅速，活动于高海拔阔叶林区及高山、亚高山草甸等。幼虫寄主为堇菜科堇菜属植物。

　　主要分布于古北区。国内目前已知1种，本图鉴收录1种。

绿豹蛱蝶 / *Argynnis paphia* (Linnaeus, 1758)　　　　01-03 / P1650

　　中型蛱蝶。雌雄异型。雄蝶翅背面橙黄色，雌蝶翅背面成两色型，分别为黄色型及灰色型，具不规则黑色圆形斑点和线状斑纹，后翅腹面灰绿色，具有金属光泽，有白线及眼斑。雄蝶前翅具4条黑色性标。中室内具4条短纹，后翅腹面基部灰色，具不规则波状横线及圆斑。前翅顶角灰绿色，黑斑比背面显著；后翅腹面灰绿色，具有金属光泽，无黑斑，具有银白色线条及眼状纹。

　　1年1代，成虫多见于6-8月。

　　分布广泛，几乎遍布全国。此外见于日本及朝鲜半岛、欧洲、非洲等地。

斐豹蛱蝶属 / *Argyreus* Scopoli, 1777

　　中型蛱蝶。雌雄异型。雄蝶翅背面橙黄色，有蓝白色细弧状纹，具黑色斑点。前翅端半部黑色，中有白色斜带。翅腹面与背面差异较大，前翅顶角暗绿色有白斑，后翅斑纹暗绿色。

　　成虫飞行迅速，在林间活动。幼虫以堇菜科植物为寄主。

　　主要分布在古北区、东洋区、古热带区、新北区。国内目前已知1种，本图鉴收录1种。

斐豹蛱蝶 / *Argyreus hyperbius* (Linnaeus, 1763)　　　　04-08 / P1651

　　中型蛱蝶。雌雄异型。雄蝶翅背面橙黄色，有蓝白色细弧状纹，具黑色斑点。前翅端半部黑色，中有白色斜带。翅腹面与背面差异较大，前翅顶角暗绿色有白斑，后翅斑纹暗绿色，外缘内侧具5个银色白斑，周围有绿色环状斑纹。

　　1年多代，成虫多见于5-11月，部分地区几乎全年可见。常见于林间，或开阔的草地。飞行迅速，喜访花。幼虫以各种堇菜科堇菜属植物为寄主。

　　分布于全国各地。此外见于日本、菲律宾、印度尼西亚、缅甸、泰国、尼泊尔、孟加拉国以及朝鲜半岛、欧洲、非洲、北美洲等地。

01 ♂
绿豹蛱蝶
陕西长安

01 ♂
绿豹蛱蝶
陕西长安

02 ♀
绿豹蛱蝶
陕西长安

02 ♀
绿豹蛱蝶
陕西长安

03 ♂
绿豹蛱蝶
台湾花莲

03 ♂
绿豹蛱蝶
台湾花莲

04 ♂
斐豹蛱蝶
台湾南投

04 ♂
斐豹蛱蝶
台湾南投

⑤ ♂
斐豹蛱蝶
上海

⑤ ♂
斐豹蛱蝶
上海

⑥ ♀
斐豹蛱蝶
上海

⑥ ♀
斐豹蛱蝶
上海

⑦ ♀
斐豹蛱蝶
台湾台北

⑦ ♀
斐豹蛱蝶
台湾台北

⑧ ♀
斐豹蛱蝶
江苏南京

⑧ ♀
斐豹蛱蝶
江苏南京

老豹蛱蝶属 / *Argyronome* Hübner, 1819

中型蛱蝶。成虫翅背面暗橙黄色，具黑色圆形斑点，翅形较圆，雌雄蝶均有黑色性标。后翅背面基半部颜色较浅，端部颜色深。

成虫飞行速度较快，活动于林间，或较为开阔的草地。幼虫寄主为堇菜科植物。

主要分布于古北区。国内目前已知2种，本图鉴收录2种。

老豹蛱蝶 / *Argyronome laodice* Pallas, 1771　　　　　　　　　　　　01-03 / P1653

中型蛱蝶。翅背面暗橙黄色，前翅具有2条性标，具有3列黑色圆形斑点，前翅腹面斑纹与背面相同，后翅基半部黄绿色，具有2条褐色细线，外侧有5个褐色圆斑。

1年1代，成虫多见于6-8月。

分布于黑龙江、新疆、辽宁、河北、河南、陕西、山西、甘肃、青海、西藏、江苏、浙江、湖南、湖北、江西、四川、福建、云南、台湾。此外见于中亚地区及欧洲。

红老豹蛱蝶 / *Argyronome ruslana* Motschulsky, 1866　　　　　　　　　　　　04

中型蛱蝶。雄蝶翅背面橙黄色，斑纹黑色，前翅具有性标，顶角突出，顶角上有1个小白斑，雌蝶翅暗褐色。前翅腹面顶角暗褐色，后翅腹面绿色，中部有3条银灰白色横带。

1年1代，成虫多见于6-8月。

分布于陕西、湖北、浙江、黑龙江等地。此外见于日本及朝鲜半岛等地。

潘豹蛱蝶属 / *Pandoriana* Warren, 1942

大型蛱蝶。该属成虫与云豹蛱蝶属近似。翅背面暗橙黄色，具黑色圆形斑点，雄蝶有2条黑色性标，前翅外缘不呈。后翅腹面基半部颜色较浅，端部颜色深。

成虫飞行速度较快，活动于林间或较为开阔的草地。幼虫寄主为堇菜科植物。

主要分布于古北区。国内目前已知1种，本图鉴记录1种。

潘豹蛱蝶 / *Pandoriana Pandora* ([Denis & Schiffermüller], 1775)　　　　　05 / P1654

大型蛱蝶。前翅背面橙黄色，具有黑色圆斑，雄蝶前翅具有2条性标，后翅中横斑列连续，斑间无间断，翅腹面亚外缘白带与中横带在臀角相交，中室具白斑。

分布于新疆。此外见于北非、西欧、中亚等地区。

云豹蛺蝶属 / *Nephargynnis* Shirozu & Saigusa, 1973

中大型蛺蝶。成虫翅背面橙黄色，布满黑色圆斑，雄蝶具有1条黑褐色性标。翅腹面颜色较浅，前翅中室有3个黑色纹，后翅无黑斑，端半部淡绿的，有灰白色云纹。

成虫飞行速度较快，活动于林间，或较为开阔的草地。幼虫寄主为堇菜科植物。

主要分布于古北区。国内目前已知1种，本图鉴收录1种。

云豹蛺蝶 / *Nephargynnis anadyomene* (C. & R. Felder, 1862)　　　　06 / P1655

中型蛺蝶。翅背面橙黄色，除基部外布满黑色圆斑，前翅外缘斑菱形，雄蝶前翅有1条黑褐色性标。翅腹面颜色淡，前翅中室具3个黑色纹，中室外有两大一小3个黑斑，后翅无黑斑，端半部淡绿色，有灰白色云状纹，中部暗色斑掌有白色斑点。

1年1代，成虫多见于5-8月。

分布于黑龙江、吉林、辽宁、山东、山西、河南、宁夏、甘肃、湖北、湖南、江西、浙江、福建等地。此外见于日本、俄罗斯及朝鲜半岛等地。

①♂
老豹蛱蝶
甘肃临夏

②♀
老豹蛱蝶
江苏南京

③♀
老豹蛱蝶
甘肃临夏

①♂
老豹蛱蝶
甘肃临夏

②♀
老豹蛱蝶
江苏南京

③♀
老豹蛱蝶
甘肃临夏

④♂
红老豹蛱蝶
辽宁丹东

⑤♂
潘豹蛱蝶
新疆乌鲁木齐

⑥♂
云豹蛱蝶
陕西镇安

④♂
红老豹蛱蝶
辽宁丹东

⑤♂
潘豹蛱蝶
新疆乌鲁木齐

⑥♂
云豹蛱蝶
陕西镇安

小豹蛱蝶属 / *Brenthis* Hübner, 1819

　　中小型蛱蝶。该属成虫体形明显小于其他属，翅面橙黄色至褐黄色，具有黑色斑纹，前翅中室内具有黑色横斑，前翅腹面与背面相似，后翅腹面具深褐色带和圆斑。

　　成虫飞行速度较快，常见于中高海拔山区活动于林间或较为开阔的高山、亚高山草甸。幼虫寄主为堇菜科、蔷薇科植物。

　　主要分布于古北区。国内目前已知3种，本图鉴收录3种。

欧洲小豹蛱蝶 / *Brenthis hecate* (Schiffermüller, 1775)　　　　01

　　小型蛱蝶。翅面褐黄色，翅脉灰褐色，具有黑色圆斑，中室端斑为双黑线，中室内有3条圆形黑斑。后翅基半部具有网状黑色条纹。前翅腹面及后翅端半部与背面相似，色调较浅，中部具有黑线纹围成的淡黄色斑。

　　1年1代。成虫多见于6-8月。

　　分布于新疆。此外见于西班牙、希腊、土耳其、伊朗、俄罗斯等地。

伊诺小豹蛱蝶 / *Brenthis ino* (Rottemburg, 1775)　　　　02 / P1655

　　小型蛱蝶。翅面橙黄褐色，翅脉黄褐色，具有黑色斑点。前翅外缘具有菱形斑，中部各斑具有细线相连，中室内有4条波状纹。后翅基半部具有网状纹，端半部斑纹较发达。前翅腹面与背面相似，颜色较浅，后翅具有不规则的黄白斑构成的横带，中部具有5个白点，外围淡褐色环。

　　1年1代，成虫多见于6-8月。

　　分布于黑龙江、新疆、浙江等地。此外见于日本、俄罗斯、土耳其、西班牙及朝鲜半岛等地。

小豹蛱蝶 / *Brenthis daphne* (Bergsträsser, 1780)　　　　03 / P1656

　　中小型蛱蝶。翅面橙黄色，前后翅外部均具有3列黑斑，前翅中室后有1列黑斑，后翅基部黑纹连成不规则网状。腹面前翅颜色较浅，顶角黄绿色，后翅基半部黄绿色，有褐色线，端半部淡紫红色，中间分布深褐色带和5个大小不等的圆纹。

　　1年1代，成虫多见于6-8月。

　　分布于黑龙江、吉林、辽宁、河北、河南、山西、宁夏、陕西、甘肃、福建、云南等地。此外见于日本及朝鲜半岛、欧洲等地。

青豹蛱蝶属 / *Damora* Nordmann, 1851

　　大型蛱蝶。雌雄异型。雄蝶翅面橙黄色，有黑色纹，具有性标，雌蝶青黑色，前翅有白色斑，后翅具有白色带。后翅腹面基部颜色较淡。

　　成虫飞行速度较快，活动于林间，或较为开阔的草地。幼虫寄主为堇菜科植物。

　　主要分布于古北区。国内目前已知1种，本图鉴收录1种。

青豹蛱蝶 / *Damora sagana* Doubleday, [1847]　　　　　　　　04-08 / P1656

　　大型蛱蝶。雌雄异型。雄蝶翅背面橙黄色，具黑色斑点，前翅具1条黑色性标，前翅中室外具有1个近三角形的橙色无斑区。雌蝶翅背面青黑色，中室内外各有1个大白斑，后翅外缘有1列白斑，中部有1条白色宽带。雄蝶腹面淡黄色，后翅具有圆形暗褐色斑，中央2条细线纹逐渐合并。雌蝶前翅腹面顶角绿褐色，斑纹与背面相似，后翅外缘具有1列白斑，中部具有1条内弯的白色宽横带。

　　成虫多见于4-8月。

　　分布于黑龙江、吉林、陕西、河南、浙江、福建、广西等地。此外见于日本、蒙古、俄罗斯及朝鲜半岛等地。

01 ♂
欧洲小豹蛱蝶
新疆乌鲁木齐

02 ♂
伊诺小豹蛱蝶
甘肃定西

03 ♂
小豹蛱蝶
陕西汉中

01 ♂
欧洲小豹蛱蝶
新疆乌鲁木齐

02 ♂
伊诺小豹蛱蝶
甘肃定西

03 ♂
小豹蛱蝶
陕西汉中

04 ♂
青豹蛱蝶
江苏南京

05 ♀
青豹蛱蝶
江苏南京

04 ♂
青豹蛱蝶
江苏南京

05 ♀
青豹蛱蝶
江苏南京

06 ♂
青豹蛱蝶
福建福州

06 ♂
青豹蛱蝶
福建福州

07 ♀
青豹蛱蝶
云南贡山

07 ♀
青豹蛱蝶
云南贡山

08 ♀
青豹蛱蝶
福建福州

08 ♀
青豹蛱蝶
福建福州

银豹蛱蝶属 / *Childrena* Hemming, 1943

　　大型蛱蝶。与豹蛱蝶属相似。翅黄褐色，具有黑色斑点，性标只有3条，后翅腹面绿色，具有银白色纵横交错的网状纹。

　　成虫飞行速度较快，活动于林间，或较为开阔的草地。幼虫寄主为堇菜科堇菜属植物。

　　主要分布于古北区、东洋区。国内目前已知2种，本图鉴收录2种。

银豹蛱蝶 / *Childrena children* (Gray, 1831)　　　　01-04 / P1657

　　大型蛱蝶。翅背面橙黄色，具有圆形黑斑。前翅外缘具有1条黑色细线和1列小斑，中室内有4条曲折的横线，雄蝶具有3条黑褐色性标。后翅外缘波纹状，外缘中部有1个宽阔的青蓝色区域，雌蝶该区域更宽。前翅腹面顶角浅黄褐色，具2条白色弧线，后翅腹面灰绿色，有许多银白色纵横交错的网状纹。

　　1年1代，成虫多见于5-8月。

　　分布于陕西、湖北、西藏、云南、浙江、江西、福建、广东、四川。此外见于印度、缅甸等地。

曲纹银豹蛱蝶 / *Childrena zenobia* (Leech, 1890)　　　　05-06 / P1657

　　大型蛱蝶。翅背橙黄色，具有黑色斑，雄蝶具有3条黑褐色性标。后翅外缘波纹状，前翅腹面顶角浅黄褐色，具2条白色弧线，后翅腹面灰绿色，有许多银白色纵横交错的网状纹。与银豹蛱蝶相似，其后翅外缘中下部无青蓝色区域，后翅腹面白线强烈弯曲，亚缘具有5个灰绿色圆斑。雌雄异色，雌蝶翅面灰绿色，斑纹与雄蝶近似。

　　1年1代，成虫多见于5-8月。

　　分布于北京、陕西、河南、河北、四川、西藏、云南、甘肃。此外见于印度及朝鲜半岛等地。

① ♂
银豹蛱蝶
云南贡山

① ♂
银豹蛱蝶
云南贡山

② ♀
银豹蛱蝶
福建福州

② ♀
银豹蛱蝶
福建福州

③ ♀
银豹蛱蝶(异常型)
四川芦山

③ ♀
银豹蛱蝶(异常型)
四川芦山

④ ♂
银豹蛱蝶(异常型)
四川芦山

④ ♂
银豹蛱蝶(异常型)
四川芦山

⑤ ♂
曲纹银豹蛱蝶
甘肃榆中

⑤ ♂
曲纹银豹蛱蝶
甘肃榆中

⑥ ♀
曲纹银豹蛱蝶
陕西长安

⑥ ♀
曲纹银豹蛱蝶
陕西长安

斑豹蛱蝶属 / *Speyeria* Scudder, 1872

中型蛱蝶。成虫翅橙黄色，具黑色斑点，后翅腹面具圆形或者方形的银色斑点。

成虫飞行速度较快，活动于高海拔林区及高山、亚高山草甸。幼虫寄主为堇菜科堇菜属植物。

主要分布于古北区、新北区。国内目前已知2种，本图鉴收录2种。

银斑豹蛱蝶 / *Speyeria aglaja* (Linnaeus, 1758)　　　01 / P1658

中型蛱蝶。翅背面黄褐色，外缘具1条黑色宽带。雄蝶前翅具有3条极细的性标。前翅腹面顶角暗绿色，外侧具有近圆形的银色斑纹。雌蝶前翅腹面内侧有很小的银色纹，后翅暗绿色。

1年1代，成虫多见于6-8月。

本种分布广泛，几乎遍布全国。此外见于日本、俄罗斯、英国及朝鲜半岛等地。

镁斑豹蛱蝶 / *Speyeria clara* (Blanchard, 1844)　　　02-03

中型蛱蝶。与银斑豹蛱蝶相似，个体较小，翅形更圆润，翅背面黄褐色，较银斑豹蛱蝶深。后翅腹面底色绿色，散落不规则的条状银斑。

分布于新疆、西藏等地。

福蛱蝶属 / *Fabriciana* Reuss, 1920

中大型蛱蝶。成虫翅背面黄褐色，具有黑色圆斑，前翅背面具有1-2条性标，后翅腹面黄绿色，有圆形或者方形银白色斑。

成虫飞行速迅速，活动于林间、溪水旁、高山及亚高山草甸。幼虫寄主为堇菜科植物。

主要分布于古北区和东洋区。国内目前已知5种，本图鉴收录4种。

福蛱蝶 / *Fabriciana niobe* (Linnaeus, 1758)　　　04-06 / P1659

中型蛱蝶。翅背面橙黄褐色，具黑色斑点，雄蝶具有2条性标，翅脉灰褐色，翅外缘具有2条黑色线纹，前翅中室具有4条波浪形黑斑，后翅基部及后缘灰褐色，中部具波浪状黑纹带，后缘黄褐色。前翅背腹面相似，顶角和外缘褐黄色，后翅腹面外缘横纹斑黄褐色，有银白色半圆斑，镶嵌大小形状不一的银白色斑。

1年1代，成虫多见于6-8月。

分布于新疆。此外见于中亚、欧洲、非洲北部。

01 ♀
银斑豹蛱蝶
甘肃夏河

02 ♂
镁斑豹蛱蝶
西藏察隅

03 ♀
镁斑豹蛱蝶
西藏那曲

01 ♀
银斑豹蛱蝶
甘肃夏河

02 ♂
镁斑豹蛱蝶
西藏察隅

03 ♀
镁斑豹蛱蝶
西藏那曲

04 ♂
福蛱蝶
新疆阜康

05 ♀
福蛱蝶
新疆阜康

06 ♂
福蛱蝶
新疆乌鲁木齐

04 ♂
福蛱蝶
新疆阜康

05 ♀
福蛱蝶
新疆阜康

06 ♂
福蛱蝶
新疆乌鲁木齐

蟾福蛱蝶 / *Fabriciana nerippe* (C. & R. Felder, 1862)　　　01-02

　　大型蛱蝶。翅背面橙黄色，具黑色斑点。雌蝶颜色较暗。前后翅黑色圆斑大而稀疏，后翅外缘具黑色纹。雄蝶前翅具有1条性标，前翅顶角黑褐色，中有2个橙黄色斑，旁边有几个小白斑，腹面浅橙黄色，顶角淡绿色，后翅腹面黄绿色，外缘具有新月形斑纹。雌蝶前翅腹面顶角深绿色，白斑比背面大，外缘有1条白色宽带，中间具有不连续的绿色细线，后翅淡绿色，外缘具有银白色斑，内侧具有深绿色斑带。

　　1年1代，成虫多见于5-8月。成虫飞行速度较快，活动于林间或较为开阔的草地。幼虫寄主为堇菜科植物。

　　分布于黑龙江、河南、宁夏、陕西、甘肃、浙江、湖北、江苏。此外见于日本及朝鲜半岛。

灿福蛱蝶 / *Fabriciana adippe* (Schiffermüller, 1775)　　　03-11 / P1659

　　中型蛱蝶。翅背面橙黄色，具有黑色斑点。与蟾福蛱蝶相似。但其雄蝶前翅具有2条性标，前翅顶角黑褐色，腹面浅橙黄色，顶角淡绿色，后翅腹面黄绿色。

　　1年1代，成虫多见于5-8月。成虫飞行速度较快，活动于林间或较为开阔的草地。幼虫寄主为堇菜科植物。

　　分布于黑龙江、山东、河南、四川、陕西、云南、江苏、湖北、西藏、甘肃、辽宁。此外见于日本、俄罗斯及朝鲜半岛。

东亚福蛱蝶 / *Fabriciana xipe* (Leech, 1892)　　　12-14 / P1659

　　中型蛱蝶。与灿福蛱蝶相似，主要区别在于雄蝶后翅较灿福蛱蝶圆润，后翅中部的银色斑纹组成的线条较弯曲。

　　1年1代，成虫多见于5-8月。

　　分布于黑龙江、山东、河南、四川、陕西、云南、江苏、湖北、西藏、辽宁、北京。此外见于日本、俄罗斯及朝鲜半岛。

01 ♂
蟾福蛱蝶
江苏南京

02 ♀
蟾福蛱蝶
江苏南京

01 ♂
蟾福蛱蝶
江苏南京

02 ♀
蟾福蛱蝶
江苏南京

03 ♂
灿福蛱蝶
四川九龙

04 ♂
灿福蛱蝶
新疆乌鲁木齐

05 ♀
灿福蛱蝶
西藏察隅

03 ♂
灿福蛱蝶
四川九龙

04 ♂
灿福蛱蝶
新疆乌鲁木齐

05 ♀
灿福蛱蝶
西藏察隅

06 ♂
灿福蛱蝶
云南维西

06 ♂
灿福蛱蝶
云南维西

07 ♂
灿福蛱蝶
湖北襄阳

07 ♂
灿福蛱蝶
湖北襄阳

08 ♂
灿福蛱蝶
辽宁新宾

08 ♂
灿福蛱蝶
辽宁新宾

09 ♀
灿福蛱蝶
辽宁新宾

09 ♀
灿福蛱蝶
辽宁新宾

⑩ ♂
灿福蛱蝶
北京

⑪ ♀
灿福蛱蝶
北京

🔟 ♂
灿福蛱蝶
北京

⓫ ♀
灿福蛱蝶
北京

⑫ ♂
东亚福蛱蝶
辽宁凤城

⑬ ♂
东亚福蛱蝶
北京

⑭ ♀
东亚福蛱蝶
北京

⓬ ♂
东亚福蛱蝶
辽宁凤城

⓭ ♂
东亚福蛱蝶
北京

⓮ ♀
东亚福蛱蝶
北京

珍蛱蝶属 / *Clossiana* Reuss, 1920

小型蛱蝶。成虫翅底色为黄褐色，翅背面分布有黑斑，腹面后翅中域带斑常是本属种类鉴定的依据。
成虫飞行力一般，有访花的习性，常活动在花草丛和林间空地。
主要分布于古北区、新北区。国内目前已知20种，本图鉴收录10种。

珍蛱蝶 / *Clossiana gong* (Oberthür, 1884)　　　　01-06 / P1660

小型蛱蝶。背面翅面黄褐色，前翅中室及中室外有数枚黑斑，后翅基半部黑色或有黑斑（依据产地不同），亚缘及
外缘有黑斑列；腹面后翅基半部及翅外缘有银白色长斑。
成虫多见于5-7月。喜访花，多在草丛、草甸环境生活。
分布于四川、陕西、甘肃、青海、西藏、云南等地。

佛珍蛱蝶 / *Clossiana freija* (Thunberg, 1791)　　　　07-08

小型蛱蝶。背面翅面黄褐色，前翅基半部有数枚黑斑，后翅基半部黑色，前后翅亚外缘斑排列整齐，外缘斑月牙
形；腹面后翅基半部砖红色，内有不规则白斑，外缘有白斑。
1年1代，成虫多见于6月。喜访花，林下草地环境。幼虫寄主植物为鲜黄杜鹃、笃斯、岩高兰。
分布于内蒙古等地。此外见于日本、俄罗斯、蒙古等地。

北冷珍蛱蝶 / *Clossiana selene* ([Schiffermüller], 1775)　　　　09

小型蛱蝶。背面翅面黄褐色，前翅中室及中室外侧有黑斑，后翅基半部有黑斑，前后翅亚外缘斑排列整齐，圆形，
外缘有近月牙形斑；腹面后翅中域斑cu_2室"M"形，两端楔形。
成虫多见于6月。喜访花，栖息在林间草丛。
分布于内蒙古、黑龙江、新疆等地。此外见于蒙古、俄罗斯及朝鲜半岛等地。

东北珍蛱蝶 / *Clossiana perryi* (Butler, 1882)　　　　10-11

小型蛱蝶。形态和北冷珍蛱蝶相近似，区别为：腹面后翅中域带cu_2室斑上端平齐，下端楔形。
成虫多见于6-7月。喜访花，栖息在草地环境。
分布于内蒙古、吉林、黑龙江等地。此外见于俄罗斯、朝鲜半岛等地。

西冷珍蛱蝶 / *Clossiana selenis* (Eversmann, 1837)　　　　12-15 / P1661

小型蛱蝶。形态和东北珍蛱蝶、北冷珍蛱蝶相近，主要区别为：本种腹面后翅外缘无银白斑或者白斑不发达，中域
带cu_2室斑两端平直，m_2室斑被实线分割。
1年2代，成虫多见于5月、8月。喜访花，栖息在林缘、林下草地环境。
分布于北京、河北、吉林等地。此外见于蒙古、俄罗斯及朝鲜半岛等地。

艾鲁珍蛱蝶 / *Clossiana erubescens* (Staudinger, 1901)　　　16-17

小型蛱蝶。背面翅面黄褐色，基半部黑斑稀疏，亚缘斑整齐，个体小，外缘斑线状；腹面后翅中域m₁室斑银白色，长达亚缘带，亚缘斑圆形，瞳点灰白色。

1年1代，成虫多见于7月。喜访花，栖息于草地环境。

分布于新疆。此外见于哈萨克斯坦、塔吉克斯坦、阿富汗等地。

安格尔珍蛱蝶 / *Clossiana angarensis* (Erschoff, 1870)　　　18

小型蛱蝶。背面翅面黄褐色，基半部分布有黑斑，亚缘斑圆形，外缘斑近三角形；腹面后翅基部砖红色，中域有黄白斑1列，外侧红褐色带阔，内有黑色眼斑，外缘斑白色。

1年1代，成虫多见于7月。喜访花，栖息在林间草地环境。

分布于内蒙古、黑龙江等地。此外见于蒙古、俄罗斯及朝鲜半岛等地。

卵珍蛱蝶 / *Clossiana euphrosyne* (Linnaeus, 1758)　　　19-20

小型蛱蝶。背面翅面黄褐色，基半部有黑斑分布，亚外缘斑排列整齐，外缘斑近三角形；腹面后翅基部砖红色，中域带黄绿色，m₂室斑银白色，亚缘斑暗红色。

1年1代，成虫多见于6月。喜访花，栖息于草地环境。

分布于河北、内蒙古等地。此外见于蒙古、土耳其、加拿大及朝鲜半岛等地。

北国珍蛱蝶 / *Clossiana oscarus* (Eversmann, 1844)　　　21-22 / P1661

小型蛱蝶。形态与卵珍蛱蝶相近，区别在于：腹面后翅中域m₂室斑，卵珍蛱蝶银白色，斑中有暗黑线；本种为黄绿色，黑线分割明显。

1年1代，成虫多见于7月。喜访花，栖息在亚高山草地环境。

分布于北京、河北及东北部地区。此外见于俄罗斯、蒙古及朝鲜半岛等地。

通珍蛱蝶 / *Clossiana thore* (Hübner, [1803-1804])　　　23-24

小型蛱蝶。背面翅面红褐色，黑斑个体大，后翅基半部大部分黑色；腹面后翅大部分砖红色，中域斑黄绿色，亚外缘斑覆有黄绿色鳞片。

1年1代，成虫多见于6月。喜访花。幼虫寄主植物为堇菜科植物。

分布于辽宁、内蒙古、吉林等地。此外见于蒙古、俄罗斯、日本及朝鲜半岛等地。

① ♂
珍蛱蝶
西藏察隅

② ♂
珍蛱蝶
西藏波密

③ ♂
珍蛱蝶
陕西眉县

④ ♂
珍蛱蝶
甘肃定西

① ♂
珍蛱蝶
西藏察隅

② ♂
珍蛱蝶
西藏波密

③ ♂
珍蛱蝶
陕西眉县

④ ♂
珍蛱蝶
甘肃定西

⑤ ♀
珍蛱蝶
云南丽江

⑥ ♀
珍蛱蝶
甘肃夏河

⑦ ♂
佛珍蛱蝶
内蒙古满归

⑧ ♀
佛珍蛱蝶
内蒙古呼伦贝尔

⑤ ♀
珍蛱蝶
云南丽江

⑥ ♀
珍蛱蝶
甘肃夏河

⑦ ♂
佛珍蛱蝶
内蒙古满归

⑧ ♀
佛珍蛱蝶
内蒙古呼伦贝尔

⑨ ♂
北冷珍蛱蝶
内蒙古巴林

⑩ ♂
东北珍蛱蝶
内蒙古巴林

⑪ ♀
东北珍蛱蝶
内蒙古巴林

⑫ ♂
西冷珍蛱蝶
北京

⑨ ♂
北冷珍蛱蝶
内蒙古巴林

⑩ ♂
东北珍蛱蝶
内蒙古巴林

⑪ ♀
东北珍蛱蝶
内蒙古巴林

⑫ ♂
西冷珍蛱蝶
北京

⑬♀
西冷珍蛱蝶
北京

⑭♂
西冷珍蛱蝶
吉林珲春

⑮♀
西冷珍蛱蝶
吉林珲春

⑯♂
艾鲁珍蛱蝶
新疆乌鲁木齐

⑬♀
西冷珍蛱蝶
北京

⑭♂
西冷珍蛱蝶
吉林珲春

⑮♀
西冷珍蛱蝶
吉林珲春

⑯♂
艾鲁珍蛱蝶
新疆乌鲁木齐

⑰♀
艾鲁珍蛱蝶
新疆乌鲁木齐

⑱♂
安格尔珍蛱蝶
内蒙古根河

⑲♂
卵珍蛱蝶
内蒙古金河

⑳♂
卵珍蛱蝶
河北丰宁

⑰♀
艾鲁珍蛱蝶
新疆乌鲁木齐

⑱♂
安格尔珍蛱蝶
内蒙古根河

⑲♂
卵珍蛱蝶
内蒙古金河

⑳♂
卵珍蛱蝶
河北丰宁

㉑♂
北国珍蛱蝶
北京

㉒♀
北国珍蛱蝶
北京

㉓♂
通珍蛱蝶
辽宁本溪

㉔♀
通珍蛱蝶
内蒙古原林

㉑♂
北国珍蛱蝶
北京

㉒♀
北国珍蛱蝶
北京

㉓♂
通珍蛱蝶
辽宁本溪

㉔♀
通珍蛱蝶
内蒙古原林

铂蛱蝶属 / *Proclossiana* Reuss, 1926

　　小型蛱蝶。成虫翅面黄褐色，前翅中室及中室外侧有黑斑，后翅基半部围成网状，前后翅亚缘斑圆形，外缘斑"V"形。

　　成虫飞行力不强，喜访花，栖息在草地环境。

　　主要分布于欧洲中北部、西伯利亚西部。国内目前已知1种，本图鉴收录1种。

铂蛱蝶 / *Proclossiana eunomia* (Esper, 1800)　　　　　　　　　　　　　　　01-02

　　小型蛱蝶。背面翅面黄褐色，前翅基部、后翅臀缘黑色，前后翅亚外缘斑圆形，外缘斑"V"字形；腹面后翅基部斑灰白色，中域带斑灰白，亚外缘斑灰白色，圆形，外缘斑白色。

　　1年1代，成虫多见于6月。

　　分布于内蒙古、黑龙江等地。此外见于俄罗斯及欧洲等地。

宝蛱蝶属 / *Boloria* Moore, 1900

　　小型蛱蝶。成虫翅背面为黄褐色，前翅中室内有并排的2个小圆斑，亚外缘、外缘有黑斑列；后翅前缘平直，和外缘形成一定角度，腹面后翅中域带明显或不明显，外缘斑m_3室、cu_2室斑浅而且长，这些是该属的一些特征。

　　成虫飞行力强，喜访花，栖息在高山草甸环境。

　　主要分布于古北区。国内目前已知6种，本图鉴收录3种。

膝宝蛱蝶 / *Boloria gcncrator* Staudinger, 1886　　　　　　　　　　03-04 / P1662

　　小型蛱蝶。背面翅面黄褐色，中室、外缘、亚外缘斑稀疏；腹面前翅基本无斑，后翅红褐色，中域黄斑明显，外缘有白斑1列。

　　1年1代，成虫多见于7月。喜访花，栖息在草地环境。

　　分布于新疆。此外见于阿富汗、塔吉克斯坦等地。

华西宝蛱蝶 / *Boloria palina* Fruhstorfer, 1903　　　　　　　　　　　　　05-08

　　小型蛱蝶。背面翅面黄褐色，前翅狭长，翅基多毛列；腹面后翅红褐色，中域有黄绿色中带，外缘白斑不是很发达。

　　1年1代，成虫多见于7月。喜访花，栖息在高山草甸环境。

　　分布于甘肃、青海、西藏等地。

细宝蛱蝶 / *Boloria sifanica* Grum-Grshimailo, 1891　　　　　　　　　　09-10

　　小型蛱蝶。和华西宝蛱蝶相近，区别在于：本种类个体较华西宝蛱蝶大，翅面斑纹较稀疏，前翅不细长，翅基毛列稀少。

　　1年1代，成虫多见于7月。喜访花，栖息在高山草甸环境。

　　分布于青海、甘肃。

① ♀
铂蛱蝶
内蒙古乌奴耳

① ♀
铂蛱蝶
内蒙古乌奴耳

② ♀
铂蛱蝶
内蒙古乌奴耳

② ♀
铂蛱蝶
内蒙古乌奴耳

③ ♂
膝宝蛱蝶
新疆乌鲁木齐

③ ♂
膝宝蛱蝶
新疆乌鲁木齐

④ ♀
膝宝蛱蝶
新疆乌鲁木齐

④ ♀
膝宝蛱蝶
新疆乌鲁木齐

⑤ ♂
华西宝蛱蝶
甘肃临潭

⑤ ♂
华西宝蛱蝶
甘肃临潭

⑥ ♂
华西宝蛱蝶
甘肃玛曲

⑥ ♂
华西宝蛱蝶
甘肃玛曲

⑦ ♂
华西宝蛱蝶
四川红原

⑦ ♂
华西宝蛱蝶
四川红原

⑧ ♀
华西宝蛱蝶
甘肃玛曲

⑧ ♀
华西宝蛱蝶
甘肃玛曲

⑨ ♂
细宝蛱蝶
青海都兰

⑨ ♂
细宝蛱蝶
青海都兰

⑩ ♀
细宝蛱蝶
青海都兰

⑩ ♀
细宝蛱蝶
青海都兰

珠蛱蝶属 / *Issoria* Hübner, [1819]

中小型蛱蝶。成虫翅背面黄褐色，翅面基半部有黑斑数枚，亚外缘斑圆形，前翅顶角尖锐；腹面后翅没有中域带，和珍蛱蝶属能区别开，一般银色斑发达。

成虫飞行能力强，喜访花，多生活在高山草甸环境。

主要分布于古北区。国内目前已知4种，本图鉴收录3种。

曲斑珠蛱蝶 / *Issoria eugenia* (Eversmann, 1847)   01-08

小型蛱蝶。背面翅面黄褐色，前翅中室、中室外侧有数枚黑斑，后翅基半部色黑，前后翅亚外缘斑圆形，外缘斑近三角形；腹面后翅红褐色，多分布有银色斑。

1年1代，成虫多见于6-7月。喜访花，栖息于高山草地环境。

分布于陕西、甘肃、青海、云南、四川、西藏。此外见于蒙古、俄罗斯等地。

西藏珠蛱蝶 / *Issoria gemmata* (Butler, 1881)   09

小型蛱蝶。和曲斑珠蛱蝶相近，区别在于背面后翅基半部黑色，覆盖面积大；腹面后翅基半部有明显的暗红色斑，而曲斑珠蛱蝶是红褐色区域。

1年1代，成虫多见于7月。

分布于西藏。此外见于印度、尼泊尔。

珠蛱蝶 / *Issoria lathonia* (Linnaeus, 1758)   10-12 / P1662

中型蛱蝶。背面翅面黄褐色，前翅中室、各翅室间有黑斑，后翅基半部、亚外缘、外缘有黑斑分布，前翅翅基，后翅臀缘有黑绿色鳞片；腹面前翅顶角处有银白斑，后翅大片区域被银色斑覆盖。

成虫多见于5-6月、8月。喜访花，栖息于灌丛草地环境。

分布于新疆、云南等地。此外见于阿富汗、俄罗斯等地。

①♂
曲斑珠蛱蝶
甘肃永登

②♀
曲斑珠蛱蝶
甘肃永登

③♂
曲斑珠蛱蝶
四川乡城

④♂
曲斑珠蛱蝶
云南德钦

⑤♂
曲斑珠蛱蝶
西藏察隅

❶♂
曲斑珠蛱蝶
甘肃永登

❷♀
曲斑珠蛱蝶
甘肃永登

❸♂
曲斑珠蛱蝶
四川乡城

❹♂
曲斑珠蛱蝶
云南德钦

❺♂
曲斑珠蛱蝶
西藏察隅

⑥♂
曲斑珠蛱蝶
西藏察隅

⑦♂
曲斑珠蛱蝶
西藏芒康

⑧♀
曲斑珠蛱蝶
青海湟中

⑨♂
西藏珠蛱蝶
西藏嘉黎

❻♂
曲斑珠蛱蝶
西藏察隅

❼♂
曲斑珠蛱蝶
西藏芒康

❽♀
曲斑珠蛱蝶
青海湟中

❾♂
西藏珠蛱蝶
西藏嘉黎

⑩♂
珠蛱蝶
云南维西

⑪♂
珠蛱蝶
西藏察隅

⑫♀
珠蛱蝶
云南丽江

❿♂
珠蛱蝶
云南维西

⓫♂
珠蛱蝶
西藏察隅

⓬♀
珠蛱蝶
云南丽江

枯叶蛱蝶属 / *Kallima* Doubleday, [1849]

　　大型蛱蝶。外形十分独特，前翅顶角和后翅臀角明显向外延长突出。翅背底色暗褐色，带偏蓝色金属光泽，前翅顶区附近有1个白斑，中央有1条橙色或蓝色阔带，其后方有1-2个透明斑。翅腹斑纹多变，底色呈黄褐色至深褐色，带不规则的斑驳花纹，顶角至臀角有1条明显的直纹。本属成员的翅形和斑纹以完美模仿枯叶而闻名。

　　成虫栖息于阔叶林，多出现在林道或溪流旁的树上，喜吸食树液、熟透的果实和兽粪。幼虫以爵床科植物为寄主植物。

　　主要分布于东洋区，有1种分布至古北区东部南缘。本属成员于亚州大陆的分类在近年研究中被进一步厘清，过去的数据很可能涉及误认。国内目前已知4种，本图鉴收录3种。

枯叶蛱蝶 / *Kallima inachus* (Doyère, 1840)　　　　　　　　01-06 / P1663

　　大型蛱蝶。翅背底色暗褐色，带深蓝色金属光泽，两翅亚外缘有1条深褐色波纹，前翅中央有1条橙色阔带，其后方有1个椭圆形透明斑。翅腹斑纹如本属介绍的描述。

　　1年多代，成虫在南方几乎全年可见。幼虫以爵床科多种马蓝属植物为寄主。

　　分布于秦岭以南地区，但海南并无分布。此外见于缅甸、泰国、喜马拉雅地区、中南半岛、琉球群岛等地。

蓝带枯叶蛱蝶 / *Kallima knyetti* de Nicéville, 1886　　　　　07-11 / P1664

　　大型蛱蝶。翅背底色暗褐色，带暗蓝色金属光泽，两翅亚外缘有1条深褐色波纹，前翅中央有1条灰蓝色阔带，其后方有1个椭圆形透明斑。翅腹斑纹如本属介绍。

　　1年多代，成虫多见于6-8月。幼生期未明。幼虫以爵床科植物为寄主。

　　分布于西藏、云南。此外见于缅甸、泰国、老挝及印度东北部等地。

指斑枯叶蛱蝶 / *Kallima alicia* Joicey & Talbot, 1921　　　　12-13 / P1665

　　大型蛱蝶。与枯叶蛱蝶极相似，主要区别为：本种翅背亚外缘的深褐色波纹不明显或消退；本种前翅背橙色阔带后侧的深褐色带明显较阔，其于前缘附近有1个指形斑伸入橙色阔带内。另外，本种海南种群的翅背深蓝色光泽并不发达。

　　1年多代，成虫几乎全年可见。幼虫以爵床科多种马蓝属植物为寄主。

　　分布于西藏、云南、海南等地。此外见于缅甸、泰国、老挝、越南等地。

　　注：近期研究显示，拟枯叶蛱蝶（本书并无图示）与本种于国内部分地区同域分布。前者前翅的透明斑呈短棒状，橙色阔带后侧的深褐色带较窄，亦无指形斑伸入橙色阔带内。

蠹叶蛱蝶属 / *Doleschallia* C. & R. Felder, 1860

　　中大型蛱蝶。属于偏热带种类。前翅顶角平截，后翅臀角尖长、突出，翅背面橙褐色，翅腹面有模仿枯叶的保护色。

　　成虫通常在林内活动，喜欢有阳光的阴林，飞行缓慢，不访花，喜欢吸吃树汁及腐食。幼虫主要以爵床科、荨麻科等多种植物为寄主。

　　主要集中东洋区。国内目前已知1种，本图鉴收录1种。

蠹叶蛱蝶 / *Doleschallia bisaltide* (Cramer, [1777])　　　　　14-15 / P1666

　　中大型蛱蝶。雌雄同型。翅背面橙黄色斑较发达，腹面与枯叶蛱蝶相似，主要区别在于前者前翅顶角平截，不外尖突出，基部有数个白点，前后翅有较大面积的橙褐色斑，体形较小。雌蝶翅背面颜色较浅。

　　1年多代，成虫几乎全年可见。幼虫主要以爵床科、荨麻科等多种植物为寄主。

　　分布于云南、海南等地。此外见于泰国、越南、缅甸、老挝、印度、马来西亚等地。

01 ♂
枯叶蛱蝶
四川都江堰

01 ♂
枯叶蛱蝶
四川都江堰

02 ♂
枯叶蛱蝶
四川都江堰

02 ♂
枯叶蛱蝶
四川都江堰

03 ♀
枯叶蛱蝶
四川都江堰

03 ♀
枯叶蛱蝶
四川都江堰

04 ♂
枯叶蛱蝶
福建三明

04 ♂
枯叶蛱蝶
福建三明

05 ♀
枯叶蛱蝶
四川都江堰

05 ♀
枯叶蛱蝶
四川都江堰

06 ♂
枯叶蛱蝶
台湾花莲

06 ♂
枯叶蛱蝶
台湾花莲

07 ♂
蓝带枯叶蛱蝶
西藏墨脱

07 ♂
蓝带枯叶蛱蝶
西藏墨脱

08 ♂
蓝带枯叶蛱蝶
西藏墨脱

08 ♂
蓝带枯叶蛱蝶
西藏墨脱

⑨ ♂
蓝带枯叶蛱蝶
西藏墨脱

⑨ ♂
蓝带枯叶蛱蝶
西藏墨脱

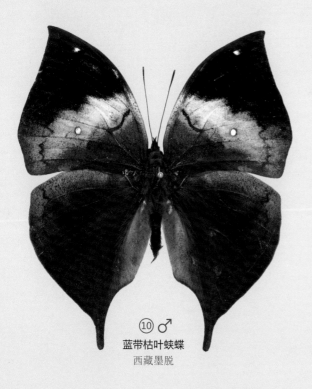

⑩ ♂
蓝带枯叶蛱蝶
西藏墨脱

⑩ ♂
蓝带枯叶蛱蝶
西藏墨脱

⑪ ♂
蓝带枯叶蛱蝶
西藏墨脱

⑪ ♂
蓝带枯叶蛱蝶
西藏墨脱

⑫ ♂
指斑枯叶蛱蝶
西藏墨脱

⑫ ♂
指斑枯叶蛱蝶
西藏墨脱

⑬♂
指斑枯叶蛱蝶
海南五指山

⑬♂
指斑枯叶蛱蝶
海南五指山

⑭♂
蠹叶蛱蝶
云南河口

⑭♂
蠹叶蛱蝶
云南河口

⑮♂
蠹叶蛱蝶
云南勐腊

⑮♂
蠹叶蛱蝶
云南勐腊

瑶蛱蝶属 / *Yoma* Doherty, 1886

中大型蛱蝶。偏热带种类。成虫常在较低海拔林内活动，雄蝶喜欢较明亮处，有领域性，停于高处驱赶过往蝶类，雌蝶在较阴暗林内低飞，喜欢访花，对腐食兴趣不大。以成虫越冬。

主要分布于东洋区。国内目前已知1种，本图鉴收录1种。

瑶蛱蝶 / *Yoma sabina* (Cramer, [1780])　　01-03

中大型蛱蝶。雌雄同型。分旱季和湿季型。翅背面黑褐色，前翅顶角外缘尖凸出，顶角区有黄斑，由前翅中部前缘到后翅臀角有1条贯穿翅面黄色带，较粗，后翅有1条尖尾突，臀角凸出，前后翅亚外缘有波浪线纹。旱季型翅腹面像枯叶纹，雌蝶体形较大，前翅中域有2个白点。

1年多代。幼虫主要以爵床科赛山蓝、芦莉草等植物为寄主。

分布于云南、广西、海南、台湾等地。此外见于泰国、越南、老挝、印度、马来西亚、菲律宾、澳大利亚等地。

01 ♂
瑶蛱蝶
云南勐腊

01 ♂
瑶蛱蝶
云南勐腊

02 ♂
瑶蛱蝶
台湾台东

02 ♂
瑶蛱蝶
台湾台东

03 ♂
瑶蛱蝶
海南海口

03 ♂
瑶蛱蝶
海南海口

斑蛱蝶属 / *Hypolimnas* Hübner, [1819]

中型蛱蝶。翅面黑色，前翅角向外突出，后翅外缘波浪状，具黄色斑和蓝紫色斑，具有光泽。

喜欢在晴天出没，在林边、田边等较空旷地较低处快速飞行，雄蝶有领域意识，喜晒日光浴，城市公园也有发现出没。幼虫主要以马齿苋科、荨麻科、旋花科植物为寄主。

主要分布于东洋区。国内目前已知3种，本图鉴收录3种。

金斑蛱蝶 / *Hypolimnas missipus* (Linnaeus, 1764)　　01-04 / P1667

中型蛱蝶。雌雄异型。各有拟态特征。雄蝶翅背面黑色，前翅分布2枚大白斑，后翅1枚较圆，近似于六点带蛱蝶及白斑俳蛱蝶，三者腹面区别较大；雌蝶拟态体内有毒素的金斑蝶，翅背面黄色，前翅靠亚顶区有1条弧形白色带，顶角有1个白斑，前后翅外缘黑色带宽，并有数个成对小白点，后翅前缘有模糊黑斑，腹面有2枚黑斑。

1年多代，成虫多见于秋季。幼虫主要以马齿苋科马齿苋等植物为寄主。

分布于浙江、福建、广东、广西、云南、海南、香港、台湾等地。此外见于泰国、越南、缅甸、老挝、印度等地及非洲、澳洲、南美洲等地。

幻紫斑蛱蝶 / *Hypolimnas bolina* (Linnaeus, 1758)　　05-09 / P1668

中大型蛱蝶。雌雄异型。雄蝶翅背面黑色，前翅顶角有2个并排白斑，前后翅各有1个蓝白色向紫色过渡眼斑，不同角度产生紫色光泽，亚外缘有数个白点，腹面后翅外缘有波浪纹，亚外缘有各室有白色斑块，靠前缘有1个白斑；雌蝶前翅亚外缘白点较大，后翅亚外缘2列白斑发达，外缘波浪白线，蓝白色眼斑较细，有部分个体蓝斑色斑消失，后翅全黑褐色。

1年多代，成虫较常见。幼虫主要以旋花科篱栏网、番薯，苋科喜旱莲子草等植物为寄主。

分布于浙江、江西、福建、广东、广西、云南、四川、海南、香港、台湾等地。此外见于泰国、越南、缅甸、老挝、印度、马来西亚等地。

畸纹紫斑蛱蝶 / *Hypolimnas anomala* (Wallace, 1869)　　10-11

中大型蛱蝶。雌雄同型。本种与幻紫斑蛱蝶近似，主要区别在于：前者没有蓝白色过渡斑；后翅外缘波浪纹不明显，亚外缘为褐色过渡，前翅腹面顶角及中域没有半色斑。雌蝶体形较大，前翅有紫色光泽。

1年多代。幼虫主要以荨麻科落尾木等植物为寄主。

分布于台湾，香港也有迷蝶记录。此外见于东南亚，包括菲律宾、马来西亚、印度尼西亚、泰国等地。

01 ♂
金斑蛱蝶
海南乐东

01 ♂
金斑蛱蝶
海南乐东

02 ♀
金斑蛱蝶
海南乐东

02 ♀
金斑蛱蝶
海南乐东

03 ♂
金斑蛱蝶
台湾台南

03 ♂
金斑蛱蝶
台湾台南

04 ♀
金斑蛱蝶
台湾台南

04 ♀
金斑蛱蝶
台湾台南

⑤ ♂
幻紫斑蛱蝶
海南乐东

⑤ ♂
幻紫斑蛱蝶
海南乐东

⑥ ♀
幻紫斑蛱蝶
海南乐东

⑥ ♀
幻紫斑蛱蝶
海南乐东

⑦ ♂
幻紫斑蛱蝶
台湾台东

⑦ ♂
幻紫斑蛱蝶
台湾台东

⑧ ♀
幻紫斑蛱蝶
台湾台东

⑧ ♀
幻紫斑蛱蝶
台湾台东

09 ♀
幻紫斑蛱蝶
云南西双版纳

09 ♀
幻紫斑蛱蝶
云南西双版纳

10 ♂
畸纹紫斑蛱蝶
台湾台东

10 ♂
畸纹紫斑蛱蝶
台湾台东

11 ♀
畸纹紫斑蛱蝶
台湾台东

11 ♀
畸纹紫斑蛱蝶
台湾台东

蛱蝶属 / *Nymphalis* Kluk, 1780

中型蛱蝶。翅背面黑色或橙红色，前翅顶角突出，饰有灰白色短斑。前、后翅外缘锯齿状。腹面和背面的斑纹不同，前、后翅黑褐色或黄褐色，有极密的黑褐色波状细纹或复杂暗横带，中室有白色小点。

成虫栖息于山地阔叶林等场所，飞行迅速机警，访花或湿地吸水。幼虫以杨柳科、榆科和桦木科植物为寄主。

主要分布于古北区和东洋区。国内目前已知3种，本图鉴收录3种。

黄缘蛱蝶 / *Nymphalis antiopa* (Linnaeus, 1758)　　　　01-02

中型蛱蝶。前翅顶角突出，饰有黄色斜斑，外缘齿状。前、后翅背面外缘有灰黄色宽边，亚外缘饰有蓝色的斑列。腹面和背面的斑纹不同，前、后翅除外缘有黄白色宽边外，其余黑褐色，饰有极密的黑褐色波状细纹，中室有白色小点。

1年1代，成虫多见于7-8月。幼虫以杨柳科、榆科等植物为寄主。

分布于北京、黑龙江、陕西、甘肃、新疆等地。此外见于日本及朝鲜半岛、欧洲西部。

朱蛱蝶 / *Nymphalis xanthomelas* (Esper, 1781)　　　　03-09 / P1669

中型蛱蝶。外缘锯齿状。前、后翅背面橙红色，顶角有黄白色短斑，外缘有暗褐色宽带，宽带间杂有黄褐色与青蓝色斑纹。中室外和端部有2个较大黑斑，内有2个相连的黑色圆斑，中部和后缘饰有4个黑斑。后翅背面有较大黑斑，翅基色较暗。翅腹面和背面的斑纹不同，前、后翅密布波状细纹。

1年1代，成虫多见于6-7月。幼虫以杨柳科、榆科和桦木科植物为寄主。

分布于辽宁、山西、河北、河南、陕西等地。此外见于日本及朝鲜半岛、欧洲。

白矩朱蛱蝶 / *Nymphalis vau-album* (Denis & Schiffermüller, 1775)　　　　10-12 / P1669

中型蛱蝶。翅背面橙红色，外缘锯齿状。斑纹与朱蛱蝶近似，主要区别为后翅黑斑两侧有白斑，外缘黑带间无蓝色斑点。前翅背面顶角突出饰有白色短斑，外缘有暗褐色带，中室外有黑斑，内有黑色横斑，中部和后缘饰有4个黑斑。后翅背面有较大黑斑，外围白色斑点，翅基部颜色较暗。腹面和背面的斑纹不同，大部灰褐色或黄褐色。

1年1代，成虫多见于6-7月。幼虫以杨柳科和榆科植物为寄主。

分布于新疆、吉林、山西、陕西、云南等地。此外见于日本、巴基斯坦、印度及朝鲜半岛、欧洲。

① ♀
黄缘蛱蝶
甘肃榆中

② ♂
黄缘蛱蝶
甘肃永登

③ ♂
朱蛱蝶
甘肃榆中

① ♀
黄缘蛱蝶
甘肃榆中

② ♂
黄缘蛱蝶
甘肃永登

③ ♂
朱蛱蝶
甘肃榆中

④ ♀
朱蛱蝶
甘肃榆中

⑤ ♂
朱蛱蝶
北京

⑥ ♀
朱蛱蝶
北京

④ ♀
朱蛱蝶
甘肃榆中

⑤ ♂
朱蛱蝶
北京

⑥ ♀
朱蛱蝶
北京

⑦ ♂
朱蛱蝶
新疆赛里木

⑧ ♂
朱蛱蝶
台湾桃园

⑨ ♀
朱蛱蝶
台湾桃园

⑦ ♂
朱蛱蝶
新疆赛里木

⑧ ♂
朱蛱蝶
台湾桃园

⑨ ♀
朱蛱蝶
台湾桃园

⑩ ♂
白矩朱蛱蝶
北京

⑪ ♂
白矩朱蛱蝶
甘肃榆中

⑫ ♀
白矩朱蛱蝶
甘肃榆中

⑩ ♂
白矩朱蛱蝶
北京

⑪ ♂
白矩朱蛱蝶
甘肃榆中

⑫ ♀
白矩朱蛱蝶
甘肃榆中

孔雀蛱蝶属 / *Inachis* Hübner, [1819]

　　中型蛱蝶。翅背面朱红色，前翅顶角突出，前、后翅外缘齿状。前翅翅面有孔雀尾彩色眼纹，眼斑中心红色，其外侧包黑色半环，周边呈现从黄色到浅粉色再到粉蓝色的过渡。后翅有孔雀尾状眼斑，中心瞳点蓝色。腹面和背面的斑纹不同，前、后翅黑褐色，密布黑色波状细纹，中室有白色小点。

　　成虫栖息于山地阔叶林等场所，有访花性，飞行迅速机警。幼虫以荨麻科、大麻科及桑科植物为寄主。

　　主要分布于古北区。国内目前已知1种，本图鉴收录1种。

孔雀蛱蝶 / *Inachis io* (Linnaeus, 1758)　　　　　　　　　01-02 / P1670

　　中型蛱蝶。翅背面呈鲜艳的朱红色，前翅有1条孔雀尾彩色眼纹，眼斑中心红色，其外侧包黑色半环。后翅色暗，前缘饰有孔雀尾眼斑，中心黑色并有蓝色碎斑。背面和腹面的斑纹不同，前、后翅暗褐色，密布黑褐色波状横纹，似烟熏枯叶，中室饰白色小点。

　　1年1代，成虫多见于6-8月。幼虫以荨麻科、大麻科及桑科植物为寄主。

　　分布于黑龙江、辽宁、甘肃、青海、新疆等地。此外见于日本及朝鲜半岛、欧洲各国。

麻蛱蝶属 / *Aglais* Dalman, 1816

中型蛱蝶。前翅顶角突出，后翅外缘呈齿状。前、后翅背面多以暗红色为主，并饰有黄色和黑色斑点，外缘有新月状蓝色斑列。前翅顶角有白色斑，中室内、外有方形黑斑，前、后翅翅基和后缘黑色。腹面翅色呈暗色并有密布细小条纹。

成虫多栖息于山地等场所，有访花性。幼虫以荨麻科植物为寄主。

主要分布于古北区。国内目前已知4种，本图鉴收录4种。

荨麻蛱蝶 / *Aglais urticae* (Linnaeus, 1758)　　　03-04 / P1670

中型蛱蝶。前翅背面橘红色，顶角有白斑，前缘黄色有3块黑斑，中域有2个较小黑斑，后缘有1个较大黑斑。后翅背面大部黑色。前、后翅外缘黑色带中有蓝色新月状斑列。翅腹面呈暗色并密布细小条纹，外缘有模糊的蓝色新月斑。

成虫多见于5-9月。幼虫以荨麻科植物为寄主植物。

分布于黑龙江、陕西、甘肃、青海、新疆等地。此外见于日本及中亚、朝鲜半岛、欧洲中部等地。

中华荨麻蛱蝶 / *Aglais chinensis* (Leech, 1893)　　　05-09 / P1671

中型蛱蝶。斑纹与荨麻蛱蝶相似。前翅背面橘红色，顶角有白斑，前缘黄色有3块黑斑，中域有2个较小黑斑，后缘有1个较大黑斑，后翅背面大部黑色，前、后翅外缘黑色带中有蓝色新月状斑列。腹面呈暗色并密布细小条纹，外缘有模糊的蓝色新月斑。

成虫多见于5-8月。幼虫以荨麻科植物为寄主。

分布于四川、云南、西藏等地。

西藏麻蛱蝶 / *Aglais ladakensis* Moore, 1882　　　10-11

中型蛱蝶。斑纹与荨麻蛱蝶相似，但翅形较圆润，体形较小。前翅背面顶角有1块白斑，前缘黄色有3块黑斑，中域有2个较小黑斑，后缘中部有较大黑斑。前翅中室端黑斑与后缘黑斑相连成"S"形横带，外缘黑色带无蓝色斑列。后翅背面外缘黑色带内有蓝色新月斑。腹面翅色呈暗色并有细小条纹。

成虫多见于7月。幼虫以荨麻科植物为寄主。

分布于西藏、甘肃、青海等地。

克什米尔麻蛱蝶 / *Aglais caschmirensis* (Kollar, [1844])　　　12

中型蛱蝶。斑纹与荨麻蛱蝶相似，但颜色较暗。前、后翅背面暗红色，散布灰褐色鳞片。前翅顶角内侧有1块白斑，前缘淡黄色有3块黑斑，中域有2个较小黑斑，后缘中部有1个较淡黑斑，前翅外缘黑褐色带无蓝色斑。后翅外缘褐色带内有不明显青色斑。翅腹面翅色呈暗色并有细小条纹，外缘有模糊的蓝色新月斑。

成虫多见于7月。

分布于西藏。此外见于印度、巴基斯坦。

01 ♂
孔雀蛱蝶
甘肃榆中

02 ♀
孔雀蛱蝶
甘肃榆中

03 ♂
荨麻蛱蝶
甘肃临夏

01 ♂
孔雀蛱蝶
甘肃榆中

02 ♀
孔雀蛱蝶
甘肃榆中

03 ♂
荨麻蛱蝶
甘肃临夏

04 ♀
荨麻蛱蝶
甘肃临夏

05 ♂
中华荨麻蛱蝶
四川九龙

06 ♀
中华荨麻蛱蝶
四川九龙

04 ♀
荨麻蛱蝶
甘肃临夏

05 ♂
中华荨麻蛱蝶
四川九龙

06 ♀
中华荨麻蛱蝶
四川九龙

07 ♂
中华荨麻蛱蝶
云南维西

08 ♂
中华荨麻蛱蝶
云南贡山

09 ♂
中华荨麻蛱蝶
西藏林芝

07 ♂
中华荨麻蛱蝶
云南维西

08 ♂
中华荨麻蛱蝶
云南贡山

09 ♂
中华荨麻蛱蝶
西藏林芝

10 ♂
西藏麻蛱蝶
西藏错那

11 ♀
西藏麻蛱蝶
甘肃肃南

12 ♂
克什米尔麻蛱蝶
西藏吉隆

10 ♂
西藏麻蛱蝶
西藏错那

11 ♀
西藏麻蛱蝶
甘肃肃南

12 ♂
克什米尔麻蛱蝶
西藏吉隆

琉璃蛱蝶属 / *Kaniska* Kluk, 1780

　　中型蛱蝶。翅背面黑色，前翅顶角突出，饰有白色斑点。前、后翅外缘齿状，亚外缘有蓝色宽带纵贯前后翅，宽带内饰有黑色点列。翅腹面和背面的斑纹不同，前、后翅黑褐色，有极密的黑色波状细纹。

　　成虫多栖息于山地等场所，飞行迅速机警，喜吸食树液。幼虫以菝葜科、百合科植物为寄主。

　　主要分布于古北区和东洋区。国内目前已知1种，本图鉴收录1种。

琉璃蛱蝶 / *Kaniska canace* (Linnaeus, 1763)　　　　　01-06 / P1671

　　中型蛱蝶。前翅顶角突出并饰有小白斑。前、后翅背面深蓝黑色，亚外缘有1条蓝色宽带，在前翅呈"Y"状，宽带内饰有黑色点列。后翅外缘中部突出呈齿状。翅腹面和背面的斑纹不同，前、后翅斑纹繁杂，以黑褐色为主，密布黑色波状细纹。

　　成虫多见于5-10月。幼虫以菝葜科、百合科植物为寄主。

　　分布于江苏、福建、广东、广西、甘肃、香港等地。此外见于日本、印度、缅甸、泰国、马来西亚等地。

01 ♂
琉璃蛱蝶
云南腾冲

02 ♂
琉璃蛱蝶
福建福州

03 ♂
琉璃蛱蝶
云南贡山

01 ♂
琉璃蛱蝶
云南腾冲

02 ♂
琉璃蛱蝶
福建福州

03 ♂
琉璃蛱蝶
云南贡山

04 ♂
琉璃蛱蝶
台湾新北

05 ♀
琉璃蛱蝶
台湾基隆

06 ♂
琉璃蛱蝶
甘肃兰州

04 ♂
琉璃蛱蝶
台湾新北

05 ♀
琉璃蛱蝶
台湾基隆

06 ♂
琉璃蛱蝶
甘肃兰州

钩蛱蝶属 / *Polygonia* Hübner, [1819]

中型蛱蝶。成虫背面橙褐色，前后翅分布有黑斑，外缘齿突状，腹面模拟枯叶颜色，随季节而变化，后翅中室端有白色钩状斑。

成虫飞行力强，访花，亦吸食树液。

分布于我国大部分地区。国内目前已知7种，本图鉴收录4种。

白钩蛱蝶 / *Polygonia c-album* (Linnaeus, 1758) 　　　　01-08 / P1672

中型蛱蝶。背面翅面橙褐色，前翅中室中部2个黑斑，中室端有1个长方形黑斑，中室外侧有黑斑数个，后翅基半部、亚外缘有黑斑和斑带，前后翅外缘有齿状突；腹面模拟枯叶颜色，随季节而变化，后翅中室端有白色钩状斑。

成虫常年可见。越冬态，喜吸食树液。幼虫寄主植物为榆树等。

分布于北方广大地区。此外见于日本、蒙古、印度及朝鲜半岛等地。

小钩蛱蝶 / *Polygonia egea* (Cramer, 1775) 　　　　09

中型蛱蝶。形态和白钩蛱蝶相近，但斑纹比白钩蛱蝶要小，后翅斑纹要少，基部常有2个斑。

成虫多见于7月。

分布于新疆。此外见于俄罗斯等地。

黄钩蛱蝶 / *Polygonia c-aureum* (Linnaeus, 1758) 　　　　10-11 / P1673

中型蛱蝶。形态和白钩蛱蝶相近，背面翅面中室基部有1个黑斑，白钩蛱蝶无此斑，前后翅外缘比白钩蛱蝶相对平滑。

成虫常年可见。喜吸食树液。幼虫植物寄主为葎草等。

分布于东北、东南广大地区。此外见于俄罗斯、蒙古、越南等地。

巨型钩蛱蝶 / *Polygonia gigantea* (Leech, 1890) 　　　　12-13

中型蛱蝶。个体较大，背面翅色黄褐色，前后翅黑斑密布，以黑色基调为主；腹面主基调黑褐色。

成虫多见于7月。喜潮湿地表吸水。

分布于陕西、四川、云南等地。

① ♂
白钩蛱蝶
甘肃兰州

② ♀
白钩蛱蝶
甘肃兰州

③ ♂
白钩蛱蝶
台湾宜兰

④ ♂
白钩蛱蝶
台湾花莲

① ♂
白钩蛱蝶
甘肃兰州

② ♀
白钩蛱蝶
甘肃兰州

③ ♂
白钩蛱蝶
台湾宜兰

④ ♂
白钩蛱蝶
台湾花莲

⑤ ♂
白钩蛱蝶
西藏察隅

⑥ ♂
白钩蛱蝶
西藏林芝

⑦ ♂
白钩蛱蝶
江苏南京

⑧ ♂
白钩蛱蝶
山西宁武

⑤ ♂
白钩蛱蝶
西藏察隅

⑥ ♂
白钩蛱蝶
西藏林芝

⑦ ♂
白钩蛱蝶
江苏南京

⑧ ♂
白钩蛱蝶
山西宁武

⑨ ♂
小钩蛱蝶
新疆马兰

⑩ ♂
黄钩蛱蝶
安徽合肥

⑪ ♂
黄钩蛱蝶
福建福州

⑨ ♂
小钩蛱蝶
新疆马兰

⑩ ♂
黄钩蛱蝶
安徽合肥

⑪ ♂
黄钩蛱蝶
福建福州

⑫ ♂
巨型钩蛱蝶
四川峨眉山

⑬ ♂
巨型钩蛱蝶
陕西宁陕

⑫ ♂
巨型钩蛱蝶
四川峨眉山

⑬ ♂
巨型钩蛱蝶
陕西宁陕

红蛱蝶属 / *Vanessa* Fabricius, 1807

　　中型蛱蝶。前、后翅外缘呈齿状，翅背面以橘红色为主，并缀有白色和黑色斑纹。前翅顶角突出并有白色斑点，中室外有白斑。后翅外缘及翅脉端部呈黑色，亚外缘有黑色斑列。翅腹面和背面的斑纹有区别，除前翅斑纹相似外，后翅呈褐色的复杂斑纹。

　　成虫栖息于山地、市郊或公园等场所，飞行迅速、机警，有访花性。幼虫以荨麻科、榆科等植物为寄主。

　　主要分布于古北区、东洋区。国内目前已知2种，本图鉴收录2种。

大红蛱蝶 / *Vanessa indica* (Herbst, 1794)　　　　　　01-04 / P1674

　　中型蛱蝶。翅背面大部黑褐色，外缘波状。前翅顶角突出，饰有白色斑，下方斜列4个白斑，中部有不规则红色宽横带，内有3个黑斑。后翅大部暗褐色，外缘红色，亚外缘有1列黑色斑。翅腹面和背面的斑纹有区别，前翅顶角茶褐色，中室端部显蓝色斑纹，其余与翅面相似。后翅有茶褐色的复杂云状斑纹，外缘有4枚模糊的眼斑。

　　成虫多见于5-10月。幼虫以荨麻科、榆科等植物为寄主。

　　分布于全国各地。此外见于亚洲东部、欧洲等地。

小红蛱蝶 / *Vanessa cardui* (Linnaeus, 1758)　　　　　　05-12 / P1675

　　中型蛱蝶。本种与大红蛱蝶近似，主要区别是后翅背面大部橘红色，体形稍小。前、后翅背面以橘红色为主，前翅顶角饰有白斑，中部有不规则红色横带，内有3个黑斑相连。后翅背面橘红色，外缘及亚外缘有黑色斑列。翅腹面和背面的斑纹有区别，前翅除顶角黄褐色外，其余斑纹与翅面相似。后翅有黄褐色的复杂云状斑纹。

　　成虫多见于5-10月。幼虫以荨麻科、锦葵科和菊科植物为寄主。

　　分布于全国各地。此外见于世界各地。

01 ♂
大红蛱蝶
甘肃兰州

02 ♂
大红蛱蝶
江苏南京

03 ♂
大红蛱蝶
台湾新竹

01 ♂
大红蛱蝶
甘肃兰州

02 ♂
大红蛱蝶
江苏南京

03 ♂
大红蛱蝶
台湾新竹

04 ♀
大红蛱蝶
台湾基隆

05 ♂
小红蛱蝶
台湾台北

06 ♀
小红蛱蝶
台湾桃园

04 ♀
大红蛱蝶
台湾基隆

05 ♂
小红蛱蝶
台湾台北

06 ♀
小红蛱蝶
台湾桃园

⑦ ♂
小红蛱蝶
云南贡山

⑧ ♀
小红蛱蝶
广东龙门

⑨ ♀
小红蛱蝶
西藏林芝

07 ♂
小红蛱蝶
云南贡山

08 ♀
小红蛱蝶
广东龙门

09 ♀
小红蛱蝶
西藏林芝

⑩ ♂
小红蛱蝶
云南维西

⑪ ♂
小红蛱蝶
甘肃永靖

⑫ ♀
小红蛱蝶
甘肃永靖

10 ♂
小红蛱蝶
云南维西

11 ♂
小红蛱蝶
甘肃永靖

12 ♀
小红蛱蝶
甘肃永靖

眼蛱蝶属 / *Junonia* Hübner, [1819]

　　中型蛱蝶。成虫翅面颜色多样，有橙、黄、白、蓝、褐等色彩，颜色鲜艳，翅面具有明显发达的眼斑，眼斑能转移天敌攻击目标，起到自保作用，通常有季节型，后翅拟态枯叶颜色。

　　成虫栖息于较低海拔林边、田园、荒地等较空旷地方。喜欢在晴天出没，通常离地面不高滑翔飞行，较灵敏警惕，发现危险快速逃离，有访花习性。幼虫主要以爵床科及苋科多种植物为寄主。

　　主要分布于东洋区。国内目前已知6种，本图鉴收录6种。

美眼蛱蝶 / *Junonia almana* (Linnaeus, 1758)　　　　　01-06 / P1676

　　中型蛱蝶。雌雄同型。分为湿季型号和旱季型。翅背面橙色，前翅分布3个眼斑，顶角区2个相连较小的眼斑及中域1个较大眼斑，后翅2个眼斑，靠前缘有1枚最大的眼斑，往下有1个小眼斑，前后翅亚外缘有波浪黑线。旱季型前翅角起勾、凸出，后翅臀角凸出，腹面如同枯叶颜色。

　　1年多代，成虫几乎全年可见。幼虫食性较杂，主要以玄参科、苋科、车前科等多种植物为寄主。

　　分布于长江以南各省及香港、台湾。此外见于泰国、越南、缅甸、老挝、马来西亚、柬埔寨、不丹、印度等地。

翠蓝眼蛱蝶 / *Junonia orithya* (Linnaeus, 1758)　　　　　07-13 / P1677

　　中型蛱蝶。雌雄异型。有分湿季和旱季型。雄蝶前翅背面黑色，靠亚外缘分布2枚眼斑，亚顶区有2条平行的斜白带，亚外缘有白色，后翅为暗蓝色，分布2枚眼斑。雌蝶各眼斑较大，翅面颜色较浅，后翅蓝色区域小。旱季型前翅角起勾、凸出，后翅腹面枯叶颜色。

　　1年多代，成虫多见于7-10月。幼虫主要以爵床科假杜鹃、马鞭草科马鞭草等多种植物为寄主。

　　分布于长江以南，秦岭以南各省及香港、台湾。此外见于泰国、菲律宾、越南、缅甸、老挝、马来西亚、柬埔寨、不丹、印度，以及非洲、南美洲、北美洲等地。

01 ♂
美眼蛱蝶
福建福州

02 ♂
美眼蛱蝶
四川峨眉山

03 ♂
美眼蛱蝶
江苏南京

01 ♂
美眼蛱蝶
福建福州

02 ♂
美眼蛱蝶
四川峨眉山

03 ♂
美眼蛱蝶
江苏南京

04 ♂
美眼蛱蝶
江苏南京

05 ♂
美眼蛱蝶
台湾台北

06 ♀
美眼蛱蝶
台湾台北

04 ♂
美眼蛱蝶
江苏南京

05 ♂
美眼蛱蝶
台湾台北

06 ♀
美眼蛱蝶
台湾台北

07 ♂
翠蓝眼蛱蝶
西藏察隅

08 ♂
翠蓝眼蛱蝶
台湾台北

09 ♀
翠蓝眼蛱蝶
台湾基隆

10 ♀
翠蓝眼蛱蝶
甘肃文县

07 ♂
翠蓝眼蛱蝶
西藏察隅

08 ♂
翠蓝眼蛱蝶
台湾台北

09 ♀
翠蓝眼蛱蝶
台湾基隆

10 ♀
翠蓝眼蛱蝶
甘肃文县

11 ♂
翠蓝眼蛱蝶
甘肃文县

12 ♀
翠蓝眼蛱蝶
湖南张家界

13 ♀
翠蓝眼蛱蝶
香港

11 ♂
翠蓝眼蛱蝶
甘肃文县

12 ♀
翠蓝眼蛱蝶
湖南张家界

13 ♀
翠蓝眼蛱蝶
香港

黄裳眼蛱蝶 / *Junonia hierta* (Fabricius, 1798)

中型蛱蝶。雌雄同型。前翅外缘靠顶区有尖角凸出，翅背面黑色，前后翅有大面积黄色斑，后翅前缘靠基部位置有1块蓝色斑，外缘黑带宽。雌蝶颜色较浅，前后翅黄斑内有明显黑色斑点。

1年多代，成虫多见于4-11月。幼虫主要以爵床科假杜鹃等植物为寄主。

分布于长江以南各省区。此外见于泰国、越南、缅甸、老挝、印度等地。

蛇眼蛱蝶 / *Junonia lemonias* (Linnaeus, 1758)

中型蛱蝶。雌雄同型。分为湿季型和旱季型。翅背面为褐色，前翅具有2枚眼斑，一大一小，眼斑外围绕1列白色斑点，后翅3枚眼斑，靠前缘有一大一小2枚眼斑相连，臀区1枚，前后翅外缘起尖凸出，雌蝶颜色较浅，眼斑较大，体形较大。旱季型前后翅尖角更长，后翅腹面枯叶纹。

1年多代，成虫多见于3-12月。主要以爵床科瘤子草、台湾鳞花草等多种植物为寄主。

分布于长江以南各省及香港、台湾。此外见于泰国、马来西亚、菲律宾、越南、缅甸、老挝、印度等地。

波翅眼蛱蝶 / *Junonia atlites* (Linnaeus, 1763)

中型蛱蝶。雌雄同型。翅背面灰白色，波纹线较多。前翅角起钩、凸出，中室4条黑色波纹线，前后翅亚外缘有2列波纹线，外中区有1列大小不一眼斑，雌蝶体形较大，翅背面偏褐黄色。

1年多代，成虫多见于4-11月。主要以苋科喜旱莲子草、爵床科水蓑衣属等多种植物为寄主。

分布于长江以南各省。此外见于泰国、马来西亚、菲律宾、越南、缅甸、老挝、印度等地。

钩翅眼蛱蝶 / *Junonia iphita* (Cramer, [1779])

中型蛱蝶。雌雄同型。翅背面深褐色，没有明显眼斑，前翅角起钩、凸出，后翅臀角凸出，前后翅亚外缘有波浪线纹，外中区有1列模糊眼点，腹面仿枯叶纹理。雌蝶体形较大，颜色偏黄。

1年多代，成虫多见于3-11月。幼虫主要以爵床科多种植物为寄主。

分布于长江以南各省及香港、台湾。此外见于泰国、马来西亚、越南、缅甸、老挝、印度、斯里兰卡、尼泊尔等地。

01 ♂
黄裳眼蛱蝶
广东广州

02 ♀
黄裳眼蛱蝶
广东广州

03 ♂
黄裳眼蛱蝶
云南盈江

01 ♂
黄裳眼蛱蝶
广东广州

02 ♀
黄裳眼蛱蝶
广东广州

03 ♂
黄裳眼蛱蝶
云南盈江

04 ♂
蛇眼蛱蝶
广东湛江

05 ♂
蛇眼蛱蝶
云南盈江

06 ♂
蛇眼蛱蝶
台湾屏东

04 ♂
蛇眼蛱蝶
广东湛江

05 ♂
蛇眼蛱蝶
云南盈江

06 ♂
蛇眼蛱蝶
台湾屏东

07 ♂
波翅眼蛱蝶
海南乐东

08 ♂
钩翅眼蛱蝶
西藏墨脱

09 ♂
钩翅眼蛱蝶
云南盈江

07 ♂
波翅眼蛱蝶
海南乐东

08 ♂
钩翅眼蛱蝶
西藏墨脱

09 ♂
钩翅眼蛱蝶
云南盈江

10 ♂
钩翅眼蛱蝶
广东湛江

11 ♂
钩翅眼蛱蝶
台湾南投

12 ♀
钩翅眼蛱蝶
台湾台北

10 ♂
钩翅眼蛱蝶
广东湛江

11 ♂
钩翅眼蛱蝶
台湾南投

12 ♀
钩翅眼蛱蝶
台湾台北

盛蛱蝶属 / *Symbrenthia* Hübner, [1819]

　　小型蛱蝶。雌雄斑纹相似，翅背面底色黑褐色，上有黄色斑点与条纹，翅腹面底色黄色，有黑色或红褐色斑纹及斑线。本属种类背面都较相似，腹面成为鉴别的主要特征。

　　主要栖息于亚热带及热带森林，身形小巧，活动迅速，喜欢在向阳处活动，有访花习性，常见其吸食腐烂水果，也常在湿地上吸水。幼虫以荨麻科植物为寄主。

　　分布于东洋区及澳洲区。国内目前已知8种，本图鉴收录8种。

散纹盛蛱蝶 / *Symbrenthia lilaea* Hewitson, 1864　　　　01-04 / P1681

　　小型蛱蝶。尾突较明显，翅背面底色黑褐色，前后翅有3道横向的橙黄色条纹呈带状排列，最前方为前翅中室及外侧相连的橙纹，其中部分个体会在中室近端部断裂，第2道带由前翅外侧斑纹及后翅基部条纹构成，最后一道则为后翅亚外缘的条带，前翅顶角附近还有数个大小不等的橙斑。翅腹面底色黄色，布满由红褐色斑纹及线条组成的复杂花纹，与国内该属其他种类差异较大，易区分。

　　1年多代，成虫多见于5-8月。幼虫寄主植物为荨麻科密花苎麻、水麻、台湾苎麻、柄果苎麻、青苎麻等。

　　分布于浙江、福建、江西、广东、广西、台湾、海南亚、云南、四川、重庆、湖北、西藏、贵州、香港等地。此外见于印度、缅甸、泰国、越南、老挝、马来西亚、印度尼西亚等地。

黄豹盛蛱蝶 / *Symbrenthia brabira* Moore, 1872　　　　05-09 / P1682

　　小型蛱蝶。翅背面斑纹与散纹盛蛱蝶相似，但尾突更短小，翅腹面底色为黄褐色，密布不规则的黑色碎斑，类似豹纹，外围常带有橙红色块，后翅中部有1条橙色带，亚外缘处有1列5个黑褐色圈斑，后缘有1道连续或断裂的蓝灰色纹。

　　1年多代，成虫多见于5-8月。幼虫寄主植物为荨麻科冷清草、阔叶楼梯草、赤车使者等。

　　分布于浙江、福建、江西、台湾、云南、四川、重庆、湖北、贵州等地。

　　备注：也有文献将该种产于四川、重庆、湖北的类群作为独立种斑豹盛蛱蝶处理，本图鉴则按同种处理。

花豹盛蛱蝶 / *Symbrenthia hypselis* (Godart, 1824)　　　　10 / P1683

　　小型蛱蝶。与黄豹盛蛱蝶相似，但翅背色底色更深暗，斑纹更细，呈橘红色，前翅顶角的橙斑不延伸至靠近前缘处。后翅腹面亚外缘的5个圈斑大，内凸明显，圈斑内填满密集的蓝灰色鳞，后缘的蓝灰色纹宽而连续。

　　成虫多见于5-8月。

　　分布于西藏、云南、广西、广东、海南。此外见于印度、缅甸、泰国、老挝、越南、马来西亚等地。

01 ♂
散纹盛蛱蝶
台湾南投

01 ♂
散纹盛蛱蝶
台湾南投

02 ♀
散纹盛蛱蝶
台湾南投

02 ♀
散纹盛蛱蝶
台湾南投

03 ♀
散纹盛蛱蝶
福建福州

03 ♀
散纹盛蛱蝶
福建福州

04 ♀
散纹盛蛱蝶
云南盈江

04 ♀
散纹盛蛱蝶
云南盈江

05 ♂
黄豹盛蛱蝶
台湾台北

05 ♂
黄豹盛蛱蝶
台湾台北

06 ♀
黄豹盛蛱蝶
台湾嘉义

06 ♀
黄豹盛蛱蝶
台湾嘉义

07 ♂
黄豹盛蛱蝶
福建福州

07 ♂
黄豹盛蛱蝶
福建福州

08 ♀
黄豹盛蛱蝶
福建福州

08 ♀
黄豹盛蛱蝶
福建福州

09 ♂
黄豹盛蛱蝶
广西金秀

09 ♂
黄豹盛蛱蝶
广西金秀

10 ♂
花豹盛蛱蝶
西藏墨脱

10 ♂
花豹盛蛱蝶
西藏墨脱

霓豹盛蛱蝶 / *Symbrenthia niphanda* Moore, 1872   01-03

　　小型蛱蝶。与花豹盛蛱蝶相似，但翅形更阔，翅背面斑纹更细，呈淡黄色，顶角黄斑到达前缘。腹面底色更淡，泛青，无橙红色斑块，后翅基部黑斑大而紧实，中域的淡黄色横带外宽内窄，5个圈斑外缘与后翅外缘平行，呈弧形，而花豹盛蛱蝶的圈斑外缘较直。

　　成虫多见于6-8月。

　　分布于西藏、云南。此外见于印度、尼泊尔、不丹、缅甸、老挝等地。

云豹盛蛱蝶 / *Symbrenthia sinoides* Hall, 1935   04

　　小型蛱蝶。与黄豹盛蛱蝶相似，但翅背面斑纹更细，后翅腹面5个圈斑与黄豹盛蛱蝶明显不同，靠上缘的2个为实心黑斑，中间圈斑最大，内为金属蓝色，最下方的圈斑退化明显。

　　成虫多见于7-8月。

　　分布于四川。

冕豹盛蛱蝶 / *Symbrenthia doni* Tytler, 1940   05-06

　　小型蛱蝶。与黄豹盛蛱蝶相似，但翅腹面充满大面积的橙红色斑，后翅黑斑不如黄豹盛蛱密集，中域除了有1条宽阔完整的橙红色条纹，还侵入黑斑中，使基部的黑斑带形成1个缺口，亚外缘的5个圈斑较孤立，不与其他斑纹相连，内为橙红色。

　　成虫多见于5-7月。

　　分布于西藏。此外见于印度、缅甸。

喜来盛蛱蝶 / *Symbrenthia silana* de Neceville, 1885   07-08 / P1684

　　小型蛱蝶。与黄豹盛蛱蝶相似，但翅背面斑纹橙红色，后翅前缘的橙红带中部泛白，翅腹面底色泛水红色，黑斑大而密实，与橙红色带边界清晰，5个圈斑中下面3个内心为深蓝灰色。

　　成虫多见于7-8月。

　　分布于西藏、海南。此外见于印度、不丹。

星豹盛蛱蝶 / *Symbrenthia sinica* Moore, 1899   09

　　小型蛱蝶。与黄豹盛蛱蝶相似，但翅背面斑纹呈橘红色，后翅腹面中间的橙色带靠翅基处非常狭窄，而向外延伸时突然加宽，外缘的圈斑内心为蓝灰色。

　　成虫多见于7-8月。

　　分布于四川、湖北。

① ♂
霓豹盛蛱蝶
云南腾冲

① ♂
霓豹盛蛱蝶
云南腾冲

② ♂
霓豹盛蛱蝶
云南贡山

② ♂
霓豹盛蛱蝶
云南贡山

③ ♂
霓豹盛蛱蝶
云南绿春

③ ♂
霓豹盛蛱蝶
云南绿春

④ ♂
云豹盛蛱蝶
四川芦山

④ ♂
云豹盛蛱蝶
四川芦山

⑤ ♂
冕豹盛蛱蝶
西藏墨脱

⑤ ♂
冕豹盛蛱蝶
西藏墨脱

⑥ ♀
冕豹盛蛱蝶
西藏墨脱

⑥ ♀
冕豹盛蛱蝶
西藏墨脱

⑦ ♂
喜来盛蛱蝶
西藏墨脱

⑦ ♂
喜来盛蛱蝶
西藏墨脱

⑧ ♂
喜来盛蛱蝶
海南昌江

⑧ ♂
喜来盛蛱蝶
海南昌江

⑨ ♀
星豹盛蛱蝶
湖北襄阳

⑨ ♀
星豹盛蛱蝶
湖北襄阳

蜘蛱蝶属 / *Araschnia* Hübner, 1819

　　小型蛱蝶。雌雄斑纹相似，部分种类有季节型，翅背面底色为黑褐色，有黄色或橘黄色斑纹，常有蜘网状细纹布满翅面，故名蜘蛱蝶，前后翅腹面各有1块紫色斑区。
　　主要栖息在温带和亚热带森林，身形小巧，飞行迅速，喜欢在向阳处活动，常在潮湿泥地吸水。
　　分布于古北区、东洋区。国内目前已知6种，本图鉴收录6种。

蜘蛱蝶 / *Araschnia levana* (Linnaeus, 1758)　　　　　　　　01-05 / P1685

　　小型蛱蝶。体形明显比属内其他种类小，有季节型，湿季型翅背面橙斑发达，内包裹许多黑斑，顶角3个白斑，中部有1条倾斜的黄褐色细带，细带内侧有杂乱的细纹，翅腹面深棕红色，密布不规则细纹，类似蛛网，中部有明显的黄褐色粗带，前翅顶角和后翅外缘中部有大块的紫色斑块。干季型翅背面为黑褐色，前翅顶角至亚外缘有数个小白斑，前后翅贯穿1条白带，前翅白带断裂，下部向内倾斜，翅腹面斑纹类似背面，白带内密布不规则细纹，亚外缘有1列白色斑点。
　　成虫多见于5-7月。
　　分布于黑龙江、吉林、内蒙古、北京、辽宁。此外见于俄罗斯、蒙古及朝鲜半岛。

布网蜘蛱蝶 / *Araschnia burejana* (Bremer, 1861)　　　　　　　　06

　　小型蛱蝶。和蜘蛱蝶非常近似，但体形明显更大。湿季型个体橙斑更不发达，黑色面积明显更大。干季型雄蝶前翅白带向内倾斜不明显。
　　成虫多见于6-7月。
　　分布于黑龙江、吉林、辽宁。此外见于俄罗斯、日本及朝鲜半岛。

曲纹蜘蛱蝶 / *Araschnia doris* Leech, [1892]　　　　　　　　07-08 / P1686

　　小型蛱蝶。和布网蜘蛱蝶近似，但无明显季节型，翅背面中域的黄带明显粗壮，后翅黄带弯曲，翅腹面斑纹粗，没有很明显的紫色斑块。
　　成虫多见于6-7月。
　　分布于河南、陕西、江苏、安徽、浙江、福建、湖北、江西、湖南、四川、重庆、云南等地。

大卫蜘蛱蝶 / *Araschnia davidis* Poujade, 1885　　　　　　　　09-11 / P1686

　　小型蛱蝶。翅背面黑褐色，前翅顶角和前缘有2道橙黄色条纹，基部至亚外缘有3道橙红色条纹，其中最外1道呈"Y"形，里面2道从中部断裂分离，后翅亚外缘区有橙红色纹环绕，内有黑斑，前翅基部和后翅内缘有许多细小的黄纹。翅腹面颜色深暗，密布不规则黄色细纹，前后翅中部亚外缘各有1块紫色斑块，前翅紫色斑块内有3个小白点，后翅有1个。
　　成虫多见于6-8月。
　　分布于河南、陕西、四川、云南、甘肃。

中华蜘蛱蝶 / *Araschnia chinensis* Oberthür, 1917　　　12-13

小型蛱蝶。和大卫蜘蛱蝶非常近似，但后翅背面有1条明显的"K"形白纹，翅腹面白纹也更发达显著。

成虫多见于6-8月。

分布于陕西、四川、西藏等地。

直纹蜘蛱蝶 / *Araschnia prorsoides* (Blanchard, 1871)　　　14 / P1687

小型蛱蝶。翅背面黑褐色，中部有1条黄带贯穿前翅中部及后翅，前翅上部前缘及亚外缘还有数个黄斑，前后翅亚外缘有1条橙红色细线，后翅连续，前翅断裂。翅腹面黄褐色或红褐色，布满不规则黄线，类似蜘蛛网，前翅亚外缘有4个清晰的小白点，前后翅中部亚外缘各有1块蓝紫色斑。

成虫多见于7-8月。

分布于甘肃、四川、重庆、云南、西藏。此外见于印度、缅甸。

① ♂
蜘蛱蝶
北京

① ♂
蜘蛱蝶
北京

② ♀
蜘蛱蝶
北京

② ♀
蜘蛱蝶
北京

③ ♂
蜘蛱蝶
北京

③ ♂
蜘蛱蝶
北京

④ ♀
蜘蛱蝶
北京

④ ♀
蜘蛱蝶
北京

⑤ ♀
蜘蛱蝶
辽宁丹东

⑤ ♀
蜘蛱蝶
辽宁丹东

⑥ ♂
布网蜘蛱蝶
吉林敦化

⑥ ♂
布网蜘蛱蝶
吉林敦化

⑦ ♂
曲纹蜘蛱蝶
湖北襄阳

⑦ ♂
曲纹蜘蛱蝶
湖北襄阳

⑧ ♂
曲纹蜘蛱蝶
福建武夷山

⑧ ♂
曲纹蜘蛱蝶
福建武夷山

⑨ ♂
大卫蜘蛱蝶
云南维西

⑨ ♂
大卫蜘蛱蝶
云南维西

⑩ ♀
大卫蜘蛱蝶
甘肃迭部

⑩ ♀
大卫蜘蛱蝶
甘肃迭部

⑪ ♂
大卫蜘蛱蝶
云南贡山

⑪ ♂
大卫蜘蛱蝶
云南贡山

⑫ ♂
中华蜘蛱蝶
陕西宁陕

⑫ ♂
中华蜘蛱蝶
陕西宁陕

⑬ ♂
中华蜘蛱蝶
陕西宁陕

⑬ ♂
中华蜘蛱蝶
陕西宁陕

⑭ ♂
直纹蜘蛱蝶
云南贡山

⑭ ♂
直纹蜘蛱蝶
云南贡山

菫蛱蝶属 / *Euphydryas* Scudder, 1872

　　小型蛱蝶。成虫底色为黄褐色至黑褐色，翅面有大面积黄色斑、橙色斑，腹面后翅中域带、外缘斑多为黄色。

　　成虫飞行力一般，喜访花，栖息于草地环境。

　　主要分布在古北区、新北区。国内目前已知6种，本图鉴收录5种。

中菫蛱蝶 / *Euphydryas ichnea* Boisduval, 1833　　　　　　　　01-04

　　小型蛱蝶。背面翅面黑褐色，前翅中室及中室外被橙色斑覆盖，亚外缘、外缘各1列方形橙色斑，亚外缘斑在中部弯折，后翅中室有1个橙黄色斑，中域有橙黄色带斑1列，亚外缘斑带橙色较大，外缘斑橙黄色较小；腹面后翅橙黄色，基部有几个黄斑，中域斑及外缘斑黄色。

　　1年1代，成虫多见于6月。

　　分布于辽宁、吉林、黑龙江、新疆等地。此外见于蒙古、俄罗斯及朝鲜半岛等地。

金菫蛱蝶 / *Euphydryas sibirica* Staudinger, 1871　　　　　　05-08 / P1688

　　小型蛱蝶。背面翅面黄褐色，中室、中室外有黄色斑，后翅基部有1个黄斑，中域带不清晰，亚外缘有小黑斑1列；腹面后翅基部、中室、中域及外缘黄色带斑明显。

　　1年1代，成虫多见于6月。

　　分布于北京、内蒙古、辽宁、吉林、陕西、甘肃等地。此外见于蒙古、俄罗斯及朝鲜半岛等地。

豹纹菫蛱蝶 / *Euphydryas maturna* Linnaeus, 1758　　　　　　　　09

　　小型蛱蝶。和中菫蛱蝶相像，区别在于：前后翅中域带白色，外缘斑白色，相对小；腹面后翅中域带明显有线纹分割，外侧橙色区域内无斑点。

　　1年1代，成虫多见于6月。

　　分布于内蒙古、黑龙江、新疆。此外见于蒙古、哈萨克斯坦、俄罗斯。

欧菫蛱蝶 / *Euphydryas aurinia* (Rottemburg, 1775)　　　　　　10-11

　　小型蛱蝶。和金菫蛱蝶相像，区别在于：个体较小，前翅较阔，翅面黄色斑纹清晰。

　　1年1代。喜访花。

　　分布于新疆。此外见于阿富汗、哈萨克斯坦、蒙古、俄罗斯等地。

阿莎菫蛱蝶 / *Euphydryasca asiati* Staudinger, 1881　　　　　　　12

　　小型蛱蝶。背面翅面前翅黄色，被黑色线纹分割，后翅橙黄色，臀区黑色，亚外缘有小黑斑1列，外缘黑色带内有黄色斑；腹面色浅，后翅基部、中域、外缘带明显，亚外缘有小黑斑。

　　1年1代，成虫多见于6月。

　　分布于新疆。此外见于俄罗斯等地。

① ♂
中董蛱蝶
黑龙江尚志

② ♂
中董蛱蝶
辽宁本溪

③ ♂
中董蛱蝶
吉林靖宇

④ ♀
中董蛱蝶
新疆布尔津

① ♂
中董蛱蝶
黑龙江尚志

② ♂
中董蛱蝶
辽宁本溪

③ ♂
中董蛱蝶
吉林靖宇

④ ♀
中董蛱蝶
新疆布尔津

⑤ ♂
金董蛱蝶
内蒙古巴林

⑥ ♂
金董蛱蝶
内蒙古牙克石

⑦ ♂
金董蛱蝶
北京

⑧ ♀
金董蛱蝶
北京

05 ♂
金董蛱蝶
内蒙古巴林

06 ♂
金董蛱蝶
内蒙古牙克石

07 ♂
金董蛱蝶
北京

08 ♀
金董蛱蝶
北京

⑨ ♂
豹纹董蛱蝶
内蒙古乌奴耳

⑩ ♂
欧董蛱蝶
新疆布尔津

⑪ ♀
欧董蛱蝶
新疆布尔津

⑫ ♂
阿莎董蛱蝶
新疆克拉玛依

09 ♂
豹纹董蛱蝶
内蒙古乌奴耳

10 ♂
欧董蛱蝶
新疆布尔津

11 ♀
欧董蛱蝶
新疆布尔津

12 ♂
阿莎董蛱蝶
新疆克拉玛依

蜜蛱蝶属 / *Mellicta* Billberg, 1820

　　小型蛱蝶。该属成虫底色为黄褐色至红褐色，翅面上覆有大面积黑色，形成橙黄色斑，腹面前翅斑少，后翅基部、中室、中域、外缘有黄斑或斑带。

　　成虫飞行能力差，喜访花，生活在草地环境。

　　主要分布在古北区。国内目前已知7种，本图鉴收录3种。

褐蜜蛱蝶 / *Mellicta ambigua* Ménétriés, 1859 　　　　　　　　　　01

　　小型蛱蝶。背面翅面黄褐色，前翅中室及中室外侧有黑斑，端半部有2条曲折的黑线纹，后翅基部黑色，外侧橙色以黑色为依托形成斑带；腹面后翅基部4个黄斑，中室端1个黄斑，中域有黄斑带，外缘有1列黄斑。

　　1年1代。喜访花，栖息在林缘草地环境。

　　分布于内蒙古、黑龙江、吉林等地。此外见于俄罗斯、蒙古、日本等地。

雷蜜蛱蝶 / *Mellicta rebeli* Wnukowsky, 1929 　　　　　　　　　02

　　小型蛱蝶。背面翅面红褐色；腹面后翅基部4个斑，下面3个等大，近圆形，中室斑圆形。

　　1年1代，成虫多见于6月。喜访花，生活在草地环境。

　　分布于新疆。此外见于蒙古、俄罗斯等地。

布蜜蛱蝶 / *Mellicta britomartis* Assmann, 1847 　　　　　　　　03-04

　　小型蛱蝶。背面翅面红褐色，黑色覆盖范围比褐蜜蛱蝶广阔，腹面后翅外缘斑内侧弦月纹颜色深，外缘黑线色深。

　　1年1代，成虫多见于6月。喜访花，生活在森林草地环境。

　　分布于新疆、黑龙江等地。此外见于蒙古、欧洲。

网蛱蝶属 / *Melitaea* Fabricius, 1807

小型蛱蝶。成虫底色为黄褐色至红褐色，依据种类不同，翅面上或多或少分布有黑线纹和黑斑；腹面后翅基部、中室、中域、外缘有黄斑或斑带。

成虫飞行力弱，喜访花，栖息于荒地、河滩、林缘草地、亚高山草甸等多种环境。

主要分布在古北区、新北区。国内目前已知30种，本图鉴收录16种。

狄网蛱蝶 / *Melitaea didyma* (Esper, 1778) 05 / P1688

小型蛱蝶。背面翅面红褐色，前翅中室有横向线状斑，中室外侧有圆斑1列，弯曲度大，最后1个大而圆，后翅臀缘外侧有1个圆斑，前后翅外缘黑色，亚外缘斑列圆形；腹面后翅基部、中域、外缘有黄白色斑带。

1年1代，成虫多见于7月。喜访花。

分布于新疆。此外见于哈萨克斯坦、塔吉克斯坦等地。

圆翅网蛱蝶 / *Melitaea yuenty* Oberthür, 1888 06-07 / P1689

小型蛱蝶。背面翅面黄褐色，翅外缘圆形，是本种特征。中室外3列黑斑，外侧1列个体大，尤其是后翅，腹面后翅中域斑带清晰，中部弯曲，带内黑斑排列整齐。

1年2代，成虫多见于5月、7月。喜访花，栖息在荒地、干燥环境。

分布于云南、四川、西藏。

斑网蛱蝶 / *Melitaea didymoides* Eversmann, 1847 08-13 / P1690

小型蛱蝶。形态和狄网蛱蝶相像，区别在于：背面翅面黄褐色，前翅中室外侧斑形状不规则，前后翅亚缘斑稀疏。

1年多代，成虫多见于6-9月。喜访花，栖息于荒地、草地环境。幼虫寄主植物为地黄。

分布于北京、陕西、辽宁、吉林、河南等地。此外见于蒙古、俄罗斯及朝鲜半岛等地。

大网蛱蝶 / *Melitaea scotosia* Butler, 1878 14-15 / P1690

中型蛱蝶。背面翅面红褐色，中室有弯曲黑线纹，外侧有1列黑斑，前翅斑大而弯曲，后翅整齐，外缘黑色带内有月牙形橙色斑；腹面后翅中域带宽，内有排列不齐的黑斑，外侧橙色带内有斑。

1年1代，成虫多见于6月。喜访花，栖息在干旱荒地及草地。幼虫寄主植物为伪泥胡菜、大蓟。

分布于北京、河北、陕西、辽宁、黑龙江、新疆等地。此外见于日本、俄罗斯及朝鲜半岛等地。

褐斑网蛱蝶 / *Melitaea phoebe* Denis & Schiffermüller, 1775 16-18

中型蛱蝶。个体比大网蛱蝶小，中室外侧黑斑列没有大网蛱蝶发达，腹面后翅中域带斑外侧橙红色斑带内无斑。

1年1代，成虫多见于6月。喜访花，栖息在草地环境。

分布于北京、河北、辽宁、内蒙古等地。此外见于蒙古、塔吉克斯坦、哈萨克斯坦、俄罗斯、阿富汗等地。

黎氏网蛱蝶 / *Melitaea leechi* (Alphéraky, 1895) 19-20

　　小型蛱蝶。背面翅面红褐色，翅脉黑色清晰，外缘黑带宽阔；腹面后翅暗红色，基部、中室、中域、外缘内侧分布有黄白斑。

　　1年1代，成虫多见于6月。喜访花，生活在高海拔环境。

　　分布于四川、甘肃、青海、西藏。

华网蛱蝶 / *Melitaea sindura* Moore, 1865 21-22

　　小型蛱蝶。背面翅面黄褐色，前翅中室、中室外有黑斑，外缘黑色，内侧2条黑带纹，第1条黑纹成斑状，后翅基部、臀缘黑色，中域橙色部分无斑；腹面后翅基半部红褐色，端半部黄色，基部、中室端、中域、外缘内侧有白斑及斑带。

　　1年1代，成虫多见于7月。喜访花。

　　分布于西藏。

01 ♂
褐蜜蛱蝶
内蒙古乌奴耳

02 ♂
雷蜜蛱蝶
新疆布尔津

03 ♂
布蜜蛱蝶
新疆布尔津

04 ♀
布蜜蛱蝶
新疆布尔津

01 ♂
褐蜜蛱蝶
内蒙古乌奴耳

02 ♂
雷蜜蛱蝶
新疆布尔津

03 ♂
布蜜蛱蝶
新疆布尔津

04 ♀
布蜜蛱蝶
新疆布尔津

05 ♂
狄网蛱蝶
新疆哈纳斯

06 ♂
圆翅网蛱蝶
云南丽江

07 ♀
圆翅网蛱蝶
云南东川

05 ♂
狄网蛱蝶
新疆哈纳斯

06 ♂
圆翅网蛱蝶
云南丽江

07 ♀
圆翅网蛱蝶
云南东川

08 ♂
斑网蛱蝶
北京

09 ♀
斑网蛱蝶
北京

10 ♂
斑网蛱蝶
北京

11 ♀
斑网蛱蝶
北京

08 ♂
斑网蛱蝶
北京

09 ♀
斑网蛱蝶
北京

10 ♂
斑网蛱蝶
北京

11 ♀
斑网蛱蝶
北京

⑫♂
斑网蛱蝶
甘肃永靖

⑬♀
斑网蛱蝶
甘肃永靖

⑭♂
大网蛱蝶
甘肃榆中

⑫♂
斑网蛱蝶
甘肃永靖

⑬♀
斑网蛱蝶
甘肃永靖

⑭♂
大网蛱蝶
甘肃榆中

⑮♀
大网蛱蝶
甘肃榆中

⑯♂
褐斑网蛱蝶
内蒙古原林

⑰♀
褐斑网蛱蝶
内蒙古原林

⑱♀
褐斑网蛱蝶
内蒙古伊图里河

⑮♀
大网蛱蝶
甘肃榆中

⑯♂
褐斑网蛱蝶
内蒙古原林

⑰♀
褐斑网蛱蝶
内蒙古原林

⑱♀
褐斑网蛱蝶
内蒙古伊图里河

⑲♂
黎氏网蛱蝶
四川理塘

⑳♀
黎氏网蛱蝶
四川雅江

㉑♂
华网蛱蝶
西藏江孜

㉒♀
华网蛱蝶
西藏江孜

⑲♂
黎氏网蛱蝶
四川理塘

⑳♀
黎氏网蛱蝶
四川雅江

㉑♂
华网蛱蝶
西藏江孜

㉒♀
华网蛱蝶
西藏江孜

帝网蛱蝶 / *Melitaea diamina* (Lang, 1789)

01-02 / P1691

小型蛱蝶。背面翅面黄褐色，翅面黑色区域覆盖面积大，腹面后翅外缘黄色斑内侧弦月纹内有不明显的黑斑。

1年1代，成虫多见于6月。喜访花，栖息在林下草甸环境。幼虫寄主为婆婆纳属、山萝花属等植物。

分布于北京、内蒙古、黑龙江等地。此外见于蒙古及欧洲等地。

密点网蛱蝶 / *Melitaea sutschana* Staudinger, 1892

03-05

小型蛱蝶。形态和斑网蛱蝶相似，主要区别在于：亚外缘黑斑连续线纹状，亚外缘内侧还有1列斑，后翅中域有黑斑，雌蝶多为黑色。

1年1代，成虫多见于7月。喜访花。

分布于内蒙古、黑龙江等地。此外见于俄罗斯及朝鲜半岛等地。

阿顶网蛱蝶 / *Melitaea arduinna* (Esper, 1784)

06

小型蛱蝶。个体比褐斑网蛱蝶小，中室外侧3列斑，第1列黑斑清晰，后2列线纹状；腹面后翅中域带外侧橙色带内有黑斑，可以和褐斑网蛱蝶区分开。

1年1代，成虫多见于7月。喜访花。

分布于新疆。此外见于俄罗斯等地。

普网蛱蝶 / *Melitaea protomedia* Ménétriés, 1859

07-08

小型蛱蝶。和帝网蛱蝶相近，区别在于：个体比帝网蛱蝶大，翅面没有帝网蛱蝶黑；腹面外缘黄斑内侧弦月纹内黑斑明显。

1年1代，成虫多见于6月。喜访花，分布比帝网蛱蝶低，草地及林下道路两侧活动。

分布于北京、陕西、河北、河南等地。此外见于日本、俄罗斯及朝鲜半岛等地。

阿尔网蛱蝶 / *Melitaea arcesia* Bremer, 1861

09-12

小型蛱蝶。背面翅面黄褐色，前翅中室、中室外分布有黑斑，外缘黑色带宽，内侧并行2条黑条纹，后翅外缘、臀缘黑色，中部黑色围成橙色斑；腹面后翅基部、中域、外侧有黄白色斑或斑带。

1年1代，成虫多见于6月。喜访花，栖息在亚高山草甸。

分布于北京、内蒙古、陕西、黑龙江等地。此外见于蒙古、尼泊尔、不丹、印度等地。

① ♂
帝网蛱蝶
内蒙古莫尔道嘎

① ♂
帝网蛱蝶
内蒙古莫尔道嘎

② ♀
帝网蛱蝶
内蒙古莫尔道嘎

② ♀
帝网蛱蝶
内蒙古莫尔道嘎

③ ♂
密点网蛱蝶
内蒙古金河

③ ♂
密点网蛱蝶
内蒙古金河

④ ♂
密点网蛱蝶
内蒙古莫尔道嘎

④ ♂
密点网蛱蝶
内蒙古莫尔道嘎

⑤ ♀
密点网蛱蝶
内蒙古莫尔道嘎

⑤ ♀
密点网蛱蝶
内蒙古莫尔道嘎

⑥ ♂
阿顶网蛱蝶
新疆克拉玛依

⑥ ♂
阿顶网蛱蝶
新疆克拉玛依

⑦ ♂
普网蛱蝶
北京

⑦ ♂
普网蛱蝶
北京

⑧ ♀
普网蛱蝶
北京

⑧ ♀
普网蛱蝶
北京

⑨ ♂
阿尔网蛱蝶
内蒙古原林

⑨ ♂
阿尔网蛱蝶
内蒙古原林

⑩ ♀
阿尔网蛱蝶
宁夏德龙

⑩ ♀
阿尔网蛱蝶
宁夏德龙

⑪ ♂
阿尔网蛱蝶
北京

⑪ ♂
阿尔网蛱蝶
北京

⑫ ♀
阿尔网蛱蝶
北京

⑫ ♀
阿尔网蛱蝶
北京

罗网蛱蝶 / *Melitaea romanovi* Grum-Grshimailo, 1891   01-05 / P1692

    小型蛱蝶。背面翅面黄褐色，前翅中域有白斑带，亚外缘黑色带宽；腹面后翅翅脉清晰，中域带内黑斑排列整齐，和其他种类容易区分。

    1年2代，成虫多见于5月、7月。喜访花，栖息在黄土高原等荒地及干旱环境。

    分布于河北、陕西、山西、宁夏等地。此外见于俄罗斯、蒙古等地。

庆网蛱蝶 / *Melitaea cinxia* (Linnaeus, 1758)   06-07 / P1692

    小型蛱蝶。背面翅面黄褐色，中室外侧3列黑斑成线条状且弯曲，后翅线条不清晰；腹面后翅外缘黄色斑内侧带呈橙色，内有小斑列，雌蝶明显。

    1年1代，成虫多见于6月。喜访花。

    分布于内蒙古、新疆等地。此外见于塔吉克斯坦、俄罗斯、阿富汗等地。

菌网蛱蝶 / *Melitaea agar* Oberthür, 1888   08-10

    小型蛱蝶。背面翅面黄褐色，外缘黑色带宽阔，中室外侧有明显3列黑斑，第1列扭曲度大；腹面斑纹和密点网蛱蝶相近，但后翅外缘黄斑内黑斑稀少，内侧黄褐色斑带内有黑斑，可以区分于密点网蛱蝶。

    1年1代，成虫多见于7月。喜访花。

    分布于青海、四川、云南、西藏。

黑网蛱蝶 / *Melitaea jezabel* Oberthür, 1888   11-12 / P1693

    小型蛱蝶。背面翅面红褐色，中室外侧有2列黑斑，外缘黑色带宽；腹面橘红色，后翅基部、中域、外缘内侧有黄斑带。

    1年1代，成虫多见于6月。喜访花，阴冷天合翅停落于花上或草叶上，栖息于林缘草甸环境。

    分布于云南、四川、甘肃、西藏等地。

①♂
罗网蛱蝶
甘肃皋兰

①♂
罗网蛱蝶
甘肃皋兰

②♀
罗网蛱蝶
甘肃皋兰

②♀
罗网蛱蝶
甘肃皋兰

③♂
罗网蛱蝶
陕西礼泉

③♂
罗网蛱蝶
陕西礼泉

④♀
罗网蛱蝶
陕西礼泉

④♀
罗网蛱蝶
陕西礼泉

⑤♀
罗网蛱蝶
河北怀来

⑤♀
罗网蛱蝶
河北怀来

⑥♂
庆网蛱蝶
内蒙古西乌珠穆沁

⑥♂
庆网蛱蝶
内蒙古西乌珠穆沁

⑦♀
庆网蛱蝶
内蒙古西乌珠穆沁

⑦♀
庆网蛱蝶
内蒙古西乌珠穆沁

⑧♂
菌网蛱蝶
青海玉树

⑧♂
菌网蛱蝶
青海玉树

⑨♂
菌网蛱蝶
甘肃榆中

⑨♂
菌网蛱蝶
甘肃榆中

⑩♀
菌网蛱蝶
甘肃榆中

⑩♀
菌网蛱蝶
甘肃榆中

⑪♂
黑网蛱蝶
云南维西

⑪♂
黑网蛱蝶
云南维西

⑫♂
黑网蛱蝶
云南丽江

⑫♂
黑网蛱蝶
云南丽江

尾蛱蝶属 / *Polyura* Billberg, 1820

　　大型蛱蝶。前翅角尖，外缘有弧度，翅背面以白、淡黄、浅绿为主色，具有黑色条纹，亚缘带黑色，翅腹面具有白色光泽斑纹。后翅各有1对尾突是该属的重要特征。

　　成虫栖息于中低海拔常绿林边，身体粗壮飞行能力强、灵敏，活跃于开阔向阳处及溪涧。雄蝶有领域性，不爱访花，喜欢吸食树汁、腐果、动物尸体及排泄物等，偶见到地面吸水。幼虫主要以多种豆科植物为寄主。

　　主要分布于东洋区。国内目前已知8种，本图鉴收录8种。

凤尾蛱蝶 / *Polyura arja* (C. & R. Felder, [1867])　　　　　　01

　　中型蛱蝶。翅背面黑色，前翅顶角区有一大一小2个绿色圆斑，前后翅中域贯穿淡绿色带，后翅亚外缘各室有1列斑点，前翅腹面基部有1个黑色斑点。

　　1年多代，成虫几乎全年可见。幼虫主要以豆科植物为寄主。

　　分布于云南。此外见于老挝、越南、泰国等地。

窄斑凤尾蛱蝶 / *Polyura athamas* (Drury, [1773])　　　　02-05 / P1694

　　中型蛱蝶。本种与凤尾蛱蝶十分相似，主要区别在于，前者绿色带颜色较深，腹面外缘颜色较浅，前翅腹面基部为2个黑色斑点。雌雄同型。雌蝶尾突较长，尾尖较盾。

　　1年多代，成虫多见于4-11月。幼虫主要以豆科光荚含羞草（簕仔树）等植物为寄主。

　　分布于福建、广东、海南、广西、云南、香港等地。此外见于泰国、缅甸、印度、老挝、越南等地。

二尾蛱蝶 / *Polyura narcaea* (Hewitson, 1854)　　　　06-10 / P1696

　　中大型蛱蝶。翅背面为绿色，前翅中域有"Y"形黑色纹连接前缘，黑色外缘带较宽，前后翅亚外缘有1列绿色斑点，部分亚种存在斑点相连，前翅腹面花纹基本与背面一致，后翅腹面基部前缘到臀区有褐色横带。雌雄同型，雌蝶尾突较长，尾尖较盾。

　　1年多代，成虫多见于4-8月。幼虫主要以合欢属山槐（山合欢）等植物为寄主。

　　分布于湖北、湖南、四川、贵州、广东、广西、福建、云南、台湾、北京、河北、河南、山东、山西、陕西、甘肃等地。此外见于泰国、越南、缅甸、印度、老挝等地。

01 ♂
凤尾蛱蝶
云南西双版纳

01 ♂
凤尾蛱蝶
云南西双版纳

02 ♂
窄斑凤尾蛱蝶
云南德宏

02 ♂
窄斑凤尾蛱蝶
云南德宏

03 ♂
窄斑凤尾蛱蝶
广东广州

03 ♂
窄斑凤尾蛱蝶
广东广州

04 ♀
窄斑凤尾蛱蝶
广东佛山

04 ♀
窄斑凤尾蛱蝶
广东佛山

05 ♀
窄斑凤尾蛱蝶
西藏墨脱

05 ♂
窄斑凤尾蛱蝶
西藏墨脱

06 ♂
二尾蛱蝶
台湾桃园

06 ♂
二尾蛱蝶
台湾桃园

07 ♀
二尾蛱蝶
台湾台中

07 ♀
二尾蛱蝶
台湾台中

⑧ ♂
二尾蛱蝶
四川雅安

⑧ ♂
二尾蛱蝶
四川雅安

⑨ ♂
二尾蛱蝶
江苏南京

⑨ ♂
二尾蛱蝶
江苏南京

⑩ ♂
二尾蛱蝶
陕西宝鸡

⑩ ♂
二尾蛱蝶
陕西宝鸡

大二尾蛱蝶 / *Polyura eudamippus* (Doubleday, 1843)　　01-06 / P1696

　　大型蛱蝶。翅背面为浅黄色。本种与二尾蛱蝶腹面较为相似，主要区别在于前者前翅背面没有"Y"字纹，亚外缘有2列斑点，腹面银白色，基部有2个黑点，后翅背面亚外缘黑色带上有绿色斑点。各产地斑纹存在较大差异。雌雄同型。雌蝶尾突较长，尾尖较盾。

　　1年多代，成虫多见于5-11月。幼虫主要以羊蹄甲属与黄檀属植物为寄主。

　　分布于海南、广东、福建、广西、贵州、云南、湖南、浙江、四川、湖北、西藏、台湾等地。此外见于泰国、越南、缅甸、印度、老挝、马来西亚等地。

针尾蛱蝶 / *Polyura dolon* (Westwood, 1847)　　07-08 / P1697

　　大型蛱蝶。翅背面为淡黄色，前翅基部到中域是弧形黄色斑，亚外缘黑色带宽，有1列斑点，中室内有1个黑色斑连接到前缘。后翅大面积黄色斑，外缘橙黄色，亚外缘黑色，有1列紫蓝色斑点，尾突尖长。雌雄同型。雌蝶尾突较长，翅背面颜色更淡。

　　1年多代，成虫多见于5-6月。幼虫以榆科和豆科多种植物为寄主。

　　分布于西南地区，如云南、四川等。此外见于泰国、越南、缅甸、印度、不丹等。

忘忧尾蛱蝶 / *Polyura nepenthes* (Grose-Smith, 1883)　　09-12 / P1698

　　大型蛱蝶。本种与针尾蛱蝶较为相似，主要区别在于前者翅背面为白色，前翅亚外缘有2列白色斑，后翅亚外缘2列黑斑，尾突较后者短；腹面主要区别在于中室内以及端外有2个黑斑。雌雄同型。雌蝶尾突较长，第1条尾突较钝。

　　1年多代，成虫多见于4-11月。幼虫以豆科猴耳环属、鸡血藤属、合欢属、鼠李科翼核果属等多种植物为寄主。

　　分布于海南、广东、福建、四川、江西、浙江、香港等地。此外见于老挝、越南、缅甸、泰国等地。

黑凤尾蛱蝶 / *Polyura schreiber* (Godart, [1824])　　13

　　中型蛱蝶。本种翅背面较黑，前翅顶角区有一大一小2个白色斑点，前后翅中域贯穿白色带，前翅白带靠亚外缘处呈"V"形波浪纹，靠后缘有蓝色花纹。后翅白带向臀角区收窄，后半部白带外有蓝色花纹，后翅亚外缘有1列白点。前翅腹面基部有2个黑色斑点，也有部分个体黑色斑点相连，亚外缘"V"形斑较大。

　　1年多代，成虫多见于2-11月。幼虫主要以豆科光荚含羞草（簕仔树）等植物为寄主。

　　分布于云南南部。此外见于印度、缅甸、泰国、老挝、柬埔寨、马来西亚、菲律宾、印度尼西亚等地。

沾襟尾蛱蝶 / *Polyura posidonius* (Leech, 1891)　　14-15

　　中型蛱蝶。本种与二尾蛱蝶相似，主要区别在于，前者前翅背面中室及端外的"Y"字纹不明显，腹面中室内有数个小黑点，后者为1个黑点；后翅腹面臀区靠近臀角有1条横黑线。雌雄同型。雌蝶尾突更长，分叉角度更大，后翅亚外缘黄斑更发达。

　　1年1代至-2代，成虫多见于6-8月。

　　分布于四川、西藏。

01 ♂
大二尾蛱蝶
福建福州

01 ♂
大二尾蛱蝶
福建福州

02 ♂
大二尾蛱蝶
台湾桃园

02 ♂
大二尾蛱蝶
台湾桃园

03 ♀
大二尾蛱蝶
台湾台中

03 ♀
大二尾蛱蝶
台湾台中

04 ♂
大二尾蛱蝶
四川雅安

04 ♂
大二尾蛱蝶
四川雅安

05 ♂
大二尾蛱蝶
四川平武

05 ♂
大二尾蛱蝶
四川平武

06 ♂
大二尾蛱蝶
西藏墨脱

06 ♂
大二尾蛱蝶
西藏墨脱

07 ♂
针尾蛱蝶
四川芦山

07 ♂
针尾蛱蝶
四川芦山

08 ♂
针尾蛱蝶
四川康定

08 ♂
针尾蛱蝶
四川康定

09 ♂
忘忧尾蛱蝶
云南西双版纳

09 ♂
忘忧尾蛱蝶
云南西双版纳

⑩ ♂
忘忧尾蛱蝶
海南乐东

⑩ ♂
忘忧尾蛱蝶
海南乐东

⑪ ♂
忘忧尾蛱蝶
广东广州

⑪ ♂
忘忧尾蛱蝶
广东广州

⑫ ♀
忘忧尾蛱蝶
广东广州

⑫ ♀
忘忧尾蛱蝶
广东广州

⑬ ♂
黑凤尾蛱蝶
云南西双版纳

⑬ ♂
黑凤尾蛱蝶
云南西双版纳

⑭ ♂
沾襟尾蛱蝶
四川康定

⑭ ♂
沾襟尾蛱蝶
四川康定

⑮ ♀
沾襟尾蛱蝶
四川九龙

⑮ ♀
沾襟尾蛱蝶
四川九龙

螯蛱蝶属 / *Charaxes* Ochsenheimer, 1816

中大型蛱蝶。前翅尖、略外突出，翅背面橙黄色，亚外缘带黑色，部分种类中域有白斑，短小尾突1对，腹面波纹状花纹，前足退化。

1年多代。身体粗壮，飞行快速，强而有力，喜欢在开阔向阳处活动，不爱访花，喜欢吸食树汁、腐果、动物尸体及排泄物等。幼虫主要以樟科及大戟科植物为寄主。

主要集中分布在非洲区和东洋区。国内目前已知3种，本图鉴收录3种。

螯蛱蝶 / *Charaxes marmax* Westwood, 1847　01-04

大型蛱蝶。雌雄同型。翅背面橙黄色，前翅中室外沿前缘有模糊黑斑，前后翅亚外缘有1列大小不一黑色斑，前翅贴近外缘，后翅斑纹离开外缘且黑斑上各有1个白点，雄蝶尾突尖短，雌蝶尾突平长，前翅亚外缘多1列"V"形斑纹，中域颜色较浅，翅缘较直，体形较大。

1年多代，成虫多见于4-11月。幼虫主要以大戟科植物巴豆为寄主。

分布于广东、广西、福建、香港、海南等地。此外见于泰国、老挝、印度、缅甸、越南等地。

备注：过去本种与亚力螯蛱蝶因生殖器不同被视为独立种。近年有学者文章指出，从基因和形态上，可以视为同种，分类上存在不同的说法，两者关系有待进一步研究，本图鉴暂将两者合并。

白带螯蛱蝶 / *Charaxes bernardus* (Fabricius, 1793)　05-08 / P1699

大型蛱蝶。此种有2个型，分别为黄色型和白色型。容易混淆成2个不同物种。黄色型翅背面为大面积橙褐色斑纹，与螯蛱蝶比较相似，主要区别在于前者黑色带宽，分布到外中区和整个亚顶角区，后翅黑斑从顶角开始由大到小排列到臀角，呈尖牙型，雌蝶前翅中域有模糊白斑，后翅亚外缘各黑斑里有白点，尾突长、圆润。白色型在前翅中域有大面积白斑，雌蝶白斑更发达并分布到后翅中域，后翅黑斑相连。

1年多代，成虫几乎全年可见。幼虫以樟科植物樟木、阴香、降真香为寄主。

分布于广东、广西、福建、江西、浙江、湖南、香港、海南、四川、云南等地。此外见于泰国、老挝、印度、缅甸、越南、马来西亚、新加坡、菲律宾等地。

花斑螯蛱蝶 / *Charaxes kahruba* (Moore, [1895])　09

大型蛱蝶。为该属体形最大。雌雄同型。翅背面橙黄色，与螯蛱蝶比较相似，主要区别在于前者前翅亚外缘黑斑较窄，黑斑靠中域边缘更尖，腹面颜色深，波纹发达。雌蝶翅背面颜色更浅，尾突更圆长。

1年多代，成虫几乎全年可见。

分布于云南。此外见于泰国、老挝、尼泊尔、印度、越南等地。

① ♂
螯蛱蝶
云南河口

① ♂
螯蛱蝶
云南河口

② ♂
螯蛱蝶
云南西双版纳

② ♂
螯蛱蝶
云南西双版纳

③ ♀
螯蛱蝶
云南河口

③ ♀
螯蛱蝶
云南河口

④ ♀
螯蛱蝶
广东广州

④ ♀
螯蛱蝶
广东广州

⑤ ♂
白带螯蛱蝶
福建福州

⑤ ♂
白带螯蛱蝶
福建福州

⑥ ♀
白带螯蛱蝶
广东广州

⑥ ♀
白带螯蛱蝶
广东广州

07 ♂
白带螯蛱蝶
广西桂林

07 ♂
白带螯蛱蝶
广西桂林

08 ♀
白带螯蛱蝶
四川成都

08 ♀
白带螯蛱蝶
四川成都

09 ♂
花斑螯蛱蝶
云南景洪

09 ♂
花斑螯蛱蝶
云南景洪

璞蛱蝶属 / *Prothoe* Hübner, [1824]

中大型蛱蝶。成虫栖息于热带雨林内，通常在较阴低矮处活动，较灵敏，不访花，通常在树上吸食树汁或者地面腐食等。成虫不多见。

主要分布于东洋区。国内目前已知1种，本图鉴收录1种。

璞蛱蝶 / *Prothoe franck* (Godart, [1824])

01

中大型蛱蝶。雌雄同型。翅背面为黑色，前翅有宽大斜带，浅紫蓝色向白色过渡，顶角有3个白斑，后翅有1个短、宽、钝尾突，为最显著特征，腹面前翅颜色较浅，后翅深褐色，有橄榄绿色光泽鳞片，满布不规则黑色斑纹。

1年多代，成虫几乎全年可见。

分布于云南、广西。此外见于泰国、老挝、菲律宾、印度尼西亚等地。

01 ♂
璞蛱蝶
云南勐腊

01 ♂
璞蛱蝶
云南勐腊

闪蛱蝶属 / *Apatura* Fabricius, 1807

中大型蛱蝶。雄蝶前后翅背面均有紫色或蓝色闪光，故此得名。雌蝶无闪光，体形明显大于雌蝶。本属种类全部为雌雄异色或雌雄异型，性别较易区分。

成虫飞行迅速，常活动于树冠层，雄蝶有强烈的领地性。成虫不访花，喜食树液及人畜粪便，常见落地吸水。本属幼虫以杨柳科植物为寄主，头生双角，以幼虫形态越冬。

主要分布于古北区、东洋区。国内目前已知5种，本图鉴收录5种。

紫闪蛱蝶 / *Apatura iris* (Linnaeus, 1758)   01

中大型蛱蝶。翅背面底色黑褐色，前翅分布不规则白斑，后翅翅中部分布1条白色斑带。雌雄异色，雌蝶体形明显大于雄蝶，雄蝶前后翅背面均有浓烈的蓝色闪光，雌蝶无，性别较易区分。

1年1代，成虫多见于6-7月。通常喜活动于海拔1000米以上的阔叶林山区，飞翔迅速，吸食树液及人畜粪便，喜落地吸水，雄成虫常活动于树冠层，有很强的领地性，落在树梢驱赶其他蝶类。幼虫以杨柳科柳属植物黄花柳为寄主，卵单产，半圆形，成绿色，产于叶片背面边缘。幼虫绿色头生双角，共五龄，以三龄形态树上枝条芽基旁越冬，越冬时灰色。蛹为悬蛹，纺锤形绿色，蛹期13-20天。

分布于华北地区、西北地区、东北地区、华中地区、西南地区。此外见于日本及朝鲜半岛、欧洲等地。

柳紫闪蛱蝶 / *Apatura ilia* (Denis & Schiffermuller, 1775)   02-08 / P1699

中型蛱蝶。成虫多色型，翅背面底色分为黑色、褐色、黄色，前翅分布不规则白斑，后翅翅中部分布1条白色斑带。雌蝶体形大于雄蝶，雄蝶前后翅背面均有浓烈的蓝色或紫色闪光，雌蝶无，性别较易区分。

高海拔地区1年1代，低海拔地区1年2代或多代，平原与山地均有分布，成虫多见于5-9月。飞翔迅速，吸食树液及人畜粪便，喜落地吸水，雄成虫常活动于树冠层，有较强的领地性，落在树梢驱赶其他蝶类。幼虫以杨柳科杨属、柳属多种植物为寄主，如垂柳、旱柳、青杨、山杨等。卵单产，半圆形，成绿色，产于叶片背面边缘。幼虫绿色头生双角，共五龄，以三龄形态在寄主主干树皮缝内越冬，越冬时灰色。蛹为悬蛹，纺锤形绿色，蛹期13-20天。

分布于华北地区、西北地区、东北地区、华中地区、西南地区。此外见于欧洲东部、朝鲜半岛等地。

细带闪蛱蝶 / *Apatura metis* (Freyer, 1829)   09

中型蛱蝶。与柳紫闪蛱蝶相似，成虫多色型，翅背面底色分为黑色、褐色、黄色，前翅分布不规则白色或黄色斑点，后翅通常分布2条不规则白色或黄色斑带，斑带走向是与柳紫闪蛱蝶的主要区别。雌蝶体形大于雄蝶，雄蝶前后翅背面均有浓烈的蓝色闪光，雌蝶无，性别较易区分。

1年1代，成虫多见于6-7月。飞翔迅速，吸食树液及人畜粪便，喜落地吸水，雄成虫常活动于树冠层，有较强的领地性，落在树梢驱赶其他蝶类。

分布于东北、西北地区，如黑龙江、吉林、辽宁、内蒙古等。此外见于日本及欧洲东部、朝鲜半岛等地。

曲带闪蛱蝶 / *Apatura laverna* Leech, 1892   10-13 / P1700

中型蛱蝶。雌雄异型。雄蝶与柳紫闪蛱蝶相似，翅背面底色黄褐色，前后翅分布不规则黑斑，翅背面有淡淡的蓝紫色闪光，是与柳紫闪蛱蝶的主要区别。雌蝶翅面深褐色，后翅1条明显的白带，翅面无闪光，性别较易区分。

1年1代，成虫多见于5-7月。通常喜活动于海拔1000米以上的阔叶林山区，飞翔迅速，吸食树液及人畜粪便，喜落地吸水。幼虫以杨柳科杨属及柳属植物为寄主，如黄花柳、青杨。卵单产，半圆形，呈绿色，产于叶片背面边缘。幼虫绿色头生双角，共五龄，以三龄形态树上枝条芽基旁越冬，越冬时灰色。蛹为悬蛹，纺锤形绿色，蛹期13-20天。

分布于华北地区、西北地区、东北地区、华中地区、西南地区，如北京、河北、河南、陕西、四川、辽宁等地。

滇藏闪蛱蝶 / *Apatura bieti* Oberthür, 1885   14-15

中型蛱蝶。翅背面底色黄褐色，前翅分布不规则黄斑，后翅分布3条黄色斑带。雌雄同型。雄蝶前后翅背面均有浓烈的蓝色闪光，雌蝶无，性别较易区分。

1年1代，成虫多见于7-8月。通常喜活动于海拔1500米以上的阔叶林山区，飞翔迅速，吸食树液及人畜粪便。

分布于云南西北部、西藏。

01 ♂
紫闪蛱蝶
四川平武

01 ♂
紫闪蛱蝶
四川平武

02 ♂
柳紫闪蛱蝶
吉林靖宇

02 ♂
柳紫闪蛱蝶
吉林靖宇

03 ♂
柳紫闪蛱蝶
云南东川

03 ♂
柳紫闪蛱蝶
云南东川

04 ♂
柳紫闪蛱蝶
甘肃兰州

04 ♂
柳紫闪蛱蝶
甘肃兰州

05 ♂
柳紫闪蛱蝶
甘肃兰州

06 ♂
柳紫闪蛱蝶
四川芦山

07 ♀
柳紫闪蛱蝶
四川芦山

05 ♂
柳紫闪蛱蝶
甘肃兰州

06 ♂
柳紫闪蛱蝶
四川芦山

07 ♀
柳紫闪蛱蝶
四川芦山

08 ♀
柳紫闪蛱蝶
甘肃兰州

09 ♂
细带闪蛱蝶
吉林敦化

10 ♂
曲带闪蛱蝶
甘肃榆中

08 ♀
柳紫闪蛱蝶
甘肃兰州

09 ♂
细带闪蛱蝶
吉林敦化

10 ♂
曲带闪蛱蝶
甘肃榆中

⑪ ♂
曲带闪蛱蝶
甘肃榆中

⑫ ♀
曲带闪蛱蝶
甘肃榆中

⑬ ♀
曲带闪蛱蝶
北京

⑪ ♂
曲带闪蛱蝶
甘肃榆中

⑫ ♀
曲带闪蛱蝶
甘肃榆中

⑬ ♀
曲带闪蛱蝶
北京

⑭ ♂
滇藏闪蛱蝶
云南丽江

⑮ ♂
滇藏闪蛱蝶
云南维西

⑭ ♂
滇藏闪蛱蝶
云南丽江

⑮ ♂
滇藏闪蛱蝶
云南维西

铠蛱蝶属 / *Chitoria* Moore, [1896]

中型蛱蝶。雄蝶前翅顶角突出明显，雌蝶翅形相对圆阔。部分种类雌雄斑纹相似，翅背面底色为暗褐色，上面有白色或黄色斑纹，而雌雄斑纹相异的种类，雄蝶翅背面底色为黄褐色，有黑褐色纹，雌蝶翅背面为暗褐色，有白色斑纹。

主要栖息于温带、亚热带及热带森林，身体强劲有力，飞行迅速，喜欢吸食腐烂水果及树液，常见其停歇在粗大的树干上。幼虫以榆科朴属植物为寄主。

分布于东洋区和古北区。国内目前已知9种，本图鉴收录8种。

黄带铠蛱蝶 / *Chitoria fasciola* (Leech, 1890)　　　　　　　　　　01-03

中型蛱蝶。雌雄斑纹相似，翅背面为灰褐色，前翅顶角有1个小白斑，前后翅中部贯穿黄色斑带，与属内其他种类较易区分，后翅黄带下方近臀角处有1个眼斑，外缘有波浪状黄色边纹。翅腹面颜色偏灰黄，斑纹与背面相似，但黄带非常模糊不清，后翅眼斑清晰。

成虫多见于6-8月。

分布于陕西、重庆、湖北、四川、河南等地。

铂铠蛱蝶 / *Chitoria pallas* Leech, 1890　　　　　　　　　　　　04

中型蛱蝶。雌雄斑纹相似，翅背面黑褐色，斑纹黄褐色，前翅顶角有2个白斑，中室端至臀角和中室内至后缘中央有2条断续的斜带，2条斜带中部夹着1个黑色圆斑。后翅外缘有月纹斑，中部有1条弯曲细带，近臀角处有1个黑色圆斑。翅腹面斑纹与背面相似，但底色偏青绿色，后翅斑纹为清晰的银白色，近臀角的黑圆斑外围金黄色，瞳心为蓝点。

成虫多见于6-8月。

分布于四川、陕西、重庆。

01 ♂
黄带铠蛱蝶
四川平武

01 ♂
黄带铠蛱蝶
四川平武

02 ♂
黄带铠蛱蝶
重庆

02 ♂
黄带铠蛱蝶
重庆

03 ♀
黄带铠蛱蝶
四川都江堰

03 ♀
黄带铠蛱蝶
四川都江堰

04 ♂
铂铠蛱蝶
重庆

04 ♂
铂铠蛱蝶
重庆

武铠蛱蝶 / *Chitoria ulupi* (Doherty, 1889)   01-07 / P1701

中型蛱蝶。雄蝶翅背面橙黄色，前翅顶角有2个小黄斑，顶角区、中室上半部以及中部圆斑为黑褐色，中室斑与圆斑一般有黑带相连，并到达后缘后角，基部灰黑色向内晕染，后翅外缘有黑色边纹，近臀角处有1个细小黑色圆斑。翅腹面为较浅的淡黄褐色，后翅前缘中央至臀区附近有1条褐色中带。雌蝶翅背面底色暗褐色，中央斑带白色，前翅外侧还有数个白斑，翅腹面为泛银白的橄榄绿色，中央斑带内镶暗褐色边。

成虫多见于7-8月。幼虫以榆科朴属植物为寄主。

分布于辽宁、福建、台湾、广东、广西、四川、重庆、贵州、云南、西藏等地。此外见于印度、缅甸、不丹、越南、老挝及朝鲜半岛等地。

金铠蛱蝶 / *Chitoria chrysolora* (Fruhstorfer, 1908)   08-09 / P1701

中型蛱蝶。与栗武铠蛱蝶较相似，但前翅背面顶角及中部黑带几乎完全退化，顶角通常无小黄斑，中部的黑色圆斑清晰独立，周边无黑纹，雄蝶底色偏白，雌蝶底色缺乏更暗沉，无银白光泽。

成虫多见于6-8月。幼虫寄主植物为朴树科石朴、沙楠子树及朴树等。

分布于台湾。

栗铠蛱蝶 / *Chitoria subcaerulea* (Leech, 1891)   10

中型蛱蝶。与武铠蛱蝶相似，区别在于通常其雄蝶前翅中央的黑色带退化，仅圆斑清晰可见，周围没有黑带。但有时部分黑带发达的个体与武铠蛱蝶黑带退化个体互相混淆，极难辨别，因此最准确的鉴定往往需要依靠解剖。

成虫多见于7-8月。幼虫寄主植物为榆科西川朴等。

分布于辽宁、福建、台湾、广东、广西、四川、重庆、贵州、云南、西藏等地。此外见于印度、缅甸、不丹、越南、老挝及朝鲜半岛等地。

备注：部分文献将该种作为武铠蛱蝶的亚种处理，本图鉴将其作为独立种记录。

斜带铠蛱蝶 / *Chitoria sordida* (Moore, [1866])   11

中型蛱蝶。雌雄斑纹相似，翅背面黑褐色，前翅顶角有2个小白斑，中室端至臀角处有1条白色斜带，斜带中部外侧还有1个小白斑，后翅外缘有黑色边纹，前角区有隐约可见的白斑。翅腹面为灰褐色，斑纹类似背面，布灰白鳞，前后翅各有1个清晰眼斑，后翅中部有1条中带，上部外侧伴有清晰白斑。

成虫多见于5-6月。

分布于西藏。此外见于印度、不丹、缅甸、老挝、越南等地。

那铠蛱蝶 / *Chitoria naga* (Tytler, 1915)   12

中型蛱蝶。与斜带铠蛱蝶非常相似，主要区别在于雄蝶前翅背面白色斑块更发达，排列更紧密，中室下方的白斑明显更长，外侧的小白斑距离更远。后翅腹面的中带较弯曲，而斜带铠蛱蝶较平直。

成虫多见于4-10月。

分布于云南。此外见于印度、缅甸、老挝、泰国等地。

模铠蛱蝶 / *Chitoria modesta* (Oberthür, 1906)   13-14

中型蛱蝶。与斜带铠蛱蝶相似，但雄蝶前翅顶角和后翅臀角突出明显，翅中部外缘内凹强烈，前翅白斑退化，仅在顶角及中室端有数个分离的小白斑。腹面中部有贯穿的棕色带，外部区域色泽淡，布灰白鳞。

成虫多见于7-8月。

分布于四川。

01 ♂
武铠蛱蝶
台湾花莲

01 ♂
武铠蛱蝶
台湾花莲

02 ♀
武铠蛱蝶
台湾花莲

02 ♀
武铠蛱蝶
台湾花莲

03 ♂
武铠蛱蝶
福建福州

03 ♂
武铠蛱蝶
福建福州

04 ♀
武铠蛱蝶
福建福州

04 ♀
武铠蛱蝶
福建福州

05 ♂
武铠蛱蝶
四川平武

05 ♂
武铠蛱蝶
四川平武

06 ♂
武铠蛱蝶
辽宁大连

06 ♂
武铠蛱蝶
辽宁大连

07 ♀
武铠蛱蝶
辽宁大连

07 ♀
武铠蛱蝶
辽宁大连

08 ♀
金铠蛱蝶
台湾南投

08 ♀
金铠蛱蝶
台湾南投

⑨ ♂
金铠蛱蝶
台湾新北

⑩ ♂
栗铠蛱蝶
福建三明

⑪ ♂
斜带铠蛱蝶
西藏墨脱

⑨ ♂
金铠蛱蝶
台湾新北

⑩ ♂
栗铠蛱蝶
福建三明

⑪ ♂
斜带铠蛱蝶
西藏墨脱

⑫ ♂
那铠蛱蝶
云南西双版纳

⑬ ♂
模铠蛱蝶
四川芦山

⑭ ♀
模铠蛱蝶
四川芦山

⑫ ♂
那铠蛱蝶
云南西双版纳

⑬ ♂
模铠蛱蝶
四川芦山

⑭ ♀
模铠蛱蝶
四川芦山

迷蛱蝶属 / *Mimathyma* Moore, [1896]

　　中大型蛱蝶。体背黑色被毛，腹面白色。头大，触角粗长，端部赭黄色。前翅三角形，顶角不突出，外缘中段常内凹，后翅外缘呈波齿状突起。无性二型。

　　成虫栖息于森林边缘，喜在溪流、林窗附近活动，飞行缓慢，常停歇于叶面。两性访花或吸食腐烂果实、粪便或树液。幼虫以榆科植物为寄主。

　　主要分布于东洋区。国内目前已知4种，本图鉴收录4种。

迷蛱蝶 / *Mimathyma chevana* (Moore, [1866])　　　　　　　　01-04 / P1701

　　中型蛱蝶。雄蝶翅背面褐黑色，具类似带蛱蝶的白斑，中室纹、亚顶区白斑和亚外缘白斑均较发达。腹面前翅前缘、中室和顶区银白色，中室内具若干黑点，外缘赭黄色，前缘外1/3至臀角有赭黄色斜带；后翅银白色，赭黄色前缘、外缘和中带。雌蝶底色较灰暗，斑纹同雄蝶。

　　成虫多见于6-8月。幼虫以榆科榆属和桦木科鹅耳枥属植物为寄主。

　　分布于秦岭以南各省区。此外见于印度北部至马来半岛区域。

夜迷蛱蝶 / *Mimathyma nycteis* (Ménétriés, 1858)　　　　　　05-08 / P1702

　　中型蛱蝶。与迷蛱蝶相近，可从以下特征区分：①前翅背面中室纹窄细，室端白斑与外中区白斑较连贯，亚顶区白斑退化；②后翅背面中带宽阔，亚外缘斑小；③腹面色泽斑纹大体同背面，无银白色。

　　成虫多见于7-8月。幼虫以榆科榆属植物为寄主。

　　分布于东北、华北、西北各省区。此外见于俄罗斯。

环带迷蛱蝶 / *Mimathyma ambica* (Kollar, [1844])　　　　　　09 / P1703

　　中小型蛱蝶。雄蝶翅背面黑色具紫色光泽，贯穿白色中带，亚外缘具模糊白斑列；前翅亚顶区具2枚白斑；后翅亚顶区和臀角有黄斑。腹面银白色具赭黄色粗中带和窄外缘，前翅中室和中区具黑斑，中带后半段形成环状斑，内嵌黑点；后翅中带外侧有成列细黑斑，中带后段有1枚黑点。雌蝶缺乏光泽，斑纹同雄蝶。

　　1年多代，成虫几乎全年可见，但夏季较多。幼虫以榆科榆属植物为寄主。

　　分布于云南西南部至南部。此外见于印度北部至马来群岛西侧区域。

白斑迷蛱蝶 / *Mimathyma schrenckii* (Ménétriés, 1859)　　　　10-11 / P1704

　　大型蛱蝶。雄蝶翅背面褐黑色，前翅亚顶区具短白斑带，前缘中部至臀角上方具宽白斑带，其下有橙、白二色斑；后翅中域具紫白色大斑，边缘下方染橙色，亚外缘具数目不一的白斑。腹面前翅黑色，基部和顶区银白色，室端紫白色，前缘和外缘赭黄色，白斑如背面，外中区具橙色带；后翅银白色，具赭黄色前缘、外缘和中带。雌蝶底色较灰暗，斑纹同雄蝶。

　　成虫多见于6-7月。幼虫以榆科榆属和桦木科鹅耳枥属植物为寄主。

　　分布于西南、华中、华东、华北、东北各省区。此外见于俄罗斯。

01 ♂
迷蛱蝶
云南贡山

01 ♂
迷蛱蝶
云南贡山

02 ♂
迷蛱蝶
福建福州

02 ♂
迷蛱蝶
福建福州

03 ♀
迷蛱蝶
福建福州

03 ♀
迷蛱蝶
福建福州

04 ♂
迷蛱蝶
四川平武

04 ♂
迷蛱蝶
四川平武

05 ♂
夜迷蛱蝶
北京

05 ♂
夜迷蛱蝶
北京

06 ♀
夜迷蛱蝶
北京

06 ♀
夜迷蛱蝶
北京

07 ♂
夜迷蛱蝶
甘肃榆中

07 ♂
夜迷蛱蝶
甘肃榆中

08 ♀
夜迷蛱蝶
甘肃榆中

08 ♀
夜迷蛱蝶
甘肃榆中

09 ♂
环带迷蛱蝶
云南西双版纳

09 ♂
环带迷蛱蝶
云南西双版纳

10 ♂
白斑迷蛱蝶
云南维西

10 ♂
白斑迷蛱蝶
云南维西

11 ♂
白斑迷蛱蝶
四川芦山

11 ♂
白斑迷蛱蝶
四川芦山

罗蛱蝶属 / *Rohana* Moore, [1880]

　　小型蛱蝶。偏热带低海拔种类，翅面黑色或暗红色，有眼斑，前翅顶角平截，后翅向臀角收窄，臀角较尖。

　　常见于林中滑翔穿梭，飞行快速，喜欢晒日光浴，成虫不访花，以树汁及腐食为主。幼虫以榆科植物为寄主。

　　主要分布于东洋区。国内目前已知3种，本图鉴收录2种。

罗蛱蝶 / *Rohana parisatis* (Westwood, 1850)　　　　　　　　　　　　　　　01-05 / P1705

　　小型蛱蝶。雌雄异型。雄蝶翅背面全黑，没有任何花纹，腹面基部为红褐色，有黑色斑点，中域有白色斑，亚外缘有蓝紫色斑纹。雌蝶翅背面为红褐色，顶角区有4个白点，翅面满布黑色斑点，腹面与雄蝶接近。

　　1年2代或多代，成虫多见于5-10月。幼虫以榆科植物假玉桂为寄主。

　　分布于广东、福建、海南、香港、广西、云南等地。此外见于泰国、马来西亚、越南、老挝、印度等地。

珍稀罗蛱蝶 / *Rohana parvata* Moore, 1857　　　　　　　　　　　　　　　　　06

　　小型蛱蝶。雌雄同型。偏热带种类，翅背面褐色，前翅顶角区有5个白点，中室端外有一大一小2个白斑，中室有3个黑圈，外缘中区有1个黑斑，中域有1列白斑，后翅中域有白色斜带，由前缘向内缘收窄，臀角区有1个眼斑，翅腹面颜色较浅，花纹等同前翅，雌蝶颜色较浅，后翅臀角较圆。

　　1年多代，成虫几乎全年可见。

　　分布于广西、云南、西藏。此外见于泰国、越南、老挝、印度等地。

01 ♂
罗蛱蝶
西藏墨脱

02 ♂
罗蛱蝶
广东广州

03 ♀
罗蛱蝶
广东广州

01 ♂
罗蛱蝶
西藏墨脱

02 ♂
罗蛱蝶
广东广州

03 ♀
罗蛱蝶
广东广州

04 ♂
罗蛱蝶
福建福州

05 ♀
罗蛱蝶
福建福州

06 ♂
珍稀罗蛱蝶
西藏墨脱

04 ♂
罗蛱蝶
福建福州

05 ♀
罗蛱蝶
福建福州

06 ♂
珍稀罗蛱蝶
西藏墨脱

爻蛱蝶属 / *Herona* Doubleday, [1848]

中型蛱蝶。分布于偏热带低海拔。翅背面黑色，满布橙黄色斑块。成虫常于较暗的密林中低飞和晒日光浴。成虫不访花，喜欢吸取树汁。幼虫以榆科植物为寄主。

主要分布于东洋区。国内目前已知1种，本图鉴收录1种。

爻蛱蝶 / *Herona marathus* Doubleday, [1848]　　　　　　01-02 / P1705

中型蛱蝶。雌雄同型。前翅角突出，翅背面黑色，前翅有3条黄带斑平衡分布，顶角处有1个明显的白斑，后翅有1个"U"形黄斑，靠近内缘有1个黑点，腹面花纹较暗。雌蝶体形较大，翅形较圆，前翅腹面中室及端外各有1个白斑块，顶区2个白点明显。

1年多代，成虫几乎全年可见。幼虫主要以榆科朴树、假玉桂等植物为寄主。

分布于海南、广西、云南等地。此外见于泰国、马来西亚、越南、老挝、印度等地。

耳蛱蝶属 / *Eulaceura* Butler, [1872]

中型蛱蝶。本属成员触角长，前翅外缘在顶角附近明显向外突出，尤以雄蝶为甚；后翅臀角突出。

成虫栖息于热带阔叶林，雄蝶有登峰行为。幼虫以榆科植物为寄主。

分布于东洋区。国内目前已知1种，本图鉴收录1种。

耳蛱蝶 / *Eulaceura osteria* (Westwood, 1850)　　　　　　03

中型蛱蝶。雄蝶翅背面呈深褐色，有1道由前翅中央伸延至后翅内缘的白色带斑；翅腹褐色，带泛蓝光泽，前后翅亚外缘下侧各有1条深色眼纹。雌蝶翅形较宽，翅背面呈褐色，前翅顶区和中室外有白斑，白色斑带较短及模糊，两翅亚外缘有暗色斑列，最后端的暗色斑成眼纹状；翅腹底色较淡，白色斑纹与背面接近，前后翅亚外缘下侧各有1条深色眼纹。

1年多代，成虫多见于3-11月。幼虫以榆科白颜树属植物为寄主。

分布于云南、海南。此外见于缅甸、泰国、马来西亚、印度尼西亚及中南半岛等地。

① ♀
爻蛱蝶
海南三亚

① ♀
爻蛱蝶
海南三亚

② ♂
爻蛱蝶
云南盈江

② ♂
爻蛱蝶
云南盈江

③ ♂
耳蛱蝶
海南五指山

③ ♂
耳蛱蝶
海南五指山

白蛱蝶属 / *Helcyra* Felder, 1860

　　中型蛱蝶。前翅平直，后翅外缘波浪状，触角细长，末端扁平水滴形；翅背面白色或深褐色，有白色或黑色斑，腹面银白或橄榄绿，有光泽，伴有色带。

　　成虫栖息于中低海拔热带和亚热带阔叶林，喜欢在向阳树上的高处穿梭，也于山涧溪流边来回快速飞行，不访花，通常成群在树上吸食树汁，或者到地面吸水和腐食等。幼虫以多种榆科植物为寄主。

　　主要分布于古北区和东洋区。国内目前已知4种，本图鉴收录4种。

傲白蛱蝶 / *Helcyra superba* Leech, 1890　　　　　01-04 / P1706

　　中大型蛱蝶。雌雄同型。翅背面白色，前翅由顶角到中区为斜向黑色，顶角有2个白斑，中室有1个灰色斑，后翅亚外缘为锯齿黑线，外中区有数个大小不一黑点。翅腹面为白色，有光泽，后翅亚中区有1列模糊眼斑。

　　1年2代，成虫多见于5-8月。幼虫以榆科多种朴树为寄主植物。

　　分布于福建、广东、广西、江西、浙江、台湾等地。

银白蛱蝶 / *Helcyra subalba* (Poujade, 1885)　　　　　05-07 / P1707

　　中型蛱蝶。雌雄同型。成虫有分秀袖型和普通型。秀袖型与台湾白蛱蝶较相似，秀袖型银白蛱蝶前翅白斑较小，后翅白斑短尖，不延伸到内缘，腹面橙色斑带窄；普通型前翅白斑更少，后翅基本为银白色，橙色斑退化，前翅下缘有灰色斑。

　　1年2代或多代，成虫多见于5-8月。幼虫以榆科多种朴树为寄主植物。

　　分布于长江以南、秦岭以南各省。

偶点白蛱蝶 / *Helcyra heminea* Hewitson, 1864　　　　　08

　　中大型蛱蝶。雌雄同型。偏热带物种，与傲白蛱蝶相似，主要区别为：本种前翅白色部分有3个圆形黑斑，靠前缘黑最小，后翅外缘波浪形，有一短小尖尾，后翅黑色点不在同一直线。

　　1年多代，成虫多见于4-11月，几乎全年可见。

　　分布于云南。此外见于泰国、缅甸、印度等地。

台湾白蛱蝶 / *Helcyra plesseni* (Fruhstorfer, 1913)　　　　　09-10 / P1707

　　中型蛱蝶。雌雄同型。翅背面深褐色，前翅中部有2段断裂白色斑，后翅中部为整齐的白色带，前后翅亚外缘各室有模糊黑色斑。翅腹面为银灰色，外缘中区橙色斑发达，贯穿前后翅，内有黑色条斑，与白色带斑相隔，亚外缘为波浪黑线。雌蝶前后翅斑纹较发达。

　　1年2代或多代，成虫多见于4-12月。幼虫以榆科植物紫弹树为寄主。

　　分布于台湾。

① ♀
傲白蛱蝶
台湾台东

② ♂
傲白蛱蝶
台湾南投

① ♀
傲白蛱蝶
台湾台东

② ♂
傲白蛱蝶
台湾南投

③ ♂
傲白蛱蝶
四川平武

④ ♀
傲白蛱蝶
福建三明

③ ♂
傲白蛱蝶
四川平武

④ ♀
傲白蛱蝶
福建三明

05 ♀
银白蛱蝶
福建福州

06 ♂
银白蛱蝶
广西柳州

07 ♂
银白蛱蝶
湖北襄阳

05 ♀
银白蛱蝶
福建福州

06 ♂
银白蛱蝶
广西柳州

07 ♂
银白蛱蝶
湖北襄阳

08 ♂
偶点白蛱蝶
云南西双版纳

09 ♂
台湾白蛱蝶
台湾南投

10 ♀
台湾白蛱蝶
台湾南投

08 ♂
偶点白蛱蝶
云南西双版纳

09 ♂
台湾白蛱蝶
台湾南投

10 ♀
台湾白蛱蝶
台湾南投

帅蛱蝶属 / *Sephisa* Moore, 1882

　　中型蛱蝶。前翅顶角突出,外缘凹陷,后翅外缘波浪状。翅背面黑色,有橙黄色斑和白斑,或有锯齿花纹。雌雄异型。

　　成虫栖息于中高海拔阔叶林山地,常停息于树中层,有领域性,飞行快速,不访花,常见于树杆上吸食树汁,或于地面吸水和腐食,雌蝶不常见。幼虫以壳斗科植物为寄主。

　　主要分布于古北区和东洋区。国内目前已知3种,本图鉴收录3种。

帅蛱蝶 / *Sephisa chandra* (Moore, [1858])　　01-02 / P1708

　　中型蛱蝶。雌雄异型。雄蝶前翅外缘凹陷,不平整,后翅外缘波浪状。翅背面黑色,前翅中部有5个白斑斜列,中区有4个橙色斑组成弧形带,外缘有模糊白色斑点,后翅有大面积橙色斑,中室有2个黑斑点,亚外缘有1列黄斑及模糊白斑,翅腹面颜色较暗,花纹等同翅面。雌蝶翅背面黑色,带有蓝紫色光泽,前后翅中室有1块橙色斑,亚外缘有2白斑。

　　1年1代,成虫多见于6-8月。幼虫以壳斗科多种青冈属植物为寄主。

　　分布于长江以南各省以及台湾。此外见于泰国、老挝、缅甸、印度等地。

黄帅蛱蝶 / *Sephisa princeps* (Fixsen, 1887)　　03-06 / P1708

　　中型蛱蝶。雌雄异型。与帅蛱蝶相似,主要区别在于此种雄蝶翅面没有任何白色斑纹,前后翅成黄色斑发达,后翅中室没有黑斑;雌蝶有2种色型,一种白色花纹发达,中室有1个橙色斑,另一种黄色型,翅背面斑纹橙黄色,与雄蝶相似,顶角区有2个白色斑,前翅外缘平直。

　　1年1代,成虫多见于6-9月。幼虫以壳斗科多种青冈属植物为寄主。

　　分布于福建、广东、江西、浙江、四川、陕西、河南、黑龙江等地。

台湾帅蛱蝶 / *Sephisa daimio* Matsumura, 1910　　07-08 / P1708

　　中型蛱蝶。雌雄异型。与黄帅蛱蝶相似,主要区别在于此种前翅外缘凹陷少,前后翅亚外缘有2列锯齿形斑纹,后翅中室有较细黑色点;雌蝶后翅中区到基部白斑发达。

　　1年1代,成虫多见于6-9月。幼虫以壳斗科多种青冈属植物为寄主。

　　分布于台湾。

01 ♂
帅蛱蝶
西藏墨脱

01 ♂
帅蛱蝶
西藏墨脱

02 ♀
帅蛱蝶
台湾台北

02 ♀
帅蛱蝶
台湾台北

03 ♂
黄帅蛱蝶
云南贡山

03 ♂
黄帅蛱蝶
云南贡山

04 ♀
黄帅蛱蝶
四川芦山

04 ♀
黄帅蛱蝶
四川芦山

05 ♂
黄帅蛱蝶
贵州江口

05 ♂
黄帅蛱蝶
贵州江口

06 ♀
黄帅蛱蝶
辽宁丹东

06 ♀
黄帅蛱蝶
辽宁丹东

07 ♂
台湾帅蛱蝶
台湾南投

07 ♂
台湾帅蛱蝶
台湾南投

08 ♀
台湾帅蛱蝶
台湾新竹

08 ♀
台湾帅蛱蝶
台湾新竹

紫蛱蝶属 / *Sasakia* Moore, [1896]

　　大型蛱蝶。前翅外缘中部内凹。前、后翅背面蓝黑色或黑褐色，中央有蓝黑色或蓝紫色金属光泽，其余部分黑色或暗褐色。前翅缀有长"V"形白色条纹或大小不等黄白色斑纹。翅腹面与背面斑纹相似，但后翅色较浅，呈灰黑色或浅绿色，前、后翅基部有箭状和耳环状红斑，臀角饰有半月形粉红色斑。

　　成虫栖息于山地阔叶林等场所，飞行迅速，喜吸食树汁。幼虫以榆科植物为寄主。

　　主要分布于古北区。国内目前已知2种，本图鉴收录2种。

大紫蛱蝶 / *Sasakia charonda* (Hewitson, 1863) 　　　　01-06 / P1709

　　大型蛱蝶。雄蝶前、后翅背面为黑褐色，中央有蓝紫色金属光泽，其余部分暗褐色。亚外缘有淡黄色或白色斑列，中室外部饰有大小不等的黄色或白色斑，中室有哑铃状白斑，前翅翅基有长条斑，后翅臀角有2个半月形相连的红色斑。翅腹面和背面的斑纹相似，但无蓝紫色金属光泽区。前翅深褐色区饰黄、白色斑点，后翅大部为浅绿色或浅灰褐色。雌蝶色泽、斑纹与雄蝶相似，但体形较大，翅面不具蓝紫色金属光泽。

　　1年1代，成虫多见于6-7月。幼虫以榆科植物为寄主。

　　分布于辽宁、北京、浙江、湖北、台湾等地。此外见于日本及朝鲜半岛等地。

黑紫蛱蝶 / *Sasakia funebris* (Leech, 1891) 　　　　07-10 / P1710

　　大型蛱蝶。翅黑色，翅面基部和中部随着观察的角度不同，呈现出蓝黑色或黑紫色，有天鹅绒蓝色光泽。前翅背面翅脉间有长"V"形白色条纹，中室内有1条红色纵纹，雄蝶有时不明显。后翅翅面翅脉间有平行白色长条纹。翅腹面和翅背面的斑纹和色泽相似，但前翅中室外部及下方有4个灰白色斑点，基部为箭头状红斑，后翅基部有1个耳环状红斑。

　　1年1代，成虫多见于7月。幼虫以榆科植物为寄主。

　　分布于浙江、福建、四川、陕西、甘肃等地。

01 ♂
大紫蛱蝶
北京

01 ♂
大紫蛱蝶
北京

02 ♂
大紫蛱蝶
台湾桃园

02 ♂
大紫蛱蝶
台湾桃园

03 ♀
大紫蛱蝶
台湾桃园

03 ♀
大紫蛱蝶
台湾桃园

04 ♂
大紫蛱蝶
四川平武

04 ♂
大紫蛱蝶
四川平武

05 ♀
大紫蛱蝶
四川平武

05 ♀
大紫蛱蝶
四川平武

⑥ ♀
大紫蛱蝶
云南贡山

⑥ ♀
大紫蛱蝶
云南贡山

07 ♂
黑紫蛱蝶
四川都江堰

07 ♂
黑紫蛱蝶
四川都江堰

08 ♀
黑紫蛱蝶
四川都江堰

08 ♀
黑紫蛱蝶
四川都江堰

⑨ ♂
黑紫蛱蝶
福建三明

⑨ ♂
黑紫蛱蝶
福建三明

⑩ ♂
黑紫蛱蝶
广东乳源

⑩ ♂
黑紫蛱蝶
广东乳源

芒蛱蝶属 / *Euripus* Doubleday, [1848]

　　中型蛱蝶。雌雄异型。眼睛黄色，前翅向外微突出，后翅外缘凹凸不整齐，像被啃咬过，雄蝶翅面黑色，满布白色斑条，雌蝶像斑蝶，翅面黑色，有紫色光泽。

　　成虫栖息于林边过道旁，喜欢在阳光充足天气出没，飞行快速，短暂停留后继续飞行，雄蝶有领域性。成虫有访花习性，常见落地面吸水。幼虫主要以榆科植物为寄主。

　　主要分布于东洋区。国内目前已知2种，本图鉴收录2种。

拟芒蛱蝶 / *Euripus consimilis* (Westwood, 1850)　　　　　　01

　　中型蛱蝶。此种翅形与芒蛱蝶接近，前后翅白斑更加发达，前翅基部白色横线斑延伸到亚外缘。后翅翅面白色，翅脉黑色，臀区有4个发达红色斑，腹面基部有红斑。

　　1年多代，成虫多见于10-12月。幼虫主要以榆科植物为寄主。

　　分布于广西、云南。此外见于泰国、缅甸、马来西亚、越南、老挝、印度等地。

芒蛱蝶 / *Euripus nyctelius* (Doubleday, 1845)　　　　　　02-09 / P1710

　　中型蛱蝶。雄蝶翅面黑色，散布大小不一的条形白斑，亚外缘有白点，最具明显特征是前翅基部到中域的白色横斑，后翅外缘凹凸不平，腹面颜色浅，花纹等同前翅。雌蝶外形与斑蝶相似，前翅暗紫色反光，后翅褐色。偏热带地区具有多个色型，前后翅具有较大白斑，变化较多。

　　1年多代，成虫多见于6-10月。幼虫主要以榆科山黄麻等植物为寄主。

　　分布于海南、广东、福建、广西、云南、江西、香港等地。此外见于泰国、缅甸、马来西亚、越南、老挝、印度等地。

01 ♂
拟芒蛱蝶
云南个旧

02 ♂
芒蛱蝶
福建福州

03 ♀
芒蛱蝶
福建福州

01 ♂
拟芒蛱蝶
云南个旧

02 ♂
芒蛱蝶
福建福州

03 ♀
芒蛱蝶
福建福州

04 ♂
芒蛱蝶
广东广州

05 ♂
芒蛱蝶
云南勐腊

06 ♀
芒蛱蝶
云南勐腊

04 ♂
芒蛱蝶
广东广州

05 ♂
芒蛱蝶
云南勐腊

06 ♀
芒蛱蝶
云南勐腊

07 ♀
芒蛱蝶
云南勐腊

07 ♀
芒蛱蝶
云南勐腊

08 ♀
芒蛱蝶
广东龙门

08 ♀
芒蛱蝶
广东龙门

09 ♀
芒蛱蝶
广东广州

09 ♀
芒蛱蝶
广东广州

脉蛱蝶属 / *Hestina* Westwood, [1850]

中大型蛱蝶。前翅顶角稍圆，外缘中部内凹，翅背面点缀有点状、箭状、带状斑点。翅脉黑色或灰褐色，外缘末端斑纹加宽变暗，亚外缘有暗色波状横带，中室端外围有条状斑纹。翅腹面与背面斑纹相似，但翅色通常较浅，翅脉较细较淡。

成虫栖息于山地阔叶林等场所，飞行迅速，喜吸食树汁或在湿地吸水。幼虫以榆科植物为寄主。

主要分布于古北区和东洋区。国内目前已知4种，本图鉴收录3种。

黑脉蛱蝶 / *Hestina assimilis* (Linnaeus, 1758) 01-08 / P1711

大型蛱蝶。有多型现象。深色型：前、后翅翅背面黑色为主，布满青白色斑纹，颇似斑蝶科的青斑蝶类，后翅饰有4个红斑，有的红斑内有黑点。淡色型：前、后翅翅背面淡灰绿色，几乎仅翅脉为黑色的条纹，后翅红斑消失或极度淡化。中间型：斑纹介于深色型和淡色型之间。翅腹面与翅背面的斑纹相似，后翅翅脉颜色较淡。

成虫多见于5-8月。幼虫以榆科植物为寄主。

分布于辽宁、山西、陕西、福建、云南、香港等地。此外见于日本及朝鲜半岛等地。

拟斑脉蛱蝶 / *Hestina persimilis* (Westwood, [1850]) 09-11 / P1712

中型蛱蝶。有多型现象，翅色为灰褐色或黑褐色。淡色型：前、后翅背面灰绿色，仅翅脉为黑色的条纹，翅脉间点缀灰白色斑点。深色型：与黑脉蛱蝶深色型相似，前、后翅背面黑褐色，翅脉间饰有许多白色斑纹，后翅中室有柳叶状白斑，外缘及内侧有白色斑列。翅腹面与翅背面斑纹相似，但颜色较淡。

成虫多见于5-8月。幼虫以榆科植物为寄主。

分布于浙江、福建、河北、河南、陕西等地。此外见于日本、印度及朝鲜半岛等地。

蒺藜纹脉蛱蝶 / *Hestina nama* (Doubleday, 1844) 12-13 / P1713

大型蛱蝶。翅背面黑色，有许多不规则尖形白斑。前翅背面中室外方围有长形白斑，中室内白斑分开，外缘及亚外缘有新月形白斑，后翅有平行白条纹。后翅背面中室和基部翅脉间灰白色，亚外缘有黑色宽带。翅腹面与背面斑纹相似，但后翅翅脉大部褐色。

成虫多见于6-7月。幼虫以荨麻科紫麻属植物为寄主。

分布于海南、广西、四川、云南等地。此外见于缅甸、泰国、尼泊尔、印度等地。

01 ♂
黑脉蛱蝶
四川峨眉山

01 ♂
黑脉蛱蝶
四川峨眉山

02 ♂
黑脉蛱蝶
台湾南投

02 ♂
黑脉蛱蝶
台湾南投

03 ♀
黑脉蛱蝶
台湾台北

03 ♀
黑脉蛱蝶
台湾台北

04 ♀
黑脉蛱蝶
福建福州

04 ♀
黑脉蛱蝶
福建福州

05 ♂
黑脉蛱蝶
福建三明

05 ♂
黑脉蛱蝶
福建三明

06 ♂
黑脉蛱蝶
陕西宝鸡

06 ♂
黑脉蛱蝶
陕西宝鸡

07 ♂
黑脉蛱蝶
四川芦山

07 ♂
黑脉蛱蝶
四川芦山

08 ♀
黑脉蛱蝶
广东乳源

08 ♀
黑脉蛱蝶
广东乳源

⑨ ♂
拟斑脉蛱蝶
陕西宝鸡

⑩ ♂
拟斑脉蛱蝶
湖北襄阳

⑪ ♂
拟斑脉蛱蝶
四川峨眉山

⑨ ♂
拟斑脉蛱蝶
陕西宝鸡

⑩ ♂
拟斑脉蛱蝶
湖北襄阳

⑪ ♂
拟斑脉蛱蝶
四川峨眉山

⑫ ♂
蒺藜纹脉蛱蝶
西藏墨脱

⑬ ♀
蒺藜纹脉蛱蝶
云南河口

⑫ ♂
蒺藜纹脉蛱蝶
西藏墨脱

⑬ ♀
蒺藜纹脉蛱蝶
云南河口

猫蛱蝶属 / *Timelaea* Lucas, 1883

中小型蛱蝶。翅背面黄色，满布黑色斑点，外缘波浪状，后翅腹面有白色斑。

　　成虫栖息于中低海拔山地，在林间低矮处飞行，机警灵敏，停息常停靠叶下，也常见于在林间道路边停息。喜阳光照日光浴，未见访花，通常在树上吸食树汁。幼虫以榆科朴树等植物为寄主。

　　主要分布于古北区和东洋区。国内目前已知2种，本图鉴收录2种。

猫蛱蝶 / *Timelaea maculata* (Bremer & Grey, [1852])　　　　01-02 / P1714

中小型蛱蝶。雌雄同型。翅形圆润，前后翅背面黄色，密布各形状黑色斑点，翅反斑纹等同前翅，前翅前缘、顶角区有模糊白斑，后翅有较大区域白色，部分地区为浅黄色。雌蝶前翅外缘更圆。

　　1年1代，成虫多见于5-9月。幼虫以榆科朴树等植物为寄主。

　　分布于福建、浙江、江西、河北、河南、甘肃、湖北等地。

白裳猫蛱蝶 / *Timelaea albescens* (Oberthür, 1886)　　　　03-06 / P1714

中小型蛱蝶。雌雄同型。与猫蛱蝶相似，主要区别为：猫蛱蝶前翅基部有三角形斑，本种前翅基部到中室内黑斑较少，后翅有白色斑纹，腹面白色区较细。雌蝶前翅外缘更圆。

　　1年1代，成虫多见于6-9月。幼虫以榆科朴树等植物为寄主。

　　分布于浙江、山西、山东、福建、台湾等地。

01 ♂
猫蛱蝶
北京

02 ♀
猫蛱蝶
北京

03 ♂
白裳猫蛱蝶
福建福州

01 ♂
猫蛱蝶
北京

02 ♀
猫蛱蝶
北京

03 ♂
白裳猫蛱蝶
福建福州

04 ♂
白裳猫蛱蝶
台湾台北

05 ♀
白裳猫蛱蝶
台湾台北

06 ♀
白裳猫蛱蝶
江苏南京

04 ♂
白裳猫蛱蝶
台湾台北

05 ♀
白裳猫蛱蝶
台湾台北

06 ♀
白裳猫蛱蝶
江苏南京

窗蛱蝶属 / *Dilipa* Moore, 1857

中型蛱蝶。成虫翅背面底色黄褐色。前翅近顶角有透明的斑，因此得名。翅腹面具似枯叶状斑纹，颜色近似枯叶，较前翅色浅，雄蝶翅背面有金属光泽。

成虫飞行极为迅速，有在林下地面吸水的习性，雄蝶常在落叶阔叶林、溪谷环境活动；雌蝶活动范围较小，常在寄主植物周边活动。幼虫有丝巢，蛹越冬。幼虫寄主为榆科朴属植物植物。

分布在古北区、东洋区。国内目前已知2种，本图鉴收录2种。

明窗蛱蝶 / *Dilipa fenestra* (Leech, 1891)　　　　　　　　　01-02 / P1715

中型蛱蝶。雌雄异型。雄蝶翅背面底色金黄色，分布有不规则黑色斑纹，雌蝶翅背面棕黄色。斑纹布局与雄蝶近似。雄蝶前翅顶角有2个透明的斑，雌蝶有3个，且较雄蝶略大。后翅腹面枯黄色，带有枯叶网状细纹，翅中部有1条褐色横带，与中室后缘脉褐色纹组成"Y"形。

1年1代，成虫多见于3-5月。在海拔800米左右的落叶阔叶林地区发生，常在干树枝及岩石正面展开翅休息，飞行迅速，有在林下地面吸水的习性，常在落叶阔叶林、溪谷环境活动。幼虫有丝巢，蛹越冬。幼虫以榆科朴属植物为寄主。

分布于长江以北地区，包括辽宁、河北、北京、陕西、山西、河南、湖北、浙江等地。此外见于朝鲜半岛等地。

窗蛱蝶 / *Dilipa morgiana* (Westwood, 1850)　　　　　　　　03

中型蛱蝶。与明窗蛱蝶的区别是翅背面黑色斑纹发达，前翅的黄色区域呈2条断离的斜带，后翅基部和臀角与亚外缘以外的中下部黑色，中部为一大黄色区。腹面前翅的黄色区扩大，后翅无波状细线，翅基至后缘附近灰白色，中部无褐色"Y"形纹。

分布于云南。此外见于印度、缅甸、越南等地。

累积蛱蝶属 / *Lelecella* Hemming, 1939

中型蛱蝶。前翅顶角突出，后翅外缘锯齿状。翅背面以黑色为主，饰有白斑、白色宽带及蓝色斑纹。翅腹面与背面的斑纹相似，以深褐色为主，前翅中室有2个白斑。后翅白色宽带内侧有蓝色斑纹，中室三角形黑斑较翅面明显，翅基饰黑色斑点。

成虫栖息于山地阔叶林等场所，飞行迅速机警，喜在潮湿地面吸食水分。幼虫以榆科和杨柳科植物为寄主。

主要分布于古北区。国内目前已知1种，本图鉴收录1种。

累积蛱蝶 / *Lelecella limenitoides* (Oberthür, 1890)　　　　04 / P1716

中型蛱蝶。前翅背面顶角突出饰有白点，亚外缘有白色斑列，中室外方围有3个并列白斑，端部有1个白斑，中部有2个较大白斑。后翅背面中部至臀角有1条白色宽带，外缘波状，中室内有黑色三角形斑。翅腹面与背面斑纹相似，但前翅中室有2个白斑，其余同背面。后翅深褐色，白色宽带内侧有1条褐色斜带，中室三角形黑斑较背面明显。

1年1代，成虫多见于4-5月。幼虫以榆科和杨柳科植物为寄主。

分布于陕西、河南、四川、甘肃等地。

秀蛱蝶属 / *Pseudergolis* C. & R. Felder, [1867]

中小型蛱蝶。体背赭红色被毛，腹面褐色。头较小，触角细，端部赭红色。前翅三角形，顶角角状突出，后翅外缘呈齿状突起。无性二型。

成虫栖息于森林边缘，喜在溪流、林窗附近活动，飞行缓慢，常停歇于叶面。两性访花或吸食腐烂果实、粪便。幼虫以大戟科植物为寄主。

主要分布于东洋区。国内目前已知1种，本图鉴收录1种。

秀蛱蝶 / *Pseudergolis wedah* (Kollar, 1844)　　　　05-06 / P1716

中小型蛱蝶。雄蝶翅背面赭红色，中室内具4条黑纹，端半部具3条几乎平行的黑线，第2、3条黑线间夹有黑点列。腹面褐色微紫，斑纹深棕褐色，伴有紫白色。雌蝶底色较灰暗，斑纹同雄蝶。

1年多代，成虫全年可见，夏季较多。幼虫以大戟科植物蓖麻等为寄主。

分布于秦岭以南各省区。此外见于印度北部至马来半岛区域。

① ♂
明窗蛱蝶
陕西宝鸡

② ♀
明窗蛱蝶
北京

③ ♂
窗蛱蝶
云南岷山

① ♂
明窗蛱蝶
陕西宝鸡

② ♀
明窗蛱蝶
北京

③ ♂
窗蛱蝶
云南岷山

④ ♂
累积蛱蝶
陕西凤县

⑤ ♂
秀蛱蝶
云南贡山

⑥ ♂
秀蛱蝶
西藏墨脱

④ ♂
累积蛱蝶
陕西凤县

⑤ ♂
秀蛱蝶
云南贡山

⑥ ♂
秀蛱蝶
西藏墨脱

饰蛱蝶属 / *Stibochiona* Butler, [1869]

中小型蛱蝶。分布于中低海拔地区，通常在林间或者向阳路边飞行、停留，飞行距离不远，雄蝶有领域性，不访花，以树汁和腐食为主，偶尔到地面吸水和矿物质。幼虫主要以荨麻科植物为寄主。

主要分布于东洋区。国内目前已知1种，本图鉴收录1种。

素饰蛱蝶 / *Stibochiona nicea* (Gray, 1846)　　　　　　　　　　　01-06 / P1717

小型蛱蝶。雌雄同型。翅背面为黑色，前翅亚外缘各室有1个白点，中区和外中区各有1列短弧形白点相接，后翅各室白斑发达并延伸到外缘，白斑里有黑点和蓝紫色斑过渡，前翅腹面中室有3个蓝白色斑，其余斑纹与背面基本相同。雌蝶翅面颜色较浅，后翅白斑里蓝紫色斑较浅。

1年多代，成虫多见于5-8月。幼虫主要以荨麻科冷水花属等植物为寄主。

分布于广东、海南、广西、福建、云南、浙江、江西、四川、西藏等地。此外见于泰国、尼泊尔、不丹、马来西亚、越南、老挝、缅甸、印度等地。

① ♂
素饰蛱蝶
西藏墨脱

② ♂
素饰蛱蝶
福建福州

③ ♂
素饰蛱蝶
广东乳源

① ♂
素饰蛱蝶
西藏墨脱

② ♂
素饰蛱蝶
福建福州

③ ♂
素饰蛱蝶
广东乳源

④ ♂
素饰蛱蝶
四川峨眉山

⑤ ♂
素饰蛱蝶
云南贡山

⑥ ♂
素饰蛱蝶
云南腾冲

④ ♂
素饰蛱蝶
四川峨眉山

⑤ ♂
素饰蛱蝶
云南贡山

⑥ ♂
素饰蛱蝶
云南腾冲

电蛱蝶属 / *Dichorragia* Butler, [1869]

中型蛱蝶。前翅顶角较尖，后翅外缘锯齿状。前、后翅翅背面蓝黑色，中部有蓝色光泽。前翅亚外缘翅脉间有灰白色电光纹，中室外围有长形白斑，中室内隐约显斑点。后翅亚外缘有弧形斑列。翅腹面和背面的斑纹相似，但前翅斑纹更明显，后翅斑纹较模糊。

成虫栖息于山地阔叶林等场所，飞行迅速，喜在湿地吸水。幼虫以清风藤科植物为寄主。

主要分布于古北区和东洋区。国内目前已知2种，本图鉴收录2种。

电蛱蝶 / *Dichorragia nesimachus* (Doyère, [1840])　　　　01-06 / P1718

中型蛱蝶。翅色深蓝色，雄蝶有光泽。与长波电蛱蝶接近，但白色电光纹较短。前、后翅背面亚外缘饰相互套叠的白色电光纹，前翅中室外方的白纹上方为长形斑，下方为点状斑，中室内饰有斑纹。后翅外缘有短"V"形白斑，亚外缘有弧形斑列。翅腹面和背面的斑纹相似。

成虫多见于6-7月。幼虫以清风藤科植物为寄主。

分布于湖南、浙江、四川、海南、台湾、香港等地。此外见于日本、越南、印度及朝鲜半岛等地。

长波电蛱蝶 / *Dichorragia nesseus* (Grose-Smith, 1893)　　　　07-09

中型蛱蝶。顶角较尖，翅背面蓝黑色，雄蝶有弱光泽。前翅背面外缘有黑色边并微内凹，亚外缘有较长的白色电光纹，中室外部围有白色斑列，中室有2个不明显白斑。后翅背面黑色，外缘波状，亚外缘隐约可见长三角形黑色斑。翅腹面和背面的颜色斑纹相似，但斑纹较翅面清晰，前翅斑纹更明显。本种与电蛱蝶的主要区别是：前翅白色电光纹较长，内外线相连，中部斑点退化。

1年1代，成虫多见于6-7月。幼虫以清风藤科植物为寄主。

分布于河南、陕西、甘肃、四川等地。

01 ♂
电蛱蝶
四川峨眉山

02 ♂
电蛱蝶
台湾嘉义

03 ♀
电蛱蝶
台湾桃园

01 ♂
电蛱蝶
四川峨眉山

02 ♂
电蛱蝶
台湾嘉义

03 ♀
电蛱蝶
台湾桃园

04 ♀
电蛱蝶
广东乳源

05 ♂
电蛱蝶
福建三明

06 ♀
电蛱蝶
福建三明

04 ♀
电蛱蝶
广东乳源

05 ♂
电蛱蝶
福建三明

06 ♀
电蛱蝶
福建三明

⑦ ♂
长波电蛱蝶
陕西宁陕

⑦ ♂
长波电蛱蝶
陕西宁陕

⑧ ♂
长波电蛱蝶
四川芦山

⑧ ♂
长波电蛱蝶
四川芦山

⑨ ♀
长波电蛱蝶
四川芦山

⑨ ♀
长波电蛱蝶
四川芦山

丝蛱蝶属 / *Cyrestis* Boisduval, 1832

中型蛱蝶。体背棕色具黑纹，腹面类白色。头较小，下唇须尖突，触角细长，端部稍膨大。前后翅宽，边缘不规则凹凸，后翅具短尾突和臀叶；翅面多少具黑色细横线。无性二型。

成虫栖息于森林边缘，喜在溪流、林窗附近活动，迂回盘绕飞行，常停歇于地面、裸石等处。两性访花或吸食腐烂果实、粪便。幼虫以桑科植物为寄主。

主要分布于东洋区。国内目前已知4种，本图鉴收录4种。

网丝蛱蝶 / *Cyrestis thyodamas* Boisduval, 1846　　01-05 / P1719

中型蛱蝶。雄蝶翅背面白色，前缘基部、顶区及臀角局部赭黄色，翅面布多条黑色细横线，与黑色翅脉交织成网，外中区黑线后端墨蓝色，臀角具红黄二色斑；后翅网纹如前翅，外中区贯穿墨蓝色横线，其外侧为赭黄色、红色和黑色构成的复杂线纹，臀叶黄色，尾突黑色。腹面大体如背面，颜色较淡。雌蝶与雄蝶相似，但翅形较阔，突起部分圆润。

1年多代，成虫全年可见，夏季较多。幼虫寄主植物为桑科榕属的菩提树、大果榕等。

分布于西南、华南、华东、台湾等省区，热带地区常见。此外见于南亚次大陆至菲律宾群岛、马来群岛、新几内亚岛等广大区域。

雪白丝蛱蝶 / *Cyrestis nivea* (Zinken, 1831)　　06

中型蛱蝶。与网丝蛱蝶相似，但翅面十分白净，前具宽黑边，顶角和后缘具明显的赭黄色斑，后翅外中区有较粗的赭黄色带，臀区赭黄色。

成虫几乎全年可见。

分布于海南。此外见于南亚次大陆至菲律宾群岛、马来群岛区域。

①♂
网丝蛱蝶
福建福州

②♂
网丝蛱蝶
福建福州

③♂
网丝蛱蝶
广东广州

❶♂
网丝蛱蝶
福建福州

❷♂
网丝蛱蝶
福建福州

❸♂
网丝蛱蝶
广东广州

❹♀
网丝蛱蝶
台湾台北

❺♀
网丝蛱蝶
四川峨眉山

❻♂
雪白丝蛱蝶
海南乐东

❹♀
网丝蛱蝶
台湾台北

❺♀
网丝蛱蝶
四川峨眉山

❻♂
雪白丝蛱蝶
海南乐东

八目丝蛱蝶 / *Cyrestis cocles* (Fabricius, 1787)　　　　01-04

中小型蛱蝶。雄蝶翅背面白色，翅基1/3淡褐色有深色细线，端1/3为宽淡褐色边，前翅亚顶区和近臀角处在其中嵌有2枚暗色点，后翅则有5枚1列的扁圆眼斑，两侧均有白斑列，外缘具不连续白线，臀叶黑色，臀角黄色。腹面斑纹近似，色泽白净，褐色线退化。雌蝶整体白色，有模糊的淡褐色线纹。

1年多代，成虫几乎全年可见，夏季较多。

分布于海南及云南南部。此外见于中南半岛至马来半岛地区。

黑缘丝蛱蝶 / *Cyrestis themire* Honrath, 1884　　　　05 / P1720

中小型蛱蝶。雄蝶翅背面白色，前后翅黑色横线退化，局限于翅基，外缘具宽阔的黑褐色边，内镶白线，后翅臀角具2枚灰色斑，冠以黄色。腹面似背面，黑线进一步退化，后翅臀叶黑色。雌蝶似雄蝶，色暗淡。

1年多代，成虫全年可见，夏季较多。

分布于云南南部至海南。此外见于中南半岛至马来群岛。

坎蛱蝶属 / *Chersonesia* Distant, 1883

小型蛱蝶。分布偏热带，翅面黄色，有数条黑色竖线。成蝶喜阳光，在热带雨林中滑翔飞行，常见停于叶底，偶尔落地。不访花，喜欢吸食树汁。幼虫主要以榕属植物为寄主。

主要分布于东洋区。国内目前已知1种，本图鉴收录1种。

黄绢坎蛱蝶 / *Chersonesia risa* (Doubleday, [1848])　　　　06 / P1721

小型蛱蝶。雌雄同型。成虫翅背面橙黄色，由前翅前缘到后翅排列多条黑色竖纹，分布较平均，臀角圆形外凸，后翅有一小尾尖。雌蝶翅背面颜色较浅，条纹为褐色。

1年多代，成虫几乎全年可见。幼虫主要以桑科榕属粗叶榕等多种植物为寄主。

分布于海南、广西及云南。此外见于泰国、老挝、马来西亚、印度尼西亚、文莱、印度等地。

01 ♂
八目丝蛱蝶
海南乐东

02 ♂
八目丝蛱蝶
海南五指山

03 ♂
八目丝蛱蝶
海南白沙

01 ♂
八目丝蛱蝶
海南乐东

02 ♂
八目丝蛱蝶
海南五指山

03 ♂
八目丝蛱蝶
海南白沙

04 ♀
八目丝蛱蝶
海南五指山

05 ♂
黑缘丝蛱蝶
海南白沙

06 ♂
黄绢坎蛱蝶
云南河口

04 ♀
八目丝蛱蝶
海南五指山

05 ♂
黑缘丝蛱蝶
海南白沙

06 ♂
黄绢坎蛱蝶
云南河口

波蛱蝶属 / *Ariadne* Horsfield, [1829]

　　中小型蛱蝶。两翅外缘呈波浪形。翅背面呈红褐色至深褐色，两翅有多列与外缘平行的深色波浪线纹；腹面底色较深。雄蝶后翅背面前侧的翅脉上有白色特化鳞片，前翅腹面则有灰色性标。

　　成虫飞行缓慢，偏好开阔的草原或农地生境，多在寄主附近出现，有访花性，休息时翅平展。幼虫以大戟科植物为寄主。

　　分布于东洋区和非洲区。国内目前已知2种，本图鉴收录2种。

波蛱蝶 / *Ariadne ariadne* (Linnaeus, 1763)　　　　　　　　　　　　01-03 / P1722

　　中小型蛱蝶。翅背面呈红褐色，前翅中室有数条深褐色短纹，两翅有多列大致与外缘平行的深褐色波浪线纹，前翅顶区附近有1个小白斑。翅腹面呈深红褐色，有暗色波浪线纹。雄蝶前翅腹面及后翅背面带性标。

　　1年多代，成虫几乎全年可见。幼虫以大戟科蓖麻为寄主植物。

　　分布于云南、广西、广东、福建、海南、台湾、香港等地。此外见于东洋区。

细纹波蛱蝶 / *Ariadne merione* (Cramer, [1777])　　　　　　　　　　　　　　04

　　中小型蛱蝶。外形与波蛱蝶十分相似，主要区别为：本种外缘的波浪形较不明显；翅上的波浪线纹更为细碎，排列更为密集。

　　1年多代，成虫几乎全年可见。幼虫以大戟科蓖麻为寄主植物。

　　分布于云南。此外见于东洋区。

林蛱蝶属 / *Laringa* moore, 1901

　　小型蛱蝶。成虫栖息于热带雨林低海拔山地，在林中或路边慢速飞行，常停于低处，双翅平张，成虫有访花行为。

　　主要分布于东洋区。国内目前已知1种，本图鉴收录1种。

林蛱蝶 / *Laringa horsfieldii* (Boisduval, 1833)　　　　　　　　　　　　　　05

　　小型蛱蝶。雌雄异型。雄蝶翅背面灰黑色，前翅外缘不平整，靠顶角处有钩角突出，后翅外缘波浪状，前后翅中域部分有灰白色过渡斑，隐约有黑色线纹贯穿前后翅，腹面灰白色，像岩石质感，前后翅有4条黑色波浪线贯穿。雌蝶翅背面为黄褐色。

　　1年多代，成虫多见于1-4月、9-12月。

　　分布于云南。此外见于泰国、缅甸、老挝、越南等地。

01 ♂
波蛱蝶
台湾台南

02 ♀
波蛱蝶
台湾台南

03 ♂
波蛱蝶
广东广州

01 ♂
波蛱蝶
台湾台南

02 ♀
波蛱蝶
台湾台南

03 ♂
波蛱蝶
广东广州

04 ♂
细纹波蛱蝶
云南西双版纳

05 ♂
林蛱蝶
云南西双版纳

04 ♂
细纹波蛱蝶
云南西双版纳

05 ♂
林蛱蝶
云南西双版纳

姹蛱蝶属 / *Chalinga* Fabricius, 1807

　　中小型蛱蝶。翅背面灰黑色或黑色，前翅外缘斜、尖长，有白色斑纹及红色斑点，触角长，末端膨大，呈黄褐色。

　　成虫栖息于高海拔山地，较为空旷石林，常在山岩边吸水，也会到低处吸水，在树顶上来回飞行，动作灵敏。幼虫以松属植物为寄主。

　　主要分布于东洋区和古北区。国内目前已知2种，本图鉴收录2种。

锦瑟蛱蝶 / *Chalinga pratti* (Leech, 1890)   01-03 / P1722

　　中小型蛱蝶。雌雄同型。翅背面灰黑色，前后翅外缘中区有1列弧形红斑，中区有白色中带，前翅不成带，分开3段，后翅白带平直，外缘有2列模糊白斑，翅腹面花纹与背面一致，雌蝶中区白斑更发达，前翅外缘较圆。

　　1年1代，成虫多见于6-8月。幼虫以松属植物为寄主。

　　分布于陕西、四川、甘肃、浙江、湖北、吉林、广西等地。

姹蛱蝶 / *Chalinga elwesi* Oberthür, 1884   04-06

　　中小型蛱蝶。翅背面灰黑色，有暗橄榄绿光泽，6组白色斑点斜列分布前翅，后翅中域有白色曲带，前后翅亚外缘各室有白斑，外缘黑白相间。不同产地翅腹面呈不同颜色，四川产个体后翅腹面为橙红色，云南产个体后腹面暗褐色。

　　成虫多见于6-9月。幼虫以松属植物为寄主。

　　分布于四川、云南等地。

01 ♂
锦瑟蛱蝶
甘肃天水

02 ♂
锦瑟蛱蝶
福建三明

03 ♀
锦瑟蛱蝶
甘肃天水

01 ♂
锦瑟蛱蝶
甘肃天水

02 ♂
锦瑟蛱蝶
福建三明

03 ♀
锦瑟蛱蝶
甘肃天水

04 ♂
姹蛱蝶
云南贡山

05 ♂
姹蛱蝶
云南丽江

06 ♂
姹蛱蝶
云南维西

04 ♂
姹蛱蝶
云南贡山

05 ♂
姹蛱蝶
云南丽江

06 ♂
姹蛱蝶
云南维西

丽蛱蝶属 ／ *Parthenos* Hübner, [1819]

　　大型蛱蝶。体背铜绿色被赭黄毛，具黑色横纹，腹面淡棕色。头大，触角细长，端部黄色。前后翅狭三角形，顶角圆，前后翅外缘呈波状。无性二型。

　　成虫栖息于森林边缘，喜在溪流、草地、林窗附近活动，也见于林下较暗处，飞行迅速，常停歇于地面。两性访花或吸食腐烂果实、粪便。幼虫以西番莲科植物为寄主。

　　主要分布于东洋区。国内目前已知1种，本图鉴收录1种。

丽蛱蝶 ／ *Parthenos sylvia* (Cramer, [1776]) 01-02 ／ P1723

　　大型蛱蝶。斑纹复杂而美丽。雄蝶前翅背面青蓝色至铜绿色，中室基部及其下方各具黑色棒状纹，室中有3块半透明白斑，中区贯穿1列由多枚半透明白斑组成的宽带，亚外缘及外缘黑色；后翅背面青蓝色至铜绿色，基半部具2条几乎平行的黑带，前缘中部有短白带，中区各室具黑色"H"纹，亚外缘具黑色三角斑列，外缘黑色。腹面灰黄绿色，白斑如背面，黑纹退化，后翅中部具黑线，亚基部具短黑线。雌蝶似雄蝶，颜色偏黄。

　　1年多代，成虫全年可见，夏季较多。幼虫以西番莲科蒴莲属等植物为寄主。

　　分布于西南各省区，热带地区常见。此外见于印度及斯里兰卡至马来半岛、菲律宾群岛区域。

耙蛱蝶属 ／ *Bhagadatta* Moore, [1898]

　　中型蛱蝶。属于山地中海拔蝶种，通常在开阔向阳的林间低处飞行，飞行距离不远，雌雄互相追逐嬉戏。不访花，喜欢吸食树汁，休息时翅一张一合，雄蝶翅面在一定角度会变紫色。幼虫以定心藤属植物为寄主。

　　主要分布于东洋区。国内目前已知1种，本图鉴收录1种。

耙蛱蝶 ／ *Bhagadatta austenia* (Moore, 1872) 03-06 ／ P1723

　　中型蛱蝶。雌雄同型。雄蝶翅背面黄褐色，改变角度产生不同紫色的光折射，中域有1条贯穿前后翅的浅色中横带，亚外缘各室有"V"形深色花纹，中室有竖形黑色纹，后翅外缘波纹状，腹面花纹等同翅面，颜色较浅，雌蝶翅面呈灰褐色，没有紫色折射，腹面白色花纹发达。

　　1年1代，成虫多见于6-8月。幼虫以多种定心藤属植物为寄主。幼虫期长，以幼虫越冬。

　　分布于华南地区，包括广东、广西、福建等地。此外见于越南、老挝、缅甸、印度等地。

① ♂
丽蛱蝶
云南勐腊

① ♂
丽蛱蝶
云南勐腊

② ♂
丽蛱蝶
云南盈江

② ♂
丽蛱蝶
云南盈江

③ ♀
耙蛱蝶
福建福州

③ ♀
耙蛱蝶
福建福州

④ ♀
耙蛱蝶
西藏墨脱

④ ♀
耙蛱蝶
西藏墨脱

⑤ ♂
耙蛱蝶
福建福州

⑤ ♂
耙蛱蝶
福建福州

⑥ ♂
耙蛱蝶
广东乳源

⑥ ♂
耙蛱蝶
广东乳源

翠蛱蝶属 / *Euthalia* Hübner, [1819]

　　中大型蛱蝶。属内许多种类雌雄异型，不同亚属间的种类外观差异较大。翅背面常呈黑色、褐色或青铜色，部分种类后翅边缘有蓝色、红色边纹或斑点，另有部分种类的翅面有许多规则不一的白色斑块。

　　主要栖息在亚热带和热带森林，身体粗壮，飞行迅速，喜欢在开阔向阳的树顶活动，但在森林潮湿阴暗小道上也常常可以见到部分种类，喜欢吸食腐烂的水果、树液、动物粪便，似乎少见访花习性。幼虫寄主植物包括桑寄生科、壳斗科、大戟科、棕榈科、山毛榉科等。

　　分布于东洋区，从印度、缅甸到东南亚岛屿一带都有分布。国内目前已知约60种，本图鉴收录43种。

红斑翠蛱蝶 / *Euthalia lubentina* (Cramer, 1777)　　　　　　　　　　　01-04

　　中型蛱蝶。雄蝶翅背面黑褐色，前翅中室中部及端部各有1个红斑，中室端外有3个白斑，亚外缘有1列白斑，后翅外缘带为青绿色，亚外缘和外缘分别有6个和3个红斑，其中亚外缘前3个红斑清晰，后3个较模糊，臀角处也有1个红斑，另外青绿带内还有1列黑褐色圆斑。翅腹面色泽较背面浅，斑纹与背面相似，但后翅基部有显著的不规则红斑，亚外缘的红斑数为7个。雌蝶体形大，翅形更阔，前翅背面白斑非常发达，后翅斑纹与雄蝶相似，翅腹面斑纹类似背面，后翅基部有红斑。

　　1年多代，成虫多见于6-10月。幼虫以桑寄生科多种植物为寄主。

　　分布于福建、广东、广西、海南、云南、香港。此外见于印度、缅甸、泰国、越南、老挝、马来西亚等地。

阿佩翠蛱蝶 / *Euthalia apex* Tsukada, 1991　　　　　　　　　　　　　05

　　中型蛱蝶。与红斑翠蛱蝶非常相似，但雄蝶后翅臀角比红斑翠蛱蝶尖锐，后翅背面及腹面亚外缘的红斑只有3个，而红斑翠蛱蝶分别是6个和7个。雌蝶与红斑翠蛱蝶也极为相似，可以从后翅亚外缘的红斑数区分。

　　成虫多见于3-5月。幼虫以桑寄生科多种植物为寄主。

　　分布于海南、广西、湖北。

红裙边翠蛱蝶 / *Euthalia irrubescens* Grose-Smith, 1893　　　　　　06-10 / P1724

　　中型蛱蝶。雌雄斑纹相似，翅背面深黑色，前后各翅室内有黑褐色条纹由翅内向外延伸。雄蝶前翅顶角突出，呈三角形，外缘中部内凹明显，中室内有2条红色短纹，后翅臀角突出，臀角区有红色斑纹，腹面的色泽较浅且红斑更为发达，后翅基部有数个红色斑纹，由臀角沿后翅外缘有1列红色斑点。雌蝶体形较雄蝶大，翅形更圆阔，翅面色泽较雄蝶淡。该种特有的黑色在翠蛱蝶属中显得与众不同，易辨认，其斑纹反而和紫蛱蝶属中的黑紫蛱蝶较为相似，但在体形和翅形上两者差异极大，因此也较好区分。

　　1年多代，成虫多见于4-10月。幼虫以桑寄生科植物为寄主。

　　分布于浙江、江西、福建、广东、广西、四川、湖北、云南、台湾等地。

尖翅翠蛱蝶 / *Euthalia phemius* (Doubleday, 1848)　　　　　　　　　11-15 / P1725

　　中型蛱蝶。雄蝶翅形较尖，翅背面黑褐色，前翅中室外侧有白色细线组成的"Y"形纹，后翅自臀角向上延伸1条蓝色斑条，斑条呈三角形，翅腹面灰褐色，前翅中室及后翅基部有黑色线形成的环斑。雌蝶翅形阔，翅背面颜色较雄蝶浅，前缘至后角有数个白斑形成的斜带，后翅无蓝色斑带，翅腹面灰褐色，斑纹与背面相似。

　　1年多代，成虫多见于5-9月。幼虫以漆树科杧果属植物为寄主。

　　分布于福建、广东、广西、海南、云南、西藏、香港等地。此外见于越南、老挝、缅甸、泰国、印度、马来西亚等地。

矛翠蛱蝶 / *Euthalia aconthea* (Cramer, 1777)　　　　16-19

中型蛱蝶。雄蝶翅形较尖，翅背面黑褐色至灰褐色，前后翅亚外缘至外缘色淡，前翅中室外围有5个白斑，呈弧状排列，后翅浅色区内有1列黑色小斑，翅腹面棕褐色，斑纹与背面相似。雌蝶翅形阔，斑纹与雄蝶相似，前翅白斑较雄蝶发达。

1年多代，成虫多见于6-10月。幼虫以壳斗科柯属植物为寄主。

分布于福建、广东、海南、云南、香港等地。此外见于印度、缅甸、斯里兰卡、老挝、越南、泰国、马来西亚等地。

V纹翠蛱蝶 / *Euthalia alpheda* (Godart, 1824)　　　　20-21

中型蛱蝶。斑纹与矛翠蛱蝶最为接近，但其前翅背面中室端外的白斑呈"V"形分布，而矛翠蛱蝶为弧状排列，雌蝶"V"形白斑比雄蝶发达。

1年多代，成虫几乎全年可见。

分布于云南。此外见于印度、缅甸、老挝、越南、泰国等地。

暗斑翠蛱蝶 / *Euthalia monina* (Fabricius, 1787)　　　　22-23

中型蛱蝶。雄蝶翅形较尖，翅背面黑褐色，前后翅中部及外缘有蓝灰色鳞区，其内隐约可见1条黑色横带，前翅中室外有1个小白斑，翅腹面赭褐色，中部及亚外缘各有1条黑色横带，翅基部有不规则黑线形成的环纹。雌蝶翅形阔，翅背面色泽较雄蝶淡，中部至外缘有灰白色鳞区，前翅中室外有较宽的白斑，后翅灰白鳞区内有黑色横带，翅腹面赭褐色，斑纹与背面相似。

1年多代，成虫多见于6-10月。幼虫以大戟科血桐属植物为寄主。

分布于广西、海南、云南等地。此外见于印度、缅甸、老挝、越南、泰国等地。

暗翠蛱蝶 / *Euthalia eriphylae* de Nicéville, 1891　　　　24

中型蛱蝶。雄蝶翅背面黑褐色，前后翅外缘为淡色带，无其他任何斑纹，翅腹面色泽较背面淡，前翅中室及后翅基部有黑色环纹，前后翅亚外缘有暗色纹。雌蝶体形更大，翅形更阔，翅背面灰褐色，前翅中室外有1个大型白斑，白斑上方触及前缘，下方有2个圆形白斑，前后翅亚外缘有暗色波状纹，翅腹面斑纹与背面相似，前翅中室及后翅基部有黑色环纹。

1年多代，成虫几乎全年可见。幼虫以大戟科血桐属植物为寄主。

分布于广西、云南。此外见于印度、缅甸、老挝、越南、泰国、马来西亚等地。

① ♂
红斑翠蛱蝶
广东广州

② ♀
红斑翠蛱蝶
广东广州

③ ♂
红斑翠蛱蝶
广西扶绥

① ♂
红斑翠蛱蝶
广东广州

② ♀
红斑翠蛱蝶
广东广州

③ ♂
红斑翠蛱蝶
广西扶绥

④ ♀
红斑翠蛱蝶
广东广州

⑤ ♂
阿佩翠蛱蝶
海南五指山

⑥ ♂
红裙边翠蛱蝶
广东龙门

④ ♀
红斑翠蛱蝶
广东广州

⑤ ♂
阿佩翠蛱蝶
海南五指山

⑥ ♂
红裙边翠蛱蝶
广东龙门

07 ♂
红裙边翠蛱蝶
台湾南投

08 ♀
红裙边翠蛱蝶
台湾南投

09 ♂
红裙边翠蛱蝶
四川峨眉山

07 ♂
红裙边翠蛱蝶
台湾南投

08 ♀
红裙边翠蛱蝶
台湾南投

09 ♂
红裙边翠蛱蝶
四川峨眉山

10 ♀
红裙边翠蛱蝶
四川峨眉山

11 ♂
尖翅翠蛱蝶
广东佛山

12 ♀
尖翅翠蛱蝶
广东佛山

10 ♀
红裙边翠蛱蝶
四川峨眉山

11 ♂
尖翅翠蛱蝶
广东佛山

12 ♀
尖翅翠蛱蝶
广东佛山

⑬ ♂
尖翅翠蛱蝶
香港

⑭ ♀
尖翅翠蛱蝶
香港

⑮ ♂
尖翅翠蛱蝶
福建福州

13 ♂
尖翅翠蛱蝶
香港

14 ♀
尖翅翠蛱蝶
香港

15 ♂
尖翅翠蛱蝶
福建福州

⑯ ♂
矛翠蛱蝶
云南勐腊

⑰ ♀
矛翠蛱蝶
香港

⑱ ♂
矛翠蛱蝶
福建福州

16 ♂
矛翠蛱蝶
云南勐腊

17 ♀
矛翠蛱蝶
香港

18 ♂
矛翠蛱蝶
福建福州

⑲ ♂
矛翠蛱蝶
广东广州

⑳ ♂
V纹翠蛱蝶
云南河口

㉑ ♀
V纹翠蛱蝶
云南河口

⑲ ♂
矛翠蛱蝶
广东广州

⑳ ♂
V纹翠蛱蝶
云南河口

㉑ ♀
V纹翠蛱蝶
云南河口

㉒ ♂
暗斑翠蛱蝶
海南乐东

㉓ ♀
暗斑翠蛱蝶
广西平果

㉔ ♂
暗翠蛱蝶
广西龙州

㉒ ♂
暗斑翠蛱蝶
海南乐东

㉓ ♀
暗斑翠蛱蝶
广西平果

㉔ ♂
暗翠蛱蝶
广西龙州

拟鹰翠蛱蝶 / *Euthalia yao* Yoshino, 1997　　　　01-05

中型蛱蝶。雄蝶顶角略凸出，翅背面黑褐色，中部及亚外缘区有蓝灰色鳞区，翅基部颜色深，前后翅中室内有黑色环纹，后翅蓝灰色鳞区内有模糊的小黑点形成的横带，翅腹面色泽淡，前翅顶角至后缘中部有1条边界模糊的黑色横带，其余斑纹与背面相似。雌蝶翅形阔，翅面色泽较雄蝶淡，斑纹与雄蝶相似，但前翅中室外围有4个白斑。

成虫多见于6-10月。幼虫以壳斗科柯属植物为寄主。

分布于浙江、福建、广东、广西、海南、广西、云南、四川、湖北等地。

鹰翠蛱蝶 / *Euthalia anosia* (Moore, 1857)　　　　06-07

中型蛱蝶。与拟鹰翠蛱蝶非常相似，但雌蝶前翅的顶角突出明显，呈鹰嘴状，而拟鹰翠蛱蝶的前翅顶角只是略微突出，翅面的色泽也明显较鹰翠蛱蝶浅。

1年多代，成虫几乎全年可见。幼虫以漆树科杧果属植物为寄主。

分布于云南。此外见于印度、尼泊尔、缅甸、越南、老挝、泰国、马来西亚、印度尼西亚等地。

绿翠蛱蝶 / *Euthalia evelina* Stoll, 1790　　　　08-09

中大型蛱蝶。雄蝶前翅顶角凸出明显，中部内凹，翅背面棕褐色，外缘及亚外缘部分色淡，基部区色暗，前后翅中室有黑色环纹，前翅中室内有1个红斑，翅腹面灰褐色，散布灰白色鳞，前翅中室内及后翅翅基附近有数个黑色环纹，其中部分黑色环纹内有粉红色斑点。雌蝶斑纹与雄蝶相似，但翅形更阔，前翅顶角凸出更明显。

1年多代，成虫多见于3-8月。

分布于海南、云南。此外见于印度、缅甸、老挝、越南、泰国、马来西亚、印度尼西亚等地。

红点翠蛱蝶 / *Euthalia teuta* (Doubleday, [1848])　　　　10-11

中型蛱蝶。雄蝶翅形较尖，前翅顶角凸出，翅背面黑褐色，前翅近顶角处有1个小白斑，前后翅有1列贯穿中部的白斑，其中前翅白斑较分离，后翅白斑排列紧密，白斑往往泛黄或黄绿色，翅腹面棕褐色，斑纹与背面类似，前翅中室内及中室端各有1个圆斑及月纹斑，圆斑为黑边，瞳心为红，后翅中室内及中室端各有1个黑点及月纹斑。雌蝶斑纹与雄蝶相似，但翅形较阔。

1年多代，成虫几乎全年可见。

分布于云南。此外见于缅甸、老挝、越南、泰国、马来西亚、印度尼西亚等地。

01 ♂
拟鹰翠蛱蝶
福建福州

02 ♀
拟鹰翠蛱蝶
福建福州

03 ♂
拟鹰翠蛱蝶
四川峨眉山

01 ♂
拟鹰翠蛱蝶
福建福州

02 ♀
拟鹰翠蛱蝶
福建福州

03 ♂
拟鹰翠蛱蝶
四川峨眉山

04 ♀
拟鹰翠蛱蝶
四川峨眉山

05 ♂
拟鹰翠蛱蝶
广东乳源

06 ♂
鹰翠蛱蝶
云南西双版纳

04 ♀
拟鹰翠蛱蝶
四川峨眉山

05 ♂
拟鹰翠蛱蝶
广东乳源

06 ♂
鹰翠蛱蝶
云南西双版纳

⑦ ♀
鹰翠蛱蝶
云南西双版纳

⑧ ♂
绿翠蛱蝶
海南乐东

⑨ ♂
绿翠蛱蝶
云南西双版纳

07 ♀
鹰翠蛱蝶
云南西双版纳

08 ♂
绿翠蛱蝶
海南乐东

09 ♂
绿翠蛱蝶
云南西双版纳

⑩ ♂
红点翠蛱蝶
云南河口

⑪ ♀
红点翠蛱蝶
云南河口

10 ♂
红点翠蛱蝶
云南河口

11 ♀
红点翠蛱蝶
云南河口

珐琅翠蛱蝶 / *Euthalia franciae* (Gray, 1846)　　　　　01-02 / P1726

中大型蛱蝶。雄蝶翅背面黑褐色或墨绿色，前翅亚顶角有2个小白斑，前后翅中部贯穿1条白色泛黄的斑带，后翅斑带向内倾斜，底部尖，前后翅外缘有模糊的白色斑点，内伴有1道深色带，翅腹面为银灰绿色，非常与众不同，易与其他翠蛱蝶区分，斑纹与背面相似，中部的白斑为纯净的象牙白，前翅中室内及后翅基部有不规则环状纹。雌蝶斑纹与雄蝶相似，白色斑纹更偏黄。

成虫多见于6-8月。

分布于云南、西藏。此外见于印度、缅甸、老挝、越南、泰国等地。

巴翠蛱蝶 / *Euthalia durga* (Moore, 1857)　　　　　03

大型蛱蝶。为国内翠蛱蝶属中体形最大的种类。雌雄斑纹相似，翅背面呈橄榄绿色，前翅顶角有2个小白斑，中部前后缘贯穿1列纯白色斑，靠上方的3个白斑呈长条状，下方的白斑更加宽厚，后翅中部的白斑由前缘向臀角逐渐由宽变窄，白斑的外缘伴随1条明显的蓝灰色带。翅腹面色泽较淡，斑纹与背面相似，前翅中室及后翅基部有不规则黑环纹。

成虫多见于7-8月。

分布于西藏、云南。此外见于印度、不丹、缅甸等地。

连平翠蛱蝶 / *Euthalia lipingensis* Mell, 1935　　　　　04-06

大型蛱蝶。雄蝶翅背面橄榄绿色，前翅近顶角处有2个小白斑，由前缘中部向外倾斜排列4-6小白斑，白斑个数随个体差异有所变化，后翅前缘中部向下排列4个白斑，其中前2个白斑宽大，第3、4个白斑偏小，部分个体的第四个白斑退化消失，前后翅亚外缘有1道深色横带。翅腹面青灰色，斑纹与腹面相似，前翅中室内及后翅基部的黑色环纹明显，后翅白斑较背面向下延展。雌蝶斑纹与雄蝶相似，但白斑退化现象更明显。

成虫多见于5-8月。

分布于浙江、福建、广东、广西、贵州、湖南、云南等地。

伊瓦翠蛱蝶 / *Euthalia iva* (Moore, 1857)　　　　　07-08

大型蛱蝶。雄蝶翅背面橄榄绿色，前翅近顶角处有2个较小的白斑，由前缘中部向外倾斜排列着5个宽大的白斑，其中中间的白斑呈尖锐的犬牙状，最下方的大白斑的正下方还有1个小的白斑，部分个体这个白斑会退化消失，形成1个深色斑；后翅外中区有数个白斑，一般为3-6个，部分个体白斑退化；翅腹面色泽淡，斑纹与背面相似，但后翅的白斑一般不退化。雌蝶斑纹与雄蝶相似，但体形更大，翅形更阔，白斑也更发达。

成虫多见于6-8月。

分布于西藏。此外见于印度、缅甸、不丹、越南。

黄带翠蛱蝶 / *Euthalia patala* (Kollar, 1844)　　　　　09-10

大型蛱蝶。雄蝶前翅顶角尖，后翅圆阔，翅背面橄榄绿色，前翅近顶角处有2个淡黄斑，前缘中部向外倾斜排列着5个宽厚的淡黄斑，斑纹排列紧密，后翅外中区靠前缘处有3个淡黄斑，其中前2个斑点较大，边缘向内凹，第3斑点小，前翅中室内有环状纹；翅腹面色泽较背面淡，斑纹与背面相似，前翅中室及后翅基部的环纹明显，后翅外中区的淡黄斑向下延展。雌蝶斑纹与雄蝶类似，但翅背面斑纹为白色。

成虫多见于3-5月。

分布于云南。此外见于缅甸、泰国、老挝等地。

孔子翠蛱蝶 / *Euthalia confucius* (Westwood, 1850)　　　　　11-12

大型蛱蝶。本种与黄带翠蛱蝶较相似，但前翅顶角不尖，中部的淡黄色斑块明显更厚更大，后翅的淡黄斑往往更发达，有时会由前缘延伸至中下部，另外斑的边缘是向外凸，而黄带翠蛱蝶为内凹。

成虫多见于6-8月。

分布于陕西、浙江、福建、广西、四川、云南、西藏。此外见于印度、缅甸、老挝、越南。

①♂
珐琅翠蛱蝶
云南普洱

①♂
珐琅翠蛱蝶
云南普洱

②♂
珐琅翠蛱蝶
西藏墨脱

②♂
珐琅翠蛱蝶
西藏墨脱

③♂
巴翠蛱蝶
西藏墨脱

③♂
巴翠蛱蝶
西藏墨脱

04 ♂
连平翠蛱蝶
福建三明

04 ♂
连平翠蛱蝶
福建三明

05 ♀
连平翠蛱蝶
福建三明

05 ♀
连平翠蛱蝶
福建三明

06 ♂
连平翠蛱蝶
广东龙门

06 ♂
连平翠蛱蝶
广东龙门

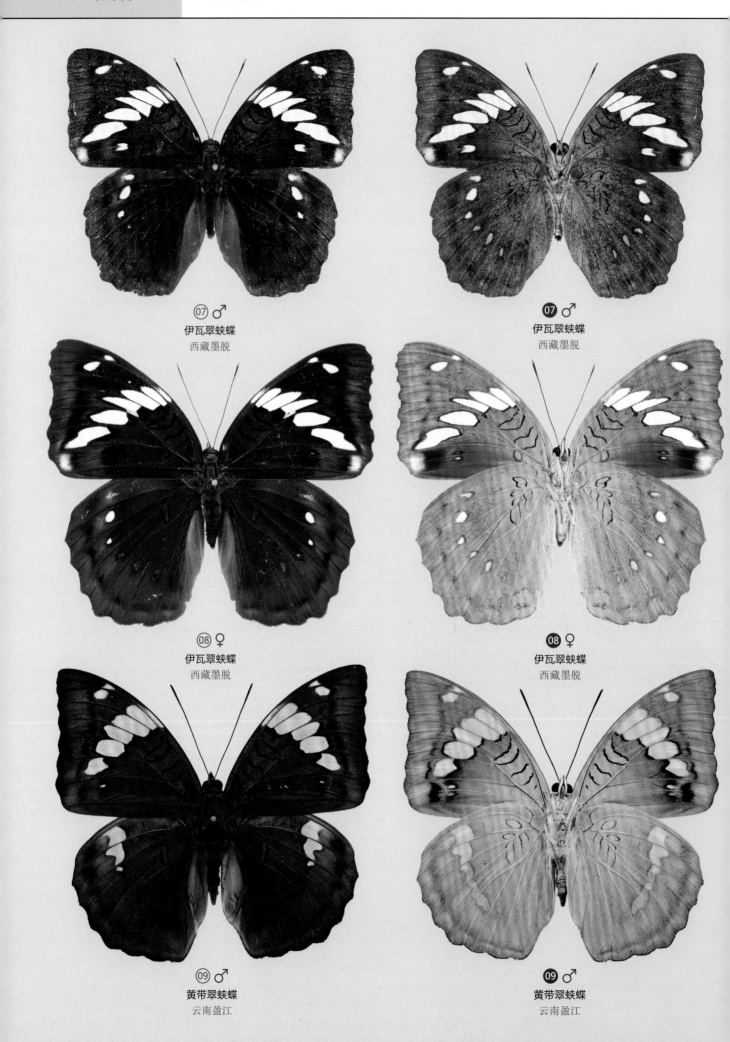

07 ♂
伊瓦翠蛱蝶
西藏墨脱

07 ♂
伊瓦翠蛱蝶
西藏墨脱

08 ♀
伊瓦翠蛱蝶
西藏墨脱

08 ♀
伊瓦翠蛱蝶
西藏墨脱

09 ♂
黄带翠蛱蝶
云南盈江

09 ♂
黄带翠蛱蝶
云南盈江

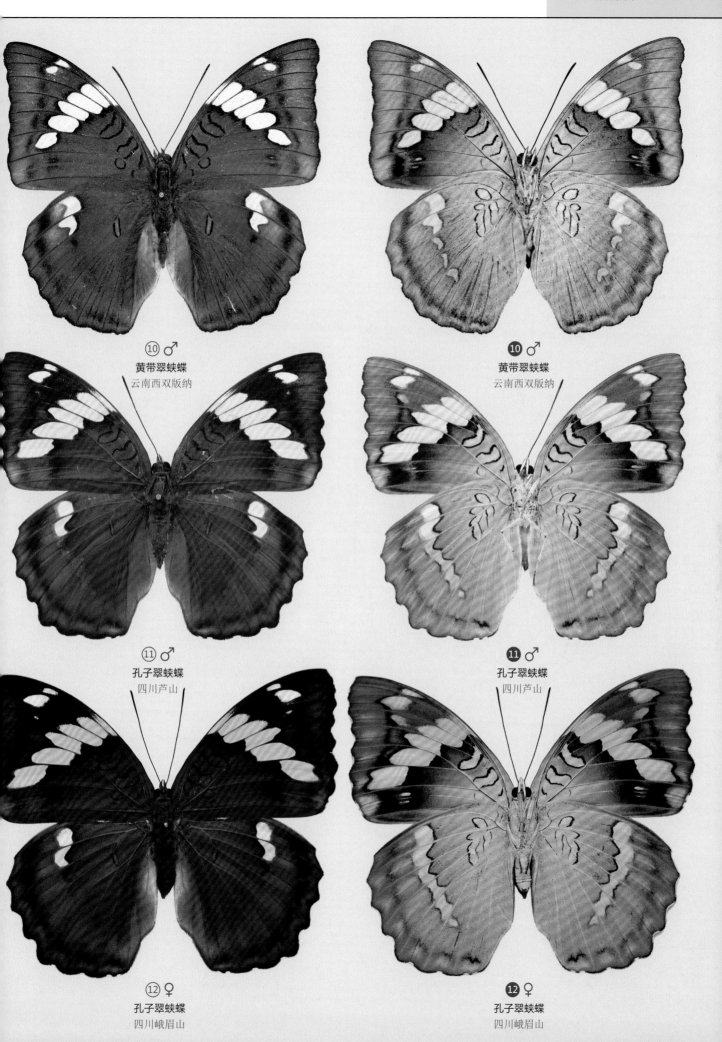

⑩ ♂
黄带翠蛱蝶
云南西双版纳

⑩ ♂
黄带翠蛱蝶
云南西双版纳

⑪ ♂
孔子翠蛱蝶
四川芦山

⑪ ♂
孔子翠蛱蝶
四川芦山

⑫ ♀
孔子翠蛱蝶
四川峨眉山

⑫ ♀
孔子翠蛱蝶
四川峨眉山

嘉翠蛱蝶 / *Euthalia kardama* (Moore, 1859)

01-02 / P1726

　　大型蛱蝶。雄蝶翅背面橄榄绿色，前翅近顶角处有2个白斑，由前缘中部向外排列着8个白斑，其中前5个白斑大，向外倾斜，后3个白斑小，向内倾斜，后翅中部有1条明显的青绿色带斑，内外边缘分别伴有白斑和黑点，其中靠前缘的2个白斑大，轮廓模糊，往下的白斑逐渐变小，翅腹面色泽淡，斑纹与背面相似。雌蝶斑纹与雄蝶类似，体形更大，翅形更阔。

　　成虫多见于5-8月。幼虫以棕榈科植物为寄主。

　　分布于陕西、甘肃、浙江、湖北、福建、四川、重庆、贵州、云南等地。

褐蓓翠蛱蝶 / *Euthalia Hebe* Leech, 1891

03

　　中大型蛱蝶。雄蝶翅背面为橄榄绿色，前翅中室内有2块青褐色斑，其余部分为淡黄色，前后翅中部排列着紧密的淡黄色斑块，其中前翅中室端的斑块与亚顶角的斑块呈"V"形，亚顶角斑块边界模糊，后翅斑块向外弯曲，边缘呈波状，前后翅边缘有模糊的淡黄色带；翅腹面色泽淡，斑纹与背面相似。

　　成虫多见于7-8月。

　　分布于浙江、福建、湖北、四川、重庆等地。

黄翅翠蛱蝶 / *Euthalia kosempona* Fruhstorfer, 1908

04-11

　　中大型蛱蝶。雄蝶与褐蓓翠蛱蝶较相似，但翅背面斑纹明显较黄，前翅顶角的小黄斑边界清晰，而褐蓓翠蛱蝶顶角的斑边界模糊，中部的黄色斑块更宽更厚，排列也更紧密，后翅中部的黄斑外缘呈三角状突出，而褐蓓翠蛱蝶通常微微内凹，翅腹面的底色明显偏黄。雌蝶翅背面橄榄绿色，前翅顶角及中部的斑纹为白色，后翅靠前缘有2个小白斑，翅腹面为青褐色，色泽较雄蝶深暗。

　　成虫多见于6-8月。幼虫以壳斗科锥属及青冈属植物为寄主。

　　分布于浙江、福建、广东、江西、湖北、湖南、四川、云南、台湾等地。此外见于越南、老挝。

黄网翠蛱蝶 / *Euthalia pyrrha* Leech, 1892

12

　　中大型蛱蝶。雄蝶翅背面为鲜明的黄绿色，黄绿色与青褐色斑纹相互交织，易与其他近似种区别，前翅中室外倾斜排列4个黄斑，后翅中部排列6个黄斑，黄斑外围为青褐色边纹，前翅中室内有不规则青褐色环纹，后翅中室有端斑，前后翅亚外缘有深色横带。翅腹面色泽淡，斑纹与背面相似。

　　成虫多见于6-7月。

　　分布于四川、重庆、贵州、云南、福建。此外见于越南、老挝。

链斑翠蛱蝶 / *Euthalia sahadeva* Moore, 1859

13-16

　　中大型蛱蝶。雄蝶翅背面黄绿色，前翅近顶角处有2个白斑，其中下方的白斑接近圆形，由前缘中部向外倾斜排列着5个宽厚的淡黄色斑，斑块呈长方形，排列紧密，后翅外中区自前缘向下弯曲排列5-6个淡黄斑，其中前2个斑点较大，后面的斑点较小，但所有斑点都很清晰，与近似种可以区别，部分区域的种群后翅斑点非常发达，前翅中室内及中室端有环状纹；翅腹面色泽较背面淡，斑纹与背面相似，前翅中室及后翅基部的环纹清晰。雌蝶翅背面橄榄绿色，斑纹发白，后翅外缘波纹状非常明显，后翅只有3个较小的清晰白斑。

　　成虫多见于6-8月。

　　分布于云南、西藏。此外见于印度、尼泊尔、不丹、缅甸、泰国、老挝等地。

广东翠蛱蝶 / *Euthalia guangdongensis* Wu, 1994　　　　　　　　　　　　17-19

　　中大型蛱蝶。雄蝶与褐蓓翠蛱蝶相似，但广东翠蛱蝶翅背面的绿色更深更暗，斑纹几乎为白色，个别个体的斑块微微带黄，而褐蓓翠蛱蝶翅背面明显发黄，斑块为显著的淡黄色；广东翠蛱蝶中部斑块较小，特别是前翅斑与斑之间分离感强烈，而褐蓓翠蛱蝶的斑块大，排列紧密。广东翠蛱蝶前翅中室内靠基部的青褐色斑下方也为青褐色，而褐蓓翠蛱蝶为淡黄色；另外，广东翠蛱蝶前后翅边缘的淡色带偏白。

　　成虫多见于7-8月。

　　分布于福建、江西、广东、四川、广西、贵州等地。

黄铜翠蛱蝶 / *Euthalia nara* (Moore, 1859)　　　　　　　　　　　　　　20-26

　　中型蛱蝶。雄蝶翅背面橄榄绿色，有金属光泽，前翅顶角突出，较尖锐，中部外缘内凹明显，外中区有2条模糊隐约的条纹贯穿，并形成1条宽阔的浅黄色斑带，后翅臀角突出，近前缘处2个翅室内有长条形的黄色斑块，翅腹面黄绿色，前翅中室及后翅基部有不规则黑纹环纹，后翅外中区有1列较模糊的黄白色斑块。雌蝶翅背面呈较鲜亮的青铜色，近顶角处有2个小白斑，中域呈弧状排列1列白斑，与近似种雌蝶相比白斑更大更长，并且在色泽上更白，后翅外中区近前缘处有2个清晰的小白斑，中室端有明显的缺刻，亚外缘有1道暗色线，翅腹面色泽较背面淡，呈青绿色，后翅白斑较背面发达，且不同个体的斑纹形状会有变化。

　　1年1代，成虫多见于5-6月。

　　分布于云南、西藏。此外见于印度、缅甸、尼泊尔、泰国、越南、老挝等地。

太平翠蛱蝶 / *Euthalia pacifica* Mell, 1935　　　　　　　　　　　　　　27-28

　　中型蛱蝶。雄蝶前翅顶角较近似种显得更加尖锐，斑纹与黄铜翠蛱蝶较相似，但背面近前缘处3个翅室内有长条形的黄色斑块，黄色斑纹不侵入中室，其下方还有2个黄色斑点，黄色斑块及斑点形成钩状。雌蝶翅背面底色暗绿色，但较近似种更偏褐，后翅的白斑较模糊，边界不清晰，中室端有缺刻。

　　1年1代，成虫多见于5-6月。幼虫以壳斗科锥属植物为寄主。

　　分布于浙江、福建、江西、湖北、四川、重庆、广西、广东等地。

峨眉翠蛱蝶 / *Euthalia omeia* Leech, 1891　　　　　　　　　　　29-32 / P1727

　　中型蛱蝶。雄蝶翅背面色泽较暗沉，斑纹与太平翠蛱蝶较相似，但后翅黄斑面积大，黄色斑块侵入中室，同时黄斑纯净，斑内无任何其他斑纹。雌蝶翅背面呈青铜色，后翅白斑内侧清晰，外侧边界模糊，中室端无缺刻，可与近似种区分，翅腹面底色较近似种偏黄。

　　1年1代，成虫多见于5-6月。幼虫以壳斗科锥属植物为寄主。

　　分布于浙江、福建、江西、四川、重庆、云南、广西、广东等地。此外见于老挝。

① ♂
嘉翠蛱蝶
四川芦山

① ♂
嘉翠蛱蝶
四川芦山

② ♀
嘉翠蛱蝶
四川都江堰

② ♀
嘉翠蛱蝶
四川都江堰

③ ♂
褐蓓翠蛱蝶
四川芦山

③ ♂
褐蓓翠蛱蝶
四川芦山

④ ♂
黄翅翠蛱蝶
台湾台中

④ ♂
黄翅翠蛱蝶
台湾台中

⑤ ♀
黄翅翠蛱蝶
台湾台中

⑤ ♀
黄翅翠蛱蝶
台湾台中

 ♂
黄翅翠蛱蝶
广东乳源

⑥ ♂
黄翅翠蛱蝶
广东乳源

⑦ ♂
黄翅翠蛱蝶
福建福州

⑦ ♂
黄翅翠蛱蝶
福建福州

⑧ ♀
黄翅翠蛱蝶
福建福州

⑧ ♀
黄翅翠蛱蝶
福建福州

⑨ ♂
黄翅翠蛱蝶
湖南古丈

⑨ ♂
黄翅翠蛱蝶
湖南古丈

⑩ ♀
黄翅翠蛱蝶
湖南古丈

⑩ ♀
黄翅翠蛱蝶
湖南古丈

⑪ ♂
黄翅翠蛱蝶
广西金秀

⑪ ♂
黄翅翠蛱蝶
广西金秀

⑫ ♂
黄网翠蛱蝶
四川宝兴

⑫ ♂
黄网翠蛱蝶
四川宝兴

⑬ ♂
链斑翠蛱蝶
云南贡山

⑬ ♂
链斑翠蛱蝶
云南贡山

⑭ ♂
链斑翠蛱蝶
四川芦山

⑭ ♂
链斑翠蛱蝶
四川芦山

⑮ ♂
链斑翠蛱蝶
西藏墨脱

⑮ ♂
链斑翠蛱蝶
西藏墨脱

⑯ ♀
链斑翠蛱蝶
西藏墨脱

⑯ ♀
链斑翠蛱蝶
西藏墨脱

⑰ ♀
广东翠蛱蝶
福建武夷山

⑰ ♀
广东翠蛱蝶
福建武夷山

⑱ ♂
广东翠蛱蝶
广东乳源

⑱ ♂
广东翠蛱蝶
广东乳源

⑲ ♂
广东翠蛱蝶
贵州雷山

⑲ ♂
广东翠蛱蝶
贵州雷山

⑳ ♂
黄铜翠蛱蝶
西藏墨脱

⑳ ♂
黄铜翠蛱蝶
西藏墨脱

㉑ ♀
黄铜翠蛱蝶
西藏墨脱

㉑ ♀
黄铜翠蛱蝶
西藏墨脱

㉒ ♂
黄铜翠蛱蝶
云南绿春

㉒ ♂
黄铜翠蛱蝶
云南绿春

㉓ ♂
黄铜翠蛱蝶
云南绿春

㉓ ♂
黄铜翠蛱蝶
云南绿春

㉔ ♂
黄铜翠蛱蝶
云南绿春

㉔ ♂
黄铜翠蛱蝶
云南绿春

㉕ ♀
黄铜翠蛱蝶
云南绿春

㉕ ♀
黄铜翠蛱蝶
云南绿春

㉖ ♂
黄铜翠蛱蝶
云南腾冲

㉖ ♂
黄铜翠蛱蝶
云南腾冲

㉗ ♂
太平翠蛱蝶
四川芦山

㉗ ♂
太平翠蛱蝶
四川芦山

㉘ ♂
太平翠蛱蝶
浙江庆元

㉘ ♂
太平翠蛱蝶
浙江庆元

㉙ ♂
峨眉翠蛱蝶
福建福州

㉙ ♂
峨眉翠蛱蝶
福建福州

30 ♀
峨眉翠蛱蝶
福建福州

30 ♀
峨眉翠蛱蝶
福建福州

31 ♀
峨眉翠蛱蝶
福建福州

31 ♀
峨眉翠蛱蝶
福建福州

32 ♀
峨眉翠蛱蝶
福建福州

32 ♀
峨眉翠蛱蝶
福建福州

布翠蛱蝶 / *Euthalia bunzoi* Sugiyama, 1996　　01-03

中型蛱蝶。雄蝶翅背面呈青铜色，有金属光泽，光泽与近似种比较更明亮且呈青绿色。翅面斑纹与峨眉翠蛱蝶较相似，但后翅黄斑的中室端部1个黑色缺刻，雌蝶翅背面呈青铜色，后翅中室有明显的缺刻，翅腹面呈淡绿色。

1年1代，成虫多见于5-6月。幼虫以壳斗科锥属植物为寄主。

分布于浙江、福建、江西、湖南、四川、重庆、云南、广西、广东、甘肃等地。此外见于越南。

散斑翠蛱蝶 / *Euthalia khama* Alphéraky, 1895　　04

中型蛱蝶。雄蝶与捻带翠蛱蝶较相似，但前翅背面中室端外有4个倾斜排列的小黄斑，后翅的黄色斑带上宽下窄，尤其在中部突然收窄，斑带边缘扭曲，而捻带翠蛱蝶的黄色斑带边缘平滑整齐。

成虫多见于6-7月。

分布于四川、甘肃、湖南、广西、重庆、云南等地。

珀翠蛱蝶 / *Euthalia pratti* Leech, 1891　　05-09 / P1727

大型蛱蝶。雄蝶前翅顶角尖，后翅圆阔，翅背面橄榄绿色，前翅近顶角处有2个小白斑，由前缘中部向外倾斜排列着5个白斑，与近似种比白斑小，排列不紧密，后翅外中区近前缘处2个白斑为三角形，部分个体白斑退化，白斑下方延伸有较模糊的黑纹，亚外缘有1条明显的深色横带。翅腹面色泽淡，斑纹与腹面相似，前翅中室内及后翅基部环状纹明显，后翅的白斑带长。雌蝶斑纹与雄蝶类似，翅形更阔，前翅白斑更发达。

成虫多见于6-8月。

分布于安徽、浙江、福建、湖北、四川、湖南、江西、重庆、甘肃、云南等地。此外见于越南。

马拉巴翠蛱蝶 / *Euthalia malapana* Shirozu & Chung, 1958　　10

大型蛱蝶。与珀翠蛱蝶非常相似，但雄蝶前翅顶角更加尖锐，前翅背面中部排列的5个斑颜色偏黄，排列更紧凑，另外最下方的白斑下还有2个小白纹。雌蝶斑纹与雄蝶类似，但翅形更阔，前翅中部的斑带更发达，颜色也偏白。

1年1代，成虫多见于7-10月。

分布于台湾。

杜贝翠蛱蝶 / *Euthalia dubernardi* Oberthür, 1907　　11-12

中型蛱蝶。雄蝶与散斑翠蛱蝶较相似，但体形较小，翅面色泽更暗，不似散斑翠蛱蝶整体翅面颜色发黄，前翅斑点更小，后翅中部的斑带明显细小，部分个体的斑点退化现象明显。

成虫多见于6-7月。

分布于四川、云南。

捻带翠蛱蝶 / *Euthalia strephon* Grose-Smith, 1893　　13-14 / P1728

中型蛱蝶。雄蝶翅背面青褐色，前翅中室内有2个环斑，纹间区域黄色，翅中部有1条模糊横带，为淡黄绿色，上宽下窄，呈喇叭状，两边伴有深色线，后翅中部的黄斑带与外缘线平行，斑宽，由上至下逐渐缩窄，边缘平滑，翅腹面色泽淡，斑纹背面相似，前翅横带外的暗色带深且扩散。雌蝶翅形阔，翅背面泥褐色，前翅仅亚顶角及中室端外有几个小白斑，后翅前缘有2块较宽的长条形白斑，翅腹面色泽淡，斑纹与背面相似，后翅前缘中部向下排列数个小白斑。

成虫多见于6-7月。

分布于浙江、福建、四川、重庆、海南、西藏等地。此外见于泰国、缅甸、老挝。

① ♂
布翠蛱蝶
福建福州

② ♀
布翠蛱蝶
福建福州

③ ♂
布翠蛱蝶
四川芦山

④ ♂
散斑翠蛱蝶
四川宝兴

① ♂
布翠蛱蝶
福建福州

② ♀
布翠蛱蝶
福建福州

③ ♂
布翠蛱蝶
四川芦山

④ ♂
散斑翠蛱蝶
四川宝兴

⑤ ♂
珀翠蛱蝶
四川峨眉山

⑤ ♂
珀翠蛱蝶
四川峨眉山

⑥ ♂
珀翠蛱蝶
广东乳源

⑥ ♂
珀翠蛱蝶
广东乳源

⑦ ♀
珀翠蛱蝶
广东乳源

⑦ ♀
珀翠蛱蝶
广东乳源

⑧ ♂
珀翠蛱蝶
湖南浏阳

⑧ ♂
珀翠蛱蝶
湖南浏阳

⑨ ♂
珀翠蛱蝶
福建福州

⑨ ♂
珀翠蛱蝶
福建福州

⑩ ♀
马拉巴翠蛱蝶
台湾台中

⑩ ♀
马拉巴翠蛱蝶
台湾台中

⑪ ♂
杜贝翠蛱蝶
云南维西

❶ ♂
杜贝翠蛱蝶
云南维西

⑫ ♂
杜贝翠蛱蝶
云南德钦

❷ ♂
杜贝翠蛱蝶
云南德钦

⑬ ♂
捻带翠蛱蝶
广东乳源

❸ ♂
捻带翠蛱蝶
广东乳源

⑭ ♀
捻带翠蛱蝶
四川芦山

❹ ♀
捻带翠蛱蝶
四川芦山

新颖翠蛱蝶 / *Euthalia staudingeri* Leech, 1891

大型蛱蝶。雄蝶翅背面泥褐色，中室内有2个青褐色斑，亚顶角2个小斑及中部的斑带为奶油黄色，中部斑带中靠上的3个斑点小，各自独立，其下的2个长条形斑块宽度相等，下方的长条形斑块紧密相连并向外倾斜明显，后翅中部斑带相对更宽，外缘有灰绿色鳞区，翅腹面偏黄褐或淡青褐，色泽淡，斑纹与背面相似。雌蝶斑纹与雄蝶相似，翅形更阔。

成虫多见于6-8月。

分布于四川、云南、西藏。

华东翠蛱蝶 / *Euthalia rickettsi* Hall, 1930

大型蛱蝶。雄蝶前翅顶角较外缘中部凸出，翅背面橄榄绿色，前翅中室内有2个青褐色斑，前翅亚顶角2个小斑及前后翅中部的斑带为白色，后翅斑带的外缘有微弱不明显的锯齿，并伴有蓝绿色鳞。前后翅亚外缘有深色带，其中后翅的深色带宽，并紧靠蓝绿色鳞区，翅腹面色泽淡，斑纹与背面相似，前翅中室及后翅基部的斑纹明显。雌蝶斑纹与雄蝶相似，但体形大，翅形阔，前翅顶角不凸出。

成虫多见于6-8月。

分布于安徽、浙江、福建等地。

西藏翠蛱蝶 / *Euthalia thibetana* Poujade, 1885

大型蛱蝶。雄蝶前翅顶角呈弧形，翅背面青褐色偏黄，前翅中室内有2个青褐色斑，前翅亚顶角2个小斑及前后翅中部的斑带为奶油黄色，前翅中部斑带中靠上的3个斑点小，其中第2个斑明显长于第1个斑点，后翅斑带的外缘有微弱不明显的锯齿，前后翅亚外缘有深色带，其中后翅的深色带宽，翅腹面色泽淡，斑纹与背面相似，前翅中室及后翅基部的斑纹明显。雌蝶斑纹与雄蝶相似，翅形更阔，前翅背面中部的斑带为白色和奶油黄色，而雄蝶为统一的奶油黄色。

成虫多见于6-8月。幼虫主要以杜鹃属植物为寄主。

分布于四川、云南、湖北等地。

海南翠蛱蝶 / *Euthalia hoa* Monastyrskii, 2005

大型蛱蝶。与华东翠蛱蝶较为相似，但翅形更圆阔，前翅背面中部斑带中靠顶部的3个斑长度明显较宽，其与后面的斑纹宽度差距小，排列紧密，后翅斑带也较宽，斑带外缘的蓝绿色鳞区面积大，中下部的蓝绿色鳞区与外缘间有明显的深色斑，前后翅斑带呈弧形排列。

成虫多见于5-6月。

分布于海南。此外见于越南。

明带翠蛱蝶 / *Euthalia yasuyukii* Yoshino, 1998

大型蛱蝶。与华东翠蛱蝶较为相似，但前翅顶角不凸出，翅背面颜色蓝绿中微微带黄，中部斑带的颜色也不纯白，略为带黄，前翅中部斑带外缘界定清晰，后翅中部斑带外缘没有蓝绿色鳞。

成虫多见于6-8月。

分布于安徽、浙江、福建、广东、广西等地。

① ♂
新颖翠蛱蝶
四川芦山

① ♂
新颖翠蛱蝶
四川芦山

② ♀
新颖翠蛱蝶
四川宝兴

② ♀
新颖翠蛱蝶
四川宝兴

③ ♂
华东翠蛱蝶
广东乳源

③ ♂
华东翠蛱蝶
广东乳源

04 ♂
西藏翠蛺蝶
四川芦山

04 ♂
西藏翠蛺蝶
四川芦山

05 ♀
西藏翠蛺蝶
四川宝兴

05 ♀
西藏翠蛺蝶
四川宝兴

06 ♂
海南翠蛺蝶
海南陵水

06 ♂
海南翠蛺蝶
海南陵水

⑦ ♂
海南翠蛱蝶
海南五指山

⑦ ♂
海南翠蛱蝶
海南五指山

⑧ ♂
明带翠蛱蝶
福建福州

⑧ ♂
明带翠蛱蝶
福建福州

⑨ ♀
明带翠蛱蝶
广西金秀

⑨ ♀
明带翠蛱蝶
广西金秀

芒翠蛱蝶 / *Euthalia aristides* Oberthür, 1907

01

中大型蛱蝶。与西藏翠蛱蝶较相似，但雄蝶前翅顶角更尖锐，前翅中部斑带明显较细小，靠前缘的2个斑点几乎等长，后翅中带外缘的锯齿状非常明显。雄蝶背面斑带颜色偏黄，雌蝶偏白。

成虫多见于6-7月。

分布于浙江、福建、陕西、四川、云南。

陕西翠蛱蝶 / *Euthalia kameii* Koiwaya, 1996

02-03

大型蛱蝶。与芒翠蛱蝶较相似，但雄蝶后翅中带外缘锯齿状没有那么明显，内缘侧不如锯带翠蛱蝶那么平直，中带外的深色带更靠近中带，深色带外侧的浅色带明显较宽，几乎抵达后翅边缘。雄蝶背面斑带颜色偏黄，雌蝶偏白。

成虫多见于6-8月。

分布于福建、陕西、四川、云南。

窄带翠蛱蝶 / *Euthalia insulae* Hall, 1930

04-05 / P1729

大型蛱蝶。与西藏翠蛱蝶较相似，但雄蝶翅面明显泛青黄色，明显不如西藏翠蛱蝶黄，后翅中部斑带更窄，中带外侧的深色带离中带距离较远。雌雄斑纹相似，但雄蝶背面斑带颜色淡黄，雌蝶偏白。

成虫多见于6-8月。

分布于台湾。

小渡带蛱蝶 / *Euthalia sakota* Fruhstorfer, 1913

06-08

中大型蛱蝶。雌雄斑纹相似，翅背面橄榄绿色，前翅中室内有2个青褐色斑，前翅亚顶角有2个小斑，其中下方的斑圆，前后翅中部有白色斑带，其中前翅斑带外缘边界模糊，伴有青绿色鳞，后翅斑带宽而白，斑带外缘伴有1条宽的灰蓝色带，翅腹面色泽淡，斑纹与背面相似，前翅中室及后翅基部的斑纹明显。

成虫多见于6-8月。

分布于云南。

备注：本种广泛分布于云南各地，不同地域间个体大小及白斑变化较大。

台湾翠蛱蝶 / *Euthalia formosana* Fruhstorfer, 1908

09-10 / P1729

大型蛱蝶。翅形阔，雌雄斑纹相似，翅背面橄榄绿，斑纹为奶油黄色，前翅亚顶角有3个小斑，而其他所有类似种的斑点数为2个，前翅中室内有2个青褐色斑，前后翅中部的斑带非常宽阔，外缘界限模糊，后翅中带外缘的青绿色带较宽，翅腹面色泽淡，斑纹与背面相似，前翅中室及后翅基部的斑纹明显。

成虫多见于5-8月。幼虫以壳斗科青冈属植物为寄主。

分布于台湾。

01 ♂
芒翠蛱蝶
四川芦山

01 ♂
芒翠蛱蝶
四川芦山

02 ♂
陕西翠蛱蝶
陕西周至

02 ♂
陕西翠蛱蝶
陕西周至

03 ♀
陕西翠蛱蝶
陕西周至

03 ♀
陕西翠蛱蝶
陕西周至

④ ♂
窄带翠蛱蝶
台湾南投

④ ♂
窄带翠蛱蝶
台湾南投

⑤ ♀
窄带翠蛱蝶
台湾台中

⑤ ♀
窄带翠蛱蝶
台湾台中

⑥ ♂
小渡带翠蛱蝶
云南岷山

⑥ ♂
小渡带翠蛱蝶
云南岷山

07 ♂
小渡带翠蛱蝶
云南东川

07 ♂
小渡带翠蛱蝶
云南东川

08 ♂
小渡带翠蛱蝶
云南福贡

08 ♂
小渡带翠蛱蝶
云南福贡

09 ♂
台湾翠蛱蝶
台湾南投

09 ♂
台湾翠蛱蝶
台湾南投

10 ♀
台湾翠蛱蝶
台湾南投

10 ♀
台湾翠蛱蝶
台湾南投

裙蛱蝶属 / *Cynitia* Snellen, 1895

　　中型蛱蝶。雌雄斑纹相似或相异。翅背面呈黑色或黑褐色，雄蝶前后翅外缘常有显眼的蓝色、绿色、黄绿色、灰白色斑带，尤其后翅的斑带宽阔。

　　主要栖息在亚热带和热带森林，飞行迅速，喜欢在开阔向阳的树顶活动，喜欢吸食腐烂的水果、树液、动物粪便。幼虫以茶科等植物为寄主。

　　分布于东洋区。国内目前已知4种，本图鉴收录2种。

绿裙蛱蝶 / *Cynitia whiteheadi* (Crowley, 1900)　　　　　01-03 / P1730

　　中型蛱蝶。雄蝶翅背面黑褐色，前翅外缘下侧有短窄的蓝带，后翅外缘有1条较宽的蓝带，由前角至臀角逐渐变粗，翅腹面为灰褐色，基部有不规则环纹。雌蝶翅形更圆阔，翅背面的蓝带较雄蝶更宽，其中后翅的蓝带内移，带内有黑色纹，前翅顶角有2个模糊的白斑，中室端外有5个清晰白斑。翅腹面斑纹类似雄蝶，但前翅有白斑，后翅亚外缘有锯纹。

　　成虫多见于5-8月。幼虫以茶科木荷为寄主植物。

　　分布于浙江、福建、广东、海南、广西等地。此外见于越南、老挝。

白裙蛱蝶 / *Cynitia lepidea* (Butler, 1868)　　　　　04-06 / P1730

　　中型蛱蝶。雄蝶前翅顶角突出，呈钩状。翅背面浓黑色，前翅外缘有1条窄的灰白带，后翅外缘的灰白带则较宽阔，翅腹面黄灰色，前后翅外缘有淡灰白色带，翅基部有不规则黑纹。雌蝶翅形更阔，斑纹与雄蝶类似。

　　1年多代，成虫几乎全年可见。

　　分布于云南、广西。此外见于印度、尼泊尔、泰国、缅甸、老挝、越南、马来西亚、印度尼西亚等地。

玳蛱蝶属 / *Tanaecia* Butler, [1869]

中型蛱蝶。翅背面呈褐色或深褐色，有多列与外缘平行的深色斑纹；腹面底色较浅，斑状亦较突出。部分种类呈雄雌异型，其雄蝶后翅沿外缘有蓝色带斑。外形近似于翠蛱蝶属成员，但本属成员身体较纤细，脉相亦略有不同。

成虫飞行快速，多在森林出现，常双翅平展停留在林道低处，受扰时多作短距离低飞，喜吸食树液和腐果。幼虫形态与翠蛱蝶属幼虫相似。幼虫以山榄科及桃金娘科植物为寄主。

分布东洋区的热带地区。国内目前已知2种，本图鉴收录2种。

褐裙玳蛱蝶 / *Tanaecia jahnu* (Moore, [1858])   07 / P1731

中型蛱蝶。雄蝶翅背呈深褐色，两翅内侧有数条深褐色曲线纹，外侧有2组与外缘平行排列的黑斑点。翅腹呈黄褐色，斑纹与翅背相近，但明显突出。雌蝶体形较大，前翅外缘近顶角突出；翅背呈褐色，前翅前缘外侧有1个灰斑，其下方或有1列模糊灰斑，两翅基部有数条深褐色曲线纹，外侧有2条与外缘平行的拆线纹；翅腹底色黄褐色，后翅密布灰蓝色鳞片，斑纹与翅背相近，但明显突出。

1年多代，成虫全年可见。幼虫以桃金娘科植物为寄主。

分布于云南。此外见于缅甸、泰国、印度东北部及中南半岛。

绿裙玳蛱蝶 / *Tanaecia julii* (Lesson, 1837)   08-11

中型蛱蝶。雄蝶翅背呈深褐色，两翅中室有数条深色曲线纹，后翅沿外缘有带金属光泽的阔浅蓝斑；翅腹呈黄褐色，两翅内侧有数条深褐色曲线纹，外侧有2组与外缘平行排列的黑斑点。雌蝶体形较大，前翅外缘近顶角突出；翅背呈褐色，前翅前缘外侧有1个白斑，其下方或有1列白点，两翅基部有数条深褐色曲线纹，外侧有2条与外缘平行的模糊线纹；翅腹底色较淡，后翅密布灰蓝色鳞片，其他斑纹与翅背相似。

1年多代，成虫全年可见。幼虫以山榄科植物为寄主。

分布于云南、广西、海南等地。此外见于孟加拉国、缅甸、泰国、印度尼西亚、中南半岛、马来半岛、喜马拉雅等地。

① ♂
绿裙蛱蝶
福建福州

① ♂
绿裙蛱蝶
福建福州

② ♀
绿裙蛱蝶
福建福州

② ♀
绿裙蛱蝶
福建福州

③ ♀
绿裙蛱蝶
广东广州

③ ♀
绿裙蛱蝶
广东广州

④ ♂
白裙蛱蝶
云南勐腊

④ ♂
白裙蛱蝶
云南勐腊

⑤ ♂
白裙蛱蝶
云南勐腊

⑤ ♂
白裙蛱蝶
云南勐腊

⑥ ♀
白裙蛱蝶
云南勐腊

⑥ ♀
白裙蛱蝶
云南勐腊

⑦ ♀
褐裙玳蛱蝶
云南勐腊

⑦ ♀
褐裙玳蛱蝶
云南勐腊

08 ♂
绿裙玳蛱蝶
海南海口

08 ♂
绿裙玳蛱蝶
海南海口

09 ♀
绿裙玳蛱蝶
海南海口

09 ♀
绿裙玳蛱蝶
海南海口

10 ♀
绿裙玳蛱蝶
海南乐东

10 ♀
绿裙玳蛱蝶
海南乐东

11 ♂
绿裙玳蛱蝶
广西隆安

11 ♂
绿裙玳蛱蝶
广西隆安